Alexander Moszkowski

Einstein

Einblicke in seine Gedankenwelt

Verlag
der
Wissenschaften

Alexander Moszkowski

Einstein

Einblicke in seine Gedankenwelt

ISBN/EAN: 9783957002006

Auflage: 1

Erscheinungsjahr: 2014

Erscheinungsort: Norderstedt, Deutschland

Hergestellt in Europa, USA, Kanada, Australien, Japan
Verlag der Wissenschaften in Hansebooks GmbH, Norderstedt

Cover: Foto ©S. Hofschlaeger / pixelio.de

Einstein
Einblicke in seine Gedankenwelt

Einstein

Einblicke in seine Gedankenwelt

Gemeinverständliche Betrachtungen
über die Relativitätstheorie und ein
neues Weltsystem

Entwickelt aus Gesprächen mit Einstein

Von

Alexander Moszkowski

7. bis 15. Tausend

1921

Hoffmann und Campe / F. Fontane & Co.
Hamburg   Berlin

INHALT:

	Seite
Vorspruch	7
Erscheinungen am Firmament	15

Verkündung der neuen Mechanik. — Bewahrheitung theoretischer Ergebnisse. — Parallele mit Leverrier. — Neptun und Merkur. — Erprobung der Relativitätstheorie. — Die Sonnenfinsternis von 1919. — Das Programm einer Expedition. — Der gekrümmte Lichtstrahl. — Feinheit in Berechnung und Messung. — Sternphotographie. — Das Aequivalenzprinzip. — Sonnenmythus.

Über unsere Kraft	33

Nutzbare und latente Kräfte. — Beziehungen zwischen Masse, Energie und Lichtgeschwindigkeit. — Kraftgewinnung durch Verbrennung. — Ein Gramm Kohle. — Ungewinnbare Kalorien. — Kohle-Wirtschaft. — Hoffnungen und Befürchtungen. — Gespaltene Atome.

Walhalla	50

Rangordnung und Charakteristik großer Forscher. — Galilei und Newton. — Vorläufer und Prioritäten. — Wissenschaft und Religion. — Erblichkeit der Begabung. — Eine Gelehrten-Dynastie. — Alexander von Humboldt und Goethe. — Lionardo da Vinci. — Helmholtz. — Robert Mayer und Dühring. — Gauß und Riemann. — Max Planck. — Maxwell und Faraday.

Menschen-Erziehung	71

Schulplan und Unterrichtsreform. — Wert der Sprachbildung. — Zeit-Ökonomie. — Übung im Handwerk. — Das Anschaulich-Interessante. — Die Kunst des Lehrvortrags. — Auslese durch Begabten-Prüfung. — Frauenstudium. — Soziale Schwierigkeiten. — Die Not als Erzieherin.

Der Entdecker	94

Entdeckung und Weltanschauung in zeitlicher Beziehung. — Absolutes und Relatives. — Der schöpferische Akt. — Wert der Intuition. — Die Tätigkeit des Konstruierens. — Die Erfindung. — Der Künstler als Entdecker. — Lehre und Beweis. — Klassische Experimente. — Physik der Urzeit. — Experimentum crucis. — Spektral-Analyse und Periodisches System. — Die Mitwirkung des Zufalls. — Widerlegte Erwartung. — Das Michelson-Experiment und der neue Zeitbegriff.

Aus verschiedenen Welten 119
   Gedanken-Experiment mit „Lumen". — Unmöglichkeiten. — Eine zerstörte Illusion. — Ist die Welt unendlich? — Flächenwesen und Schattenwanderungen. — Was ist Jenseits. — Fernwirkung. — Mehrdimensionales. — Hypnotismus. — Erinnerungen an Zöllner. — Wissenschaft und Dogma. — Prozeß Galilei.

Probleme 146
   Zukunftsfragen. — Drei-Körper-Problem. — Begriff der Annäherung. — Die Aufgabe der Mechanik. — Einfachheit der Beschreibung. — Grenzen der Erweislichkeit, — · Betrachtungen über den Kreis. — Aus der Geschichte der Irrtümer. — Kausalitäten. — Relativität auf physiologischer Grundlage. — Der Physiker als Philosoph.

Hauptlinien und Nebenwege 173
   Praktische Ziele der Wissenschaft. — Reine Wahrheits-Erforschung. — Rückblickende Betrachtungen. — Kepler als Praktiker. — Ein Ausspruch Kants. — Mathematik als Wahrheitsprobe. — Deduktive und induktive Methode. — Kennen und Erkennen. — Glücksgefühl und theoretische Genüsse. — Wissenschaftstat und Kunstwerk. — Ethische Wirkungen. — Kleine Anfragen.

Ein Hilfsversuch 192
   Formen der Naturgesetze. — Erleichterungen des Verständnisses. — Populäre Darstellungen. — Optische Signale. — Gleichzeitigkeit. — Versuch in Gleichnissen.

Vereinzelte Signale 199
   Bedingtheit und Unbedingtheit der Naturgesetze. — Begriff der Temperatur. — Sandkorn und Weltall. — Kann sich ein Gesetz ändern? — Wissenschaftliche Paradoxe. — Verjüngung durch Bewegung. — Gewinn einer Sekunde. — Deformierte Welten. — Das Atom-Modell. — Forschungen von Rutherford und Niels Bohr. — Mikro- und Makrokosmos. — Relativitätslehre in kurzer Darstellung. — Wissenschaft bei verminderten Sinnesorganen. — Die ewige Wiederkunft. — Überlegene Kulturen.

Er selbst 218
   Der Werdegang und die Persönlichkeit.

Vorspruch

Der Öffentlichkeit wird hier ein Buch vorgelegt, das im zeitgenössischen Schriftum wenig Gegenstücke findet und dessen Gehalt besondere Aufmerksamkeit verdient. Es ist durch den Namen Albert Einstein gekennzeichnet, — also durch eine Persönlichkeit, die in der Entwickelung der Wissenschaft einen Merkstein darstellt.

Freilich bedeutet jeder Forscher, der durch eine nachhaltige Entdeckung das geistige Gesichtsfeld erweitert, einen Merkstein auf dem Wege der Erkenntnis, und im hohen Plural wären sie aufzuzählen, die Größen, in denen sich das Excelsior aller Wissenschaften verkörpert. Im Einzelnen mag man hier unterscheiden, wem die Menschheit zu größerem Dank verpflichtet ist, einem Euklid oder Archimedes, dem Plato oder Aristoteles, dem Descartes oder Pascal, dem Lagrange oder Gauß, dem Kepler oder Kopernikus. Man würde dabei zu untersuchen haben — soweit solche Betrachtung im Bereich der Möglichkeit liegt — inwieweit jeder Große seiner Zeit voraneilte, und ob das, was er als neues Geistesgut fand, auch von einem andern Zeitgenossen hätte gefunden werden können; ob wohl gar eine geschichtliche Notwendigkeit für die einzelne Entdeckung zur bestimmten Zeit vorlag. Und wenn man dann nur noch diejenigen auswählt, die weit über ihre Gegenwart hinausgriffen in unabsehbare Zukunft der Erkenntnis, dann wird sich jener Plural sehr erheblich vermindern. Man wird über die Kilometer- und Meilensteine hinwegblicken bis zu den Merkmalen, welche die Reichsgrenzen der Wissenschaften bezeichnen, und als eines dieser Wahrzeichen wird man Albert Einstein anzuerkennen haben. Ja, es wäre nicht ausgeschlossen, daß man sich noch zu anderen, strengeren Einteilungen entschließen müßte: die Wissenschaft selbst könnte späterhin zu einer neuen Chronologie schreiten und den Anfang einer bedeutsamen Ära an den Punkt legen, wo die Einsteinsche Lehre zuerst hervortrat.

Es wäre sonach gerechtfertigt und vielleicht notwendig, ein Buch über Einstein zu schreiben. Allein, dieser Notwendigkeit ist bereits mehrfach genügt worden, wir besitzen schon jetzt eine ansehnliche Literatur über ihn, und in einem Menschenalter wird man eine stattliche Bücherei bloß aus Einsteinbüchern aufbauen können. Von der Mehrzahl dieser Schriften wird sich die hier vorliegende beträchtlich unterscheiden, und zwar dadurch, daß Einstein hier nicht nur als Objekt, sondern auch als Subjekt auftritt. Gewiß, hier wird auch „über" ihn gesprochen, allein, man wird ihn auch selbst sprechen hören, und für einen denkenden Menschen kann es keinem Zweifel unterliegen, daß es sich verlohnen wird, ihm zuzuhören.

Der Titel entspricht der Tatsache, aus der sich die Entstehung dieses Buches herleitet. Und indem es unternimmt, sich an den Leserkreis wie an ein Auditorium zu wenden, verspricht es ihm vielerlei mitzuteilen, was Einsteins eigenem beredten Munde entfloß; in Stunden der Unterhaltung, denen weder ein Lehrplan noch auch überhaupt eine akademische Absicht zugrunde lag. Es wird also weder ein Kolleg werden, noch irgend ein Gebilde, das auf systematische Entwickelung und Ordnung abzielt. Ebensowenig eine phonographische Wiedergabe, da diese sich schon aus einem ohne weiteres einleuchtenden Grunde ausschließt: Wenn einem das Glück zuteil wird, sich mit diesem Manne zu unterhalten, so wird ihm die Minute viel zu kostbar, als daß er davon noch Bruchteile für stenographische Aufzeichnung abzuzweigen vermöchte. Allenfalls hält er das Gehörte und Durchsprochene in nachträglichen Notizen fest, streckenweis verläßt er sich auf seine Erinnerung, die ja außerordentlich träge sein müßte, wollte sie es fertig bringen, aus solchen Gesprächen das Wesentliche zu verlieren.

Dieses Wesentliche wäre aber auch nicht durch ein ängstliches Anklammern an die Wortwörtlichkeit zu erzielen. Ein Gewinn würde sich weder für den Plan des Buches ergeben, noch für den Leser, der einem großen Forscher in die zahlreichen Verzweigungen seines Denkens folgen will. Nicht stark genug kann ich es betonen, daß hier weder ein Lehrbuch entstehen soll noch ein Leitfaden, noch irgend ein abgeschlossener Denkkomplex, und am allerwenigsten eine von Einstein selbst entworfene und gewollte Schrift. Der Wert und Reiz dieses Buches soll vielmehr in einer

Farbigkeit und Vielfältigkeit bestehen, in einem losen Gefüge, das den Sinn zutage treten läßt, ohne sich von der Forderung nach Buchstabentreue ins Pedantische treiben zu lassen. Gerade die Abwesenheit der Methodik, deren Gegenwart man mit Recht von einem Lehrbuch verlangt, soll diese Gespräche befähigen, einen Teil des Genusses, die sie mir selbst verschafften, in die Welt hinauszutragen. Vielleicht gelingt es ihnen sogar, ein Abbild des Gelehrten vor den Leser hinzustellen, in dem er seine Wesenheit erkennt, ohne daß ihm zu dieser Erkenntnis ein mühseliges Studium zugemutet wird. Schon hier möchte ich es aussprechen, daß die Wesenheit Einsteins in ihrer geistigen Tragweite sehr viel weiter reicht, als mancher vermuten dürfte, der sich nur mit seiner eigentlichen physikalischen Lehre beschäftigt hat. Sie dringt in alle Höhen und Tiefen und entschleiert unter gewissem Anlaß wunderbare kosmische Züge. Gewiß, diese Züge stecken auch unter der schwer aufzulockernden mathematischen Kruste seiner Physik, denn deren Feld ist die Welt. Aber erst eine ferne Zukunft wird zu entwickeln vermögen, daß eigentlich alles Geistige überhaupt darauf wartet, in die Beleuchtung seiner Lehre gerückt zu werden.

Einsteins Sendung ist die eines Königs, der weitschichtige Bauten ausführt; da bekommen die Kärrner zu tun, jeder in seiner Linie, auf viele Jahrzehnte hinaus. Aber abseits der Zunftarbeit mag Raum sein für eine unzünftige Darstellung, die in aller Programmlosigkeit nur das eine Programm verfolgt: in leichtfaßlicher und abwechslungsreicher Form Einsteiniana zu bieten; ihn gleichsam darzustellen, wie er über Wiesen dahinschreitet und Problemblüten pflückt. Wenn er mir den Vorzug einräumte, ihn auf solcher Wanderung zu begleiten, so durfte ich nicht noch obendrein verlangen, daß er sich nach einer vorbestimmten Wegekarte richtete. Oft genug verschwand das Ziel, und die absichtliche Lust an der Bewegung blieb allein im Bewußtsein. Von einem Spaziergänger, sagt Schopenhauer, läßt sich niemals behaupten, er mache Umwege; und das gilt unabhängig von der Beschaffenheit des Geländes, das gerade durchstreift wird. Wenn ich soeben von Wiesenhängen sprach, so ist auch dies nicht wörtlich zu verstehen. In Einsteins Gesellschaft gerät man von Minute zu Minute, urplötzlich, in ein Wanderungs-Abenteuer, das irgend welchen Vergleich mit idyllischen Erlebnissen nicht mehr zuläßt. Schroffe Abgründe tun sich auf, und an halsgefährlichen Hängen muß man dahin. Aber dann gerade öffnen sich überraschende Ausblicke, und mancher Landschaftsstreifen, der nach gewöhnlichem Maß in der Hochregion zu liegen schien, versinkt in die Tiefe. Ihr kennt die Wanderer-Fantasie von Schubert; sie ist in der tonbegrifflichen Anlage ganz gegenständlich real, der Wirklichkeit nachgeschaffen, und doch im Ausdruck transzendent; so ist eine Wanderung mit Einstein: sein Boden bleibt die Wirklichkeit, aber die Fernsichten, die er öffnet, ragen ins Transzendente. Im letzten Grunde genommen erscheint er mir ebenso als Künstler wie als Forscher, und wenn eine Ahnung dieser geheiligten Synthese aus dem Buche sich weiterverbreiten könnte, so wäre hierdurch allein die Herausgabe der Gespräche gerechtfertigt.

Es könnte einer auf den Gedanken verfallen, eine Parallele mit dem Buche von Eckermann herauswittern zu wollen. Ich könnte es nicht verhindern, daß ein Leser die Wortbrücke betritt, um von den Gesprächen mit Einstein, die hier zugrunde gelegt werden, zu den Gesprächen mit Goethe zu gelangen. Und in gewisser Hinsicht dürfte ich mir ja auch den Vergleich gefallen lassen. Vor allem deswegen, weil es denkbar wäre, daß ich hier durch Anlehnung an einen Elementaren auf die Nachwelt gelangen könnte, wie vordem Eckermann, oder, um noch einen anderen Vergleich heranzuziehen, wie die Fliege im Bernstein. Aber Goethe und Einstein liegen in gänzlich verschiedenen Betrachtungsebenen und sie sind, allgemein gewertet, inkommensurabel. Und schon deshalb wäre es verfehlt, wegen der Wortähnlichkeit eine wesentliche Ähnlichkeit in der Sache zu erwarten. Allein, es liegt mir ob, einer derartigen Vermutung zuvorzukommen und darauf hinzuweisen, daß hier nicht im entferntesten daran gedacht wird, die sprechenden Persönlichkeiten oder die behandelten Themen in Parallele zu setzen. Davon abgesehen, werden sich auch im Plan und in der Sachgestaltung der Schriften die größten Verschiedenheiten zeigen.

Vorerst standen dem Eckermann volle neun Jahre eines fast unausgesetzten Verkehrs zur Verfügung, und damit eine Summe des Unterhaltungsstoffes, die selbst in äußerstem Auszuge für mehrere Bände ausgereicht hätte; dazu das Hineinspielen einer Unzahl anderer wichtiger Persönlichkeiten, die sich in Weimar um den Erlauchten scharten, denn Goethe stand im Brennpunkt aller geistigen Begebenheiten. Sein ganzes Dasein war also auf die Rolle eines Spiegels eingestellt, auf die Wiedergabe aller Reflexe aus Goethes unerschöpflich reichem Leben. Alle Erinnerungen des Großen sprudelten vor ihm auf, um so ergiebiger, als die Gesprächigkeit des alten Herrn de omnibus rebus et de quibusdam aliis gar kein Ende fand.

Eckermann hatte gar nicht nötig, zu fragen, herauszuholen, Themen anzuschlagen, da die Schleusen der Mitteilung bei seinem Gegenüber ohnehin stets offen standen; er brauchte nur beständig zu hören und das Gehörte in Niederschrift zu verwandeln, um seiner dankbaren und dankenswerten Aufgabe zu genügen.

Im Gegensatz hierzu fand ich ganz andere, höchst einschränkende Bedingungen vor; nämlich die bloße Gesprächsmöglichkeit in einem vergleichsweise sehr kurzem Zeitraum und im Hinblick auf eine Reihe zwar sehr bedeutender, aber der Zahl nach engbegrenzter Themen. Hieraus konnte sich keine redselige Weitschweifigkeit entwickeln, nichts, was an Tischgespräch und gemütliche Plauderei erinnert. Denn zwischen uns handelte es sich doch um „Fragen", und zwar wesentlich um solche, um derentwillen man einen Einstein bemühen durfte. Nicht etwa so zu verstehen, als hätte ich mich nun im Stile eines Interviewers auf den anderen losgelassen. Es bestand vielmehr von Anfang an das Einverständnis darüber, daß die Gesprächsgegenstände bei aller Freiheit der Wahl einer besonderen Entwickelung ausgesetzt werden sollten, wo angängig, sub specie aeterni. Bei aller Absichtslosigkeit in der Form, blieb doch in der Sache die Absicht, die Unterhaltungen an die vorletzten und letzten Dinge heranzuführen.

Friedrich Nietzsche hat die Eckermann-Gespräche als das beste Buch in deutscher Sprache bezeichnet. Ein Ausspruch, der in seiner Verstiegenheit neben anderen Paradoxen Nietzsches bestehen mag. Es gibt ebensowenig ein bestes Buch in deutscher Sprache, wie einen besten Baum im deutschen Eichwald. Zieht man die Nietzschesche Übertreibung ab, so bleibt bestehen, daß das Eckermann-Buch als ein hochgetürmtes Bildwerk vor uns aufragt; ein Kulturdokument trotz mancher an den Alltag erinnernden Entbehrlichkeiten, die den Großen umflattern. Denn auch die Kleinlichkeiten gewisser sententiös gefärbter Aussprüche gehören zu Goethes Gesamtbild und ebenso der salbungsvolle Anspruch, mit dem sie als Alters-Orakel auftreten.

Von all solchen historischen Wertungen kann im vorliegenden Fall keine Rede sein. Ich war weder darauf angewiesen, der Vollständigkeit zuliebe jede Nebensächlichkeit aufzulesen, noch in der Wiedergabe des Wesentlichen vorwiegend den autoritären Tonfall anzustreben. Wie selten liegt der in Einsteins Rede, wie oft habe ich bemerkt, daß er sie selbst da, wo ihm kein Mensch die Autorität bestreitet, mit bescheidenen Vorbehalten durchsetzt!

Hiermit hängt aber auch zusammen, daß ich mit Eckermann zwar die Wißbegier teile, jedoch mich sonst in keinem Zuge seinem Wesen verwandt fühle. Schwerlich wäre es Einstein eingefallen, sich mir zugänglich zu erweisen, wenn er in mir nichts anderes vermutet hätte, als einen Schallträger und ein lebendes Echo.

So sehr es mir widerstrebt, in diesem Zusammenhange von mir selbst zu reden, als so dringend empfinde ich die Pflicht, wenigstens andeutungsweise den mir gegönnten Vorzug zu erklären. Manchem Leser, der von meinen früheren Schriften Notiz genommen hat, wird es bekannt sein, daß meine Arbeiten sich vielfach auf Grenzgebieten tummelten, auf Feldern, die gleichzeitig vielen Disziplinen angehören, und keiner, — wo Leben und Kunst mit Naturkunde und Metaphysik in einem Nebel zusammenfließen. Solche Betrachtungen verlaufen zumeist ohne bestimmtes Resultat, hier aber hatten sie doch das für mich sehr wertvolle Ergebnis, daß ich von Einstein als Gesprächsteilnehmer im Sinne eines Debatters angenommen wurde. So durfte ich über die enge Umfriedung des bloßen Fragerechtes hinausgehen, Meinung äußern, ja, sogar Widerspruch wagen. Wußte er doch, daß das Pathos der Distanz unter allen Umständen gewahrt wurde. Man widerspricht dem Überlegenen nicht aus rechthaberischer Anwandlung, sondern um durch tätiges Mit- und Selbstdenken dem Gespräch Wendungen zu geben, um zur Erörterung zu gestalten, was sonst unter dem Anschein des Dialogs belehrender Monolog geblieben wäre. Und um solchen zu halten, besteigt ein Gelehrter lieber die Universitätskanzel, als daß er sich mit einem, wenn auch noch so aufmerksamen Zuhörer zusammensetzt.

Daß sich aus den Gesprächen einmal ein Buch gestalten sollte, stand keineswegs von Anfang an fest. Erst in weiteren Verläufen entwickelte sich in mir der Wunsch, den flüchtigen Stunden das Wertvolle abzufangen, und ich muß ausdrücklich feststellen, daß mein Plan auf starken Einspruch stieß. Immer wieder meldete sich bei ihm die Befürchtung, er würde irgendwie den Text dieser Schrift zu vertreten haben, also Sätze und Ausführungen, die sich nur dem raschen Fluß einer Konversation anpaßten, ohne die für den Druck unerläßliche Strenge und Gediegenheit zu erreichen. Seine schließliche Erlaubnis fußte auf der Voraussetzung, daß alle Verantwortlichkeit, alle Sach- und Sinnvertretung bei mir allein verbleibe. Es sollte ein Buch werden, von mir geschrieben, entstanden aus jenen Gesprächen. Mein erweitertes Recht, alles nach eigenem schriftstellerischem Ermessen zu gestalten und zu redigieren, wurde begrenzt durch die Pflicht, die moralische Last der Verfasserschaft vor dem Leser ganz allein zu tragen.

Diese Pflicht und jenes Recht gehören um so inniger zueinander, als die freie, nur auf eine Feder gestellte Gestaltungsform sich als eine Notwendigkeit erwies. Der Satz des Tübinger Philosophen: „Eine Rede ist keine Schreibe", bleibt auch in der Umkehrung richtig. Eine Schreibe soll keine Rede sein, und dann erst recht nicht, wenn sie aus der Rede erwächst. Sie hat vor allem die Zwischenglieder zu berücksichtigen, die in der Wechselrede nur angedeutet, gestreift, wohl gar ausgelassen werden, die aber in der veränderten Perspektive vor der breiten Öffentlichkeit eine besondere Behandlung beanspruchen. Sie sind hier vielfach als Untergründe gestaltet worden, sozusagen mit Treppenstufen und Geländern, um den Anstieg zu erleichtern, wo etwa das thema probandum in unbequemer Höhe liegt. Ja, ich habe mir sogar erlaubt, erlauben müssen, es hier und da mit der Genauigkeit nicht allzu genau zu nehmen, wenn mir nur noch der ungefähre Sinn der Rede vorschwebte. In die Wahl gestellt zwischen Ungefähr und Garnichts, entschied ich mich lieber für den lückenhaften Bestand, als für den vollständigen Verzicht. Noch mehr sei verraten. Ich bekenne, daß Albert Einstein von der definitiven Wortfassung, besonders meiner eigenen Werturteile über seine Persönlichkeit, vor Drucklegung keine Kenntnis hatte. Hierauf habe ich als gestaltender Verfasser wiederum Wert gelegt, um gewisse nur von mir zu vertretende Urteile hinzustellen, die ich andernfalls in der von mir gewünschten Form nicht hätte durchsetzen können. In diesen Bekenntnissen liegt keine Sündenbeichte, und auch wenn sie darin läge, wäre mir Amnestie verbürgt. Selbst die Pythagoräer mit ihrem auf Exaktheit eingeschworenen „Autos epha, — Er selbst hat es gesagt", vermochten die Gedankentreue nicht durchweg zu wahren; und mit einem geringen Opfer an solcher Genauigkeit lassen sich bisweilen Bedeutsamkeiten retten, die andernfalls verloren wären.

Also ich hab's geschrieben und ich könnte rein werktechnisch mit leidlich gutem Gewissen sagen: das ist mein Buch. Wie ja auch ein fluoreszierender Körper sprechen dürfte: ich leuchte. Gewiß, er sendet Strahlen aus, nachdem ihn das Licht der Sonne beglänzt hat. Und ein Metallstück, von Gammastrahlen getroffen, vermag leuchtende Ionen abzuschleudern. Unphysikalisch gesprochen, bliebe zu diesem Vorspruch ein kurzer Nachspruch, wie er im Tasso steht. Ich wende mich mit dem Buch an den Meister und zitiere ganz ehrlich:

> O könnt ich sagen, wie ich lebhaft fühle,
> Daß ich von Euch nur habe was ich bringe!

Erscheinungen am Firmament.

Verkündung der neuen Mechanik. — Bewahrheitung theoretischer Ergebnisse. — Parallele mit Leverrier. — Neptun und Merkur. — Erprobung der Relativitätstheorie. — Die Sonnenfinsternis von 1919. — Das Programm einer Expedition. — Der gekrümmte Lichtstrahl. — Feinheit in Berechnung und Messung. — Sternphotographie. — Das Aequivalenzprinzip. — Sonnenmythus.

Am 13. Oktober 1910 gab es im Berliner Wissenschaftlichen Verein ein Ereignis: Henri Poincaré, der eminente Physiker und Mathematiker, hatte sich zu einem Vortrag angekündigt, der im Raume des Instituts „Urania" eine an Personenzahl ziemlich bescheidene Hörerschaft versammelte. Noch sehe ich ihn vor mir, den seither in der Blüte seines denkerischen Schaffens dahingerafften Gelehrten, einen Mann, der äußerlich so gar nicht als eine Leuchte erschien, mit seinem gepflegten Bartantlitz eher an den Typus eines routinierten Advokaten erinnerte. Mit lässigen weltmännischen Gebärden spazierte er auf dem Podium auf und ab, nichts Doktrinäres haftete an ihm, in leichtem Fluß und trotz der Sprachverschiedenheit unmittelbar erschließbarer Verständlichkeit entwickelte er sein Thema.

In diesem Vortrag geschah es zum erstenmal, daß wir den Namen Albert Einstein hörten.

Poincaré sprach über: „Die neue Mechanik", um uns mit dem Beginn einer Strömung bekanntzumachen, die ihn selbst, wie er bekannte, in seinen vormaligen Grundansichten stark aus dem Gleichgewicht gebracht hatte. Wiederholt hob er seine sonst ebenmäßig dahingleitende Stimme zu kräftigeren Akzenten, und mit nachdrücklicher Geste wies er darauf hin, daß wir hier möglicherweise am kritischen, am epochalen Punkte einer geistigen Weltenwende stünden.

„Möglicherweise" — wie er immer wieder betonte. Mit Beharrlichkeit unterstrich er seine Zweifel, unterschied er zwischen erhärteten Tatsachen und Hypothesen, ja, er klammerte sich noch an die Hoffnung, daß die neue, von ihm erläuterte Lehre vielleicht einen Ausweg zur Rückkehr offen lassen könnte. Diese Revolution, so sagte er, scheint zu bedrohen, was in der Wissenschaft bis vor kurzem als das Sicherste galt: die Grundlehren der klassischen Mechanik, die wir dem Geiste Newtons verdanken. Vor der Hand ist diese Revolution freilich nur erst ein drohendes Gespenst, denn es ist sehr wohl möglich, daß über kurz oder lang jene altbewährten Newtonschen dynamischen Prinzipien als Sieger hervorgehen werden. Und im weiteren Verlauf erklärte er wiederholt, daß er vor Ängsten kopfscheu würde angesichts der sich auftürmenden Hypothesen, deren Einordnung in ein System ihm schwierig bis zur Grenze der Unmöglichkeit erschien.

Es ist nun zwar in der Sache höchst gleichgültig, wie die Enthüllungen Poincarés auf einen Einzelnen wirkten. Wenn ich aber von mir auf andere schließen darf, so bleibt mir nur der Ausdruck: erschütternd! Über alle Zweifel des Vortragenden hinweg bestürmte mich der Eindruck eines gewaltigen Erlebnisses, und dieser entzündete in mir zwei Wünsche: mich mit den Forschungen Einsteins, soweit mir dies gelingen könnte, näher bekanntzumachen und womöglich: ihn einmal leibhaftig zu erblicken. Das Abstrakte verschmolz für mich mit dem konkret Persönlichen. Mir schwebte es wie eine Ahnung vor und wie ein Glück, in irgendwelcher Zukunft seine Lehre aus seinem Munde zu vernehmen.

Einige Jahre später wurde Einstein als Professor der Akademie mit Lehrbefugnis an der Universität nach Berlin berufen, und damit durfte mein Privatwunsch feste Formen annehmen. Auf gut Glück versuchte ich es, ihn zu realisieren. In Verbindung mit einem Kollegen hat ich ihn brieflich, einem der zwanglosen Abende unserer „Literarischen Gesellschaft" im Hotel Bristol seine Anwesenheit zu spenden, und hier wurde er wirklich zu stundenlanger Unterhaltung mein Tischnachbar. Heut weiß jeder aus zahllosen Zeitungsbildern, wie er aussieht. Mir trat er damals entgegen mit unbekannter Physiognomie, und ich versenkte mich in seine Züge, die mich als die eines liebenswürdigen, künstlerisch angehauchten, keineswegs professoral-zünftigen Weltkindes anmuteten. Er gab sich lebhaft, gesprächig, streifte willig auf unser Begehren sein eigenes Gebiet, soweit es Ort und Gelegenheit zuließen, eine Verkörperung des Horazischen Spruches „Omne tulit punctum, qui miscuit utile dulci, tironem delectando pariterque monendo". Es war tatsächlich delektierend. Und doch mußte ich auf Momente an eine männliche Sphinx denken, an das Rätselvolle hinter dieser ausdrucksreichen Stirn. Noch heute, nach jahrelanger Berührung in freundlichem Verkehr, komme ich davon nicht los. Oft überkommt es mich im Fluß der gemütlichen, von Scherzworten belebten Unterhaltung bei Tee und Zigarre: plötzlich spüre ich es wie das Walten eines denkerischen Geheimnisses, an das man sich nur herantasten darf, ohne es zu ergründen.

Damals, im Beginn von 1916, wußten wohl nur wenige Mitglieder der Literarischen Gesellschaft, wen sie an ihrer Tafel beherbergten. Einsteins Stern war, von Berlin aus gesehen, eben im Aufsteigen, aber dem Horizont noch zu nahe, um allgemein sichtbar zu werden. Mein Blick, durch den französischen Vortrag und durch einen Physiker meines Freundeskreises*) geschärft, eilte den Ereignissen voraus und sah Einsteins Stern schon hoch zu seinen Häupten; obschon ich damals noch gar nicht wußte, daß Poincaré inzwischen seine Zweifel längst überwunden und die nachhaltige Bedeutung der Einsteinschen Forschungen voll anerkannt hatte. Mir war es instinktmäßig klar: ich saß neben Galilei. Und alles, was die Folgezeit aus der Mitwelt an rauschenden Fanfaren löste, war nur die reichere Instrumentierung der Schicksalsklänge, die ich seit Jahren unablässig gehört hatte.

Eine Episode ist mir in Erinnerung. Einer der Teilnehmer, eifriger Literaturfreund, aber gänzlich ahnungslos in Naturkunde, hatte zufällig etliche gelehrte Notizen gesehen, die an Einsteins Berichte in der Akademie anknüpften und diese Ausschnitte in seiner Brieftasche verwahrt. Jetzt hielt er den Aufklärungsmoment für gekommen. Mit einer kurzen persönlichen Anfrage mußte man sich doch über diese verzwickten Dinge orientieren können. Also, bitte, Herr Professor, was bedeutet Potential, invariant, kontravariant, Energietensor, Skalar, Relativitätspostulat, hypereuklidisch und Inertialsystem?? Können Sie mir das ganz kurz erklären? — Gewiß, sagte Einstein: „das sind Fachausdrücke!" Damit war dieser Kursus beendet.

Bis tief in die Nacht verweilten wir noch zu dreien in einem Kaffeehaus, und Einstein begann vor meinem journalistischen Freunde und mir einige Schleier seiner neuesten Entdeckung sanft zu lüften. Wir entnahmen aus seinen Andeutungen, daß die „Spezielle Relativitätstheorie" das Präludium zur Allgemeinen darstellt, welche das Gravitationsproblem in weitestem Sinne und damit die physikalische Konstitution der Welt umfaßt. Mich interessierte neben diesem, wie natürlich nur oberflächlich ge-

---

*) Dr. Fritz Reiche, seither Dozent der Universität, hatte mir zum Studium der Fachschriften von und über Einstein wiederholt seine wertvolle Hilfe geliehen.

streiften thema probandum etwas Persönlich-Psychologisches. Herr Professor, sagte ich, derartige Untersuchungen müssen doch wohl mit enormen inneren Aufregungen verknüpft sein. Ich stelle mir vor, daß hinter jeder Problemlösung immer wieder ein neues Problem droht oder lockt, das doch jedesmal in der Seele des Erforschers einen Tumult erregen muß. Wie sind Sie imstande, dessen Herr zu werden? Werden Sie nicht ständig von Beunruhigungen heimgesucht, die in Ihre Träume hineintoben? Können Sie denn überhaupt einmal richtig schlafen?

— Schon der Ton, in dem die Antwort gegeben wurde, zeigte deutlich, daß er sich von den Nervositäten frei fühlte, die sonst auch den geringeren Geistesarbeiter bedrängen. Und es ist wohl ein Glück, daß diese Zustände nicht bis in sein hohes Niveau hineinreichen: Ich unterbreche, wann ich will, sagte er, und komme zur Schlafenszeit von aller Schwierigkeit los. Eine denkerische Traumarbeit, etwa vergleichbar der künstlerischen, die beim Dichter und Komponisten den Tag in die Nacht hineinspinnt, liegt mir fern. Allerdings muß ich erwähnen, daß ich in der allerersten Zeit, als die spezielle Relativität in mir aufging, von allerhand nervösen Konflikten heimgesucht wurde; ich ging wochenlang wie verwirrt umher, als ganz junger Mensch, wie gesagt, der wohl in solcher Lage erst einmal das Stadium der Betäubung durchlaufen mußte. Seitdem ist das anders geworden, und um meine Ruhe brauchen Sie sich keine Sorge zu machen.

Immerhin, entgegnete ich, können doch Fälle eintreten, in denen ein Resultat durch Beobachtung oder Experiment bewahrheitet werden soll. Da können sich doch unter Umständen gefährliche Dinge ereignen. Wenn zum Beispiel die Theorie zu einer Berechnung hinführt und diese mit der Wirklichkeit nicht stimmt, so muß sich doch der Theoretiker schon durch die bloße Möglichkeit sehr bedrängt fühlen. Nehmen wir ein bestimmtes Ereignis: ich hörte davon, daß Sie auf Grund Ihrer Lehre die Bahn des Planeten Merkur einer neuen Berechnung unterzogen. Das war doch sicher eine langwierige und umständliche Arbeit. Die Theorie stand in Ihnen fest, vielleicht nur in Ihnen allein, noch nicht an einer erweislichen Tatsache verifiziert. Da müssen doch eigentlich psychische Spannungszustände als ganz unvermeidlich auftreten. Was geschieht, um Gottes willen, wenn das erwartete Rechnungsergebnis ausbleibt? Wenn es der Theorie zuwiderläuft? Das ist doch für den Begründer der Theorie gar nicht auszudenken!

— Solche Fragen, meinte Einstein, lagen nicht auf meinem Wege. Das mußte ja stimmen! Es handelte sich nur darum, das Ergebnis sauber hinzustellen. Daß es sich mit den Beobachtungen decken würde, war mir auch nicht eine Sekunde zweifelhaft. Und es hat keinen Sinn, sich über Selbstverständliches aufzuregen.

Betrachten wir nun abseits jenes Gespräches, aber im Zusammenhange damit einige Daten der Naturkunde, über die sich zwar nicht Einstein, dafür aber die Welt desto stärker aufgeregt hat; und verknüpfen wir sie erläuternd mit dem Ergebnis eines Vorgängers, der, wie Einstein, auf dem Papier feststellte, was sich am Firmament zu ereignen hatte.

Wenn man ehedem einen besonders kräftigen Trumpf der Forschung ausspielen wollte, so nannte man wohl die Tat des französischen Forschers Leverrier, der einen bis dahin völlig unbekannten, nie gesehenen Wandelstern mit der Feder in der Hand dingfest machte. Aus gewissen Störungen im Lauf des damals äußersten Planeten Uranus war ihm die Gewißheit von der Existenz eines noch entfernteren Planeten aufgestiegen, und lediglich mit den Hilfsmitteln der theoretischen Himmelsmechanik, auf Grund des Drei-Körper-Problems, gelang es ihm, aus dem Sichtbaren das Verborgene zu erschließen. Das Resultat seiner Berechnungen meldete er vor nunmehr dreiviertel Jahrhundert der Berliner Sternwarte, die damals über vergleichsweise überlegene Instrumente verfügte; und hier begab sich das Erstaunliche: noch am nämlichen Abend fand der Berliner Beobachter, Gottfried Galle, den angesagten neuen Stern fast genau an der angesagten Himmelsstelle, nur um eine halbe Mondbreite abstehend von dem vorbestimmten Punkt. Der neue Planet Neptun, der äußerste körperliche Vorposten unseres Sonnensystems, saß gefangen im Teleskop, das scheinbar Unerforschliche kapitulierte vor der Gedankenarbeit eines rechnenden Gelehrten, der sinnend im stillen Gemach seine Zirkel entworfen hatte.

Das war nun freilich verblüffend genug. Aber immerhin: das fabelhafte, die Phantasie so mächtig erregende Ergebnis wurzelte in der Wirklichkeit, lag in der geraden Linie der Forschung, floß mit zwingender Notwendigkeit aus den damals bekannten Bewegungsgesetzen und offenbarte sich als ein neuer Beweis für die längst anerkannten und souverän gültigen astronomischen Grundlehren. Diese hatte Leverrier nicht geschaffen, sondern vorgefunden und freilich in höchst genialer Weise angewandt. Wenn einer heute bei genügender Vorbildung die extrem verwickelte Rechnung Leverriers vornimmt, so hat er alle Ursache, eine durchaus mathematische Arbeit zu bestaunen.

Wir haben in unseren Tagen Bedeutsameres erlebt. Es traten in den Beobachtungen am Himmelsdom Unregelmäßigkeiten und

Unerklärbarkeiten auf, denen in keiner Weise nach den gültigen Methoden der klassischen Mechanik beizukommen war. Zu ihrer Erklärung waren grundstürzende Denkakte notwendig. Bis ins tiefste Fundament hinein mußte die menschliche Anschauung von der Magna Charta des Weltgebäudes umgeformt werden, um die Probleme zu erfassen, die gleichzeitig im Größten wie im Kleinsten auftraten, in den Umläufen der Sterne, wie in den Bewegungen der letzten, aller direkten Wahrnehmbarkeit entrückten Atom-Bestandteile der Körperwelt. Es galt, durch tiefste Ergründung des Weltsystems jene Lehren zu vollenden, die in den Geistestaten von Kopernikus, Galilei, Kepler, Newton die Wahrheit in ihren Grundzügen verkündet, aber nicht erschöpft hatten. Hier tritt Einstein hervor.

Hatte sich der äußerste Planet, Neptun, durch seine bloße Nachweisbarkeit den vorhandenen Gesetzen gefügt, so erwies sich der innerste, Merkur, als störrisch gegenüber den feinsten Errechnungsformeln. Es verblieb ein unlösbarer Rest, eine Unstimmigkeit, die in Zahlen und Worte gefaßt, recht winzig erschien und doch ein tiefes Geheimnis umschloß. Worin lag diese Unstimmigkeit? In einer Bogendifferenz, die gleichfalls von Leverrier entdeckt, allen Erklärungsversuchen trotzte. Es handelte sich um etwa 45 unmerklich kleine Größenwerte, — Bogensekunden —, die fast zu verschwinden schienen, da sich die Abweichung nicht etwa auf einen Monat oder auf ein Jahr erstreckte, sondern, alles in allem, auf ein volles Jahrhundert bezogen werden sollte. Um so viel, so wenig, differierte die Drehung der Merkurbahn im Sinne der Bahnbewegung von dem sozusagen erlaubten astronomischen Werte. Die Beobachtung war exakt, die Berechnung war exakt, folglich —?

Folglich mußte in den Grundanschauungen über die Weltenmechanik an sich etwas Verborgenes, noch Unerforschtes obwalten. Der vordem ungesehene Neptun brachte, als er auftauchte, die Bestätigung der alten Regel. Der sichtbare Merkur lehnte sich dagegen auf.

Poincaré hatte 1910 die peinliche Frage berührt, schon mit dem Hinweis darauf, daß hier eine Prüfung der neuen Mechanik vorläge. Die Vermutung mancher Astronomen, daß hier ein neues Leverrier-Problem vorhanden sei, daß ein noch unentdeckter, bahnstörender Planet in noch größerer Sonnennähe existieren müsse, wies er ab; ebenso die Annahme, daß etwa ein Ring um die Sonne gelagerter kosmischer Materie die Störung verursachen könnte. Poincaré ahnte wohl, daß die neue Mechanik den Schlüssel zum Rätsel bieten könnte, allein er kleidete diese Ahnung, vom offensichtlichen Gewissenskonflikt bedrängt, in sehr vorsichtige Worte. Er sagte damals, daß noch eine besondere Ursache zur Erklärung der Merkur-Anomalie gefunden werden müßte; bis dahin dürfe man nur sagen, daß die neue Lehre „nicht gerade im Widerspruch" mit den astronomischen Tatsachen stünde.

Aber die Erkenntnis war auf dem Marsche. Fünf Jahre später, am 18. November von 1915 legte Albert Einstein der Preußischen Akademie der Wissenschaften einen Bericht vor, der das in Sekunden so unmerkliche, in seinem inneren Wesen so ungeheure Rätsel auflöste. Er wies nach, daß bis auf die Sekunde genau das Problem sich entschleiert, wenn die von ihm begründete Allgemeine Relativitätstheorie als das allein gültige Fundament allen kosmischen Bewegungserscheinungen zugrunde gelegt wird.

Hier nun dürfte mancher entgegenrufen: man erkläre mir leicht-faßlich das Wesen der Relativitätslehre! Ja, mancher geht in seinem Begehren noch weiter und wünscht die bequeme Darlegung in wenigen knappen Sätzen. Was nach Schwierigkeit und Möglichkeit gemessen, ungefähr wie der Wunsch wäre, den Inhalt der Weltgeschichte aus einigen Quartseiten Manuskript oder aus einem Feuilleton zu erfahren. Aber selbst, wenn man sehr weit ausholt und reiches Darstellungsmaterial aufwendet, wird man die Vorstellung der spielenden Leichtfaßlichkeit aufzugeben haben. Denn diese Lehre, wie sie den Zusammenhang des Mathematischen mit den physikalischen Geschehnissen erweist, fußt im Mathematischen und findet hinsichtlich ihrer Darstellbarkeit hierin ihre Grenze. Wer es unternimmt, sie bequem faßlich, also gänzlich unmathematisch und dabei doch vollständig zu entwickeln, der begibt sich in ein undurchführbares Wagnis; etwa wie einer, der die Keplerschen Gesetze auf der Flöte vorblasen, oder Kants Kritik der reinen Vernunft durch farbige Illustrationen erläutern wollte. Um es einmal ganz offenherzig zu bekennen: es kann sich bei allen nach der Richtung der Allgemeinverständlichkeit unternommenen Versuchen immer nur um lose Andeutungen handeln, diesseits der mathematischen Grenze. Aber auch in solchen Hinweisen liegt Ersprießliches, wenn es gelingt, die Aufmerksamkeit des Lesers oder Hörers so einzustellen, daß sich ihm die Zusammenhänge, sozusagen die Haupt-Leitmotive der Lehre wenigstens ahnungsweise erschließen.

Es muß also genügen, wenn hier wie an andern Stellen dieser Schrift der Begriff der Annäherung in den Vordergrund gerückt wird. Allen astronomischen Bewahrheitungen wurden bis in die neueste Zeit die Newtonschen Bewegungsgleichungen zugrunde gelegt. Das sind in Formeln gefaßte symbolische Darstellungen, die das im Kerne überaus einfache Gesetz der Massenanziehung umschließen. Sie enthalten das durchgreifende Prinzip, daß die Anziehung erfolgt proportional zur Masse und umgekehrt proportional zum Quadrat der Entfernung; so daß also die bewegende Kraft bei zweifacher Masse sich verdoppelt, während sie sich bei doppelter Entfernung auf den vierten Teil, bei dreifacher Entfernung auf den neunten Teil usf. vermindert.

Nach der Relativitätstheorie ist dies fundamentale Gesetz nicht etwa falsch und ungültig, aber bis in die äußerste Konsequenz verfolgt, nicht mehr lückenlos gültig. Bei seiner Korrektur treten neue Faktoren auf, so das Verhältnis vorhandener Geschwindigkeiten zur Lichtgeschwindigkeit und die veränderte mit „Weltlinien" operierende Geometrie im Raume, der mit Einschluß der Zeitdimension als ein vierfach ausgedehntes Kontinuum aufgefaßt wird. Einstein hat nun tatsächlich jene Grundgleichungen für die Massenbewegung so vervollständigt, daß die Urform, dagegen gehalten, die Wahrheit nur in Annäherung ausspricht, während die Einsteinschen Gleichungen die Bewegung in höchster Genauigkeit ausdrücken.

Die vorgenannte Einsteinsche Abhandlung verfährt so, als müsse dem von Newton hinterlassenen Instrument die äußerste, allerfeinste Spitze angeschliffen werden. Für den Mathematiker wird diese Spitze durch eine Kombination von Zeichen erzielt, die sich hier als ein sogenanntes „Elliptisches Integral" darstellt. Solch ein Integral ist ein höchst unheimliches Gebilde, und der Mann, der es dem Allerweltsverständnis nahe bringt, soll noch geboren werden. Wenn Lord Byron sagte: „Gelehrter, du erklärst uns die Philosophie, — doch die Erklärung, wer erklärt uns die?", so stand er immer noch auf dem gesicherten Boden der Begreiflichkeit, relativ zum Nichtmathematiker, der ein solches Gebilde erklärt haben will. Und welcher Komplex mathematischer Gefährlichkeiten muß schon überstanden werden, bevor sich erst die Frage nach jenem Integral herauskristallisiert!

Aber nun stand es da und war der Ausrechnung, wiederum in Annäherung, zugänglich. Bevor wir das Resultat nennen, sei wenigstens ein einziger Fachausdruck umschrieben: Man versteht unter „Perihel" denjenigen Punkt einer Planetenbahn, welcher der Sonne am nächsten liegt. Diese Bahn ist ein Ellipse, d. h. eine längliche krumme Linie, in der man, der Länglichkeit entsprechend eine große und die auf ihrem Mittelpunkt senkrecht stehende kleine Achse unterscheidet. Sonach bildet in der Planetenbahn das Perihel den einen Endpunkt der großen Achse.

Dieser Perihelpunkt verändert seine Lage im Raume, er ist im Sinne der Bahnbewegung im Vorschreiten begriffen, und man hätte voraussetzen dürfen, daß das Maß des astronomisch beobachteten Vorrückens mit der aus Newtons Theorie hervorgehenden Rechnung übereinstimmen würde. Das war eben nicht der Fall, es verblieb ein unerklärter Rest, den die Astronomen auf 45 (Bogen-)Sekunden in 100 Jahren feststellten; mit einer möglichen Schwankung von plus oder minus 5 Sekunden. Lag also das neue Ergebnis zwischen 40 und 50 Sekunden, so war damit die neue Theorie als die fortan alleingültige erwiesen.

Und es kam genau so, wie Einstein vorausgesehen: die Rechnung liefert für den Planeten Merkur ein Vorschreiten des Perihels um 43 Sekunden für 100 Jahre, was eine volle Übereinstimmung bedeutet und jene Unerklärlichkeit vollständig zum Verschwinden bringt. Hatte Leverrier seiner Zeit einen neuen Planeten aufgezeigt, so machte Einstein das weit Bedeutungsvollere sichtbar: eine neue Wahrheit.

Es war eine Genauigkeitsprobe, so glänzend, daß sie allein genügt hätte, um die Richtigkeit der Einsteinschen Prinzipe zu erweisen. Allein noch folgenschwerer und durchgreifender erschien eine zweite Probe, die erst mehrere Jahre später angestellt werden konnte und die sich zu einem Weltereignis ersten Ranges gestaltete.

Einstein hatte nämlich zur selben Zeit, als er das Merkurproblem löste, in seine grundstürzenden und grundlegenden Untersuchungen den Gang der Lichtstrahlen einbezogen und war zu der Ansage gelangt, daß jeder Strahl unter dem Einfluß eines Gravitationsfeldes, also z. B. in der Nähe der Sonne, eine Krümmung erleiden müsse. Für diese abenteuerlich klingende Behauptung eröffnete sich die Möglichkeit eines praktischen Beweises durch die totale Sonnenfinsternis vom 29. Mai 1919. Denn bei einer Verdunkelung der Sonnenscheibe werden die zunächst gelegenen Fixsterne (sogar schon für das unbewaffnete Auge) sichtbar. Sie können photographiert werden, und aus den Abständen der Lichtpünktchen im Photogramm läßt sich herauslesen, ob die am Schwerkörper der Sonne vorbeistreichenden Sternstrahlen wirklich die von Einstein angesagte Abbeugung durchgemacht haben.

Abermals stieß sich das landläufige Denken an eine harte Kante, und der „gesunde Menschenverstand", der sich selbst sein Gesundheitsattest ausstellt, wollte rebellisch werden. Wie denn? Ein Sternstrahl sollte krumm werden können? Widerstrebt das nicht dem Elementarbegriff der geraden, der kürzesten Linie, für die wir ja keine anschaulichere Vorstellung besitzen, als eben den Strahl? Hat doch Leonardo da Vinci die Gerade direkt so definiert, so benannt, als die „linea radiosa".

Aber für derlei vermeintliche Selbstverständlichkeiten ist in der Raumzeitwelt kein Platz mehr. Und hier galt es, ein angesagtes physikalisches Abenteuer zu prüfen. Fand die Strahl-Abbiegung wirklich statt, so mußte sich dies dadurch offenbaren, daß auf der photographischen Platte die Sterne weiter auseinanderstanden, als man nach ihrer wirklichen Position erwarten konnte.

Denn die Krümmung wendet ihre Konkavseite zur Sonne, was unschwer einzusehen, sobald man das Phänomen selbst erst für möglich hält. Als ob der Strahl unmittelbar der Schwerkraft unterläge. Nun stelle man sich zwei Sterne rechts und links der Sonne vor. Das Auge empfängt deren Strahlen vermöge deren Hohlbiegung nach innen unter vergrößertem Gesichtswinkel, deutet diesen auf vergrößerten Abstand der Lichtquellen, sieht also die beiden Sterne weiter auseinander, als bei gradliniger Lichtbotschaft.

Um wieviel wohl? Die voraufgehende Berechnung und die nachfolgende direkte Beobachtung verlangten unglaubliche Feinheiten des Ausmaßes. Man denke sich den ganzen Himmelsbogen, in leichtübersehbare Größen, in Grade eingeteilt. Dann ergibt eine Mondbreite etwa einen halben Grad. Hiervon der dreißigste Teil, eine Bogenminute, ist noch gut vorstellbar. Aber hiervon wiederum der sechzigste Teil, die Bogensekunde, entzieht sich nahezu aller sinnlichen Erfaßbarkeit. Und auf dieses Kleinmaß kam es an: denn die in reiner Gedankenarbeit entwickelte Theorie sagte eine Ablenkung von ein und sieben Zehntel Bogensekunde an. Das entspricht etwa einer Haaresbreite aus einer Entfernung von fünfzehn Metern gesehen, oder der Dicke eines Streichholzes, aus der Distanz eines Kilometers betrachtet. An solcher unvorstellbaren Kleinheit hing eines der größten Probleme der universalsten Wissenschaft.

Nicht für ihn selbst im Sinne eines möglichen Zweifels. Ich hatte wiederholt Gelegenheit, ihn vor dem Mai von 1919 danach zu befragen. Da gab es keine Spur irgendwelcher Bedenklichkeit, kein Schatten huschte über seine Seele. Schließlich stand doch sehr viel auf dem Spiele. Die Beobachtung sollte nach dem für alle Welt ausdrücklich verkündeten Programm „die Richtigkeit des Einsteinschen Weltsystems" erweisen, und das stand auf des Messers Schneide von weniger als zwei Bogensekunden. Aber

Herr Professor, sagte ich wiederholt, wenn es nun doch etwas mehr wird oder weniger? So etwas bleibt doch an Apparate gebunden, die mangelhaft sein können! oder an irgendwelche nicht vorherzusehenden Unvollkommenheiten der Beobachtungen. Einstein lächelte dazu. Und in diesem Lächeln lag zugleich das unbedingte Vertrauen zu den Instrumenten und zu den Beobachtern, denen das Amt dieser Feststellung anvertraut werden sollte.

Und man beachte dabei, daß für diese Aufnahme keine erhebliche Zeiten zum gemächlichen Ausprobieren zur Verfügung standen. Denn die größtmögliche Dauer einer totalen Sonnenfinsternis für einen bestimmten Ort beträgt noch nicht acht Minuten. In dieser knappen Zeitspanne durfte nichts mißglücken, durfte auch, nebenbei erwähnt, keine störende Wolkenbedeckung eintreten. Des Himmels gütige Mitwirkung war unerläßlich, und er versagte sie nicht. Die Sonne, hier die verdunkelte Sonne, bracht' es an den Tag.

Zwei englische Expeditionen waren aus Anlaß dieses Ereignisses nach Sobral in Brasilien und nach der Insel Principe bei portugiesisch Afrika ausgerüstet worden, sozusagen staatsoffiziell, mit Hilfsmitteln, die von der altehrwürdigen Royal-Society ausgingen. In Anbetracht der Zeitläufte als erstes Zeichen wissenschaftlicher Internationalität ein preiswertes Unternehmen. Ein ungeheurer Apparat wurde aufgeboten, einzig zu einem rein wissenschaftlichen Ziele, das nicht die geringste Beziehung zu irgend einem der Praxis dienlichen Zwecke aufwies; zu einem außerirdischen Ziele, dessen eigentliche Bedeutung wohl nur von sehr wenigen Köpfen erfaßt werden konnte. Und doch regte sich die geistige Teilnahme weit über den Fachkreis hinaus. Beim Herannahen der Sonnenfinsternis begann sich auch das Bewußtsein der Laien mit unbestimmten kosmischen Ahnungen zu erfüllen. Und wie der Seefahrer nach dem Polarstern, so blickte man nach dem auf keiner Karte vorgezeichneten Sternbild des Einstein, aus dem irgend etwas Unverstandenes, aber sicherlich höchst Wichtiges herausblitzen sollte.

Im Juni erfuhr man, daß die Sternaufnahmen in überwiegender Mehrzahl gelungen waren, allein, man mußte sich noch wochenlang, monatelang gedulden, denn die mit Blitzesschnelle aufgenommenen Photogramme mußten erst entwickelt und vor allem ausgemessen werden. Das war bei der Größenordnung der zu vergleichenden Abstände eine schwierige und umständliche Angelegenheit, die Lichtpünktchen auf der Platte antworteten nicht ohne weiteres mit Ja oder Nein, sondern erst nach peinlicher Befragung mit dem äußersten Aufgebot feinmechanischer Künste.

Ende September wurde ihre Botschaft vernehmlich. Sie lautete bejahend, und dieses Ja aus transzendenten Fernen fand in der irdischen Welt ein dröhnendes Echo. Wirklich und wahrhaftig: die von Einstein angesagten ein und sieben Zehntel Bogensekunde waren bis auf das Dezimal genau herausgekommen. Die Punktrunen hatten geredet in ihrer pythagoreischen Sprache der Sphärenharmonie. Und indem sich die Kunde verbreitete, hörten wir die Erläuterung des Goetheschen Ariel:

> Welch Getöse bringt das Licht!
> Es trometet, es posaunet,
> Auge blinzt und Ohr erstaunet!

Nie zuvor war Ähnliches erlebt worden. Eine Hochflut des Erstaunens wogte über die Kontinente; tausende von Menschen die sich sonst ihr lebelang niemals um Lichtschwingungen und Gravitation gekümmert hatten, wurden von dieser Woge ergriffen und emporgetragen, wenn auch nicht zum Begreifen, so doch zu dem Wunsche nach Erkenntnis. Und alle verstanden doch so viel, daß hier aus der Gedankenarbeit eines stillen Gelehrten eine Heilsbotschaft für die Erforschung des Weltalls ergangen war.

Kein Name wurde in dieser Zeit so viel genannt, wie der dieses Mannes. Alles verschwand vor dem Universalthema, das sich der Menschheit bemächtigt hatte. Die Unterhaltungen der Gebildeten kreisten um diesen Pol, kamen davon nicht los, kehrten, wenn durch Not oder Zufall abgedrängt, immer wieder zum Thema zurück. Die Zeitungen machten Jagd auf Federn, die ihnen Längeres oder Kürzeres, Fachliches oder nur sonst irgend etwas über Einstein zu liefern vermochten. An allen Ecken und Enden tauchten gesellschaftliche Unterrichtskurse auf, fliegende Universitäten mit Wanderdozenten, welche die Leute aus der dreidimensionalen Misere des täglichen Lebens in die freundlicheren Gefilde der Vierdimensionalität führten. Die Damen vergaßen ihre häuslichen Sorgen und unterhielten sich über Koordinatensysteme, über das Prinzip der Gleichzeitigkeit und negativ geladene Elektronen. Alle zeitgenössischen Fragen hatten einen festen Kern gewonnen, von dem sich zu all und jedem Fäden spinnen ließen: die Relativität war das beherrschende und erlösende Wort geworden.

Soviel Groteskes dabei auch zutage trat, eines ließ sich nicht verkennen: man stand vor den Äußerungen eines geistigen Hungers, der nicht minder gebieterisch auftrat wie der leibliche, und der sich mit den Mitteln der vormaligen Popularwissenschaft und Schöngeistigkeit nicht mehr abfertigen ließ.

Und während die Volksweisen, Staatsmänner und Tribunen mit der Stange im Nebel umherfuhren, um auf etwas Volksdienliches zu stoßen, fand die Menge das für sie Zweckdienliche, Erbauliche, das ihr von fern wie Wiederaufbau vorkam. Da war ein Mann, der nach den Sternen gegriffen hatte, in dessen Lehre mußte man sich vertiefen, um die irdische Plage zu vergessen. Es war seit undenklicher Zeit das erstemal, daß ein Akkord durch die Welt zog, die gemeinsame Einstellung auf etwas, das wie Musik oder Religion außerhalb der politischen, sozialen und materiellen Interessen lag.

Schon die Vorstellung: ein lebender Kopernikus wandelt unter uns, hatte etwas Erhebendes. Wer ihm huldigte, hatte das Gefühl, sich über Raum und Zeit zu schwingen, und diese Huldigung bedeutete einen schönen Zug dieser an Erfreulichkeiten sonst so armen Epoche.

Wie schon angedeutet, fehlte es auch nicht an seltsamen Blüten, und der Chronist hätte sich davon ein hübsches Album anlegen können. Ich brachte Einstein einige Auslandsblätter mit großen Illustrationen, die ihren Verfassern und Herstellern sicherlich viel Kopfarbeit und Kosten verursacht hatten. Da waren unter anderm seitengroße, prachtvoll gedruckte bildliche Darstellungen, die dem Betrachter den Gang der Sternstrahlen während der totalen Sonnenfinsternis veranschaulichen sollten. Daran hatte Einstein sein helles Vergnügen, nämlich e contrario, denn auf den Blättern stand physikalisch genommen der blanke Blödsinn. Sie zeigten das genaue Gegenteil des wirklichen Strahlenvorgangs dadurch, daß der Zeichnungsentwerfer die Konvexseite der Strahlenbiegung zur Sonne gekehrt hatte. Ja, er besaß nicht einmal von dem Wesen einer Ablenkung eine Ahnung, denn seine Strahlen marschierten streng gradlinig durch das Universum und bekamen in der Sonnennähe einen plötzlichen storchbeinigen Knick. In dem Schwall der Journal-Huldigungen traten auch vereinzelte dissentierende, ja feindselige Stimmen auf. Einstein begegnete diesen nicht nur ohne Zorn, sondern mit einem gewissen Wohlwollen. Denn tatsächlich, es wurde ihm in der ununterbrochenen Ovation unbehaglich, und es lehnte sich in seiner Seele dagegen etwas auf, wie gegen einen Primadonna-Kultus. Und so tat es ihm förmlich wohl, wenn aus irgend einer Zeitungsecke irgend eine, wenn auch noch so unmotivierte, sachlich verfehlte Polemik losfuhr, bloß weil er doch endlich einmal in der ewigen Konsonanz eine dissonierende Stimme zu hören bekam. Gelegentlich sagte er sogar bezüglich eines schrill trompetenden Widersachers: „Der Mann hat ja ganz recht!" Und das kam ihm vom Munde, wie die natürlichste Sache von der Welt. Man muß ihn kennen, um diese Exzesse der Toleranz richtig zu verstehen. Auch Sokrates hat seine Gegner verteidigt.

Wir kehrten im Gespräch zum Ausgangspunkt zurück, und ich fragte, ob es nicht ein Mittel gäbe, um dem Nichtfachmann die Strahlbiegung verständlich zu machen.

Einstein erwiderte: In ganz oberflächlicher Andeutung ist dies allerdings möglich. Und indem er auf Papier einige Striche entwarf, die ich hier annähernd mit Worten nachzeichnen will, erläuterte er — ungefähr — folgendermaßen:

Dieses Viereck bedeute den Querschnitt eines geschlossenen Kastens, den man sich irgendwo in der Welt befindlich vorstelle. In seinem Innern lebt ein Physiker, der Beobachtungen anstellt und daraus seine Schlüsse zieht. Er macht unter anderm die uns allen geläufige Wahrnehmung, daß jeder sich selbst überlassene, nicht unterstützte Körper, z. B. ein Stein, den er aus der Hand läßt, zu Boden fällt, und zwar mit konstanter Beschleunigung, das heißt mit stetiger Zunahme der Geschwindigkeit von oben nach unten. Wenn er sich diesen Vorgang erklären will, so stehen ihm **zwei Wege** offen.

Erstens könnte er vermuten — und diese Annahme wird ihm am nächsten liegen —, daß sein Kasten auf einem Himmelskörper ruhe; denn in der Tat, wäre der Kasten ein Hohlraum einer irdischen Behausung, so böte das Fallen des Steines nichts Auffälliges, wäre vielmehr jedem Insassen selbstverständlich und also dem Physiker nach den Galileischen Fallgesetzen vollkommen erklärlich. Er brauchte aber dabei nicht ausschließlich an die Erde zu denken, denn wenn sich der Kasten auf einem andern Stern befände, so würde das Fallen gleichfalls auftreten, langsamer oder schneller, aber jedenfalls mit konstanter Beschleunigung des fallenden Körpers. Der Physiker könnte also sagen: hier liegt eine Gravitationswirkung vor, eine Erscheinung der Schwerkraft die ich mir wie üblich durch die Massenanziehung eines Himmelskörpers erkläre.

Er könnte aber **zweitens** noch auf einen andern Gedanken verfallen. Denn wir haben ja über den Ort des Kastens nicht das geringste ausgesagt und nichts anderes vorausgesetzt, als daß er sich „irgendwo in der Welt" befinden sollte. Der Physiker im Kasten könnte also folgende Überlegung anstellen:

Gesetzt, ich befände mich hier weltenweit von jedem anziehenden Himmelskörper, gesetzt, eine Gravitation existierte gar nicht für mich und den Stein, den ich aus der Hand lasse, so könnte trotzdem das von mir beobachtete Phänomen vollkommen erklärt werden. Ich brauchte dann eben nur anzunehmen, daß der Kasten sich mit konstanter Beschleunigung „nach oben" bewegt. Die von mir als ein Fallen „nach unten" gedeutete Bewegung braucht gar nicht stattzufinden. Der Stein, als ein träger Körper, könnte in seiner Lage verharren und würde mir trotzdem, bei aufwärts beschleunigtem Kasten, genau dasselbe Verhalten zeigen, als fiele er mit zunehmender Geschwindigkeit abwärts.

Da nun jener Physiker kein System, das ihm zur Orientierung dient, in seinem weltabgeschlossenen Kasten kein Mittel zur Verfügung hat, anderweitig festzustellen, ob er sich im Wirkungskreise eines attrahierenden Weltkörpers befindet oder nicht, so bleiben ihm tatsächlich beide Erklärungen offen, beide in gleicher Weise gültig, so daß es ihm unmöglich wird, eine Entscheidung zu treffen. Er kann die Beschleunigung so oder so auffassen, nach unten oder nach oben, in Relativität zu einander; ein prinzipieller Grund, der einen Auslegung den Vorzug zu geben, fehlt durchaus, da das Fallphänomen sich unverändert darstellt, ob man den fallenden Stein bei ruhendem Kasten oder den trägen Stein bei bewegtem Kasten annimmt; und dies läßt sich in Verallgemeinerung so ausdrücken:

An jedem Punkt des Universums kann man die beobachtete Beschleunigung eines sich selbst überlassenen Körpers entweder als Trägheitswirkung auffassen, oder als Gravitationswirkung; das heißt, man kann mit gleichem physikalischen Recht behaupten, das System (der Kasten, der Orientierungskomplex), von dem aus ich den Vorgang beobachte, ist beschleunigt — oder der Vorgang findet in einem Gravitationsfelde statt. Die Gleichwertigkeit beider Auffassungen wird von Einstein als das „Äquivalenzprinzip" bezeichnet. Es spricht die Äquivalenz aus, die Identität von träger und gravitirender Masse.

Macht man sich mit dieser Identität vertraut, so tritt ein höchst wichtiger Erkenntnisgrund ins Bewußtsein. Wir gelangen zu der unverlierbaren Vorstellung, daß jede Trägheitswirkung, die wir an einem Körper wahrnehmen, das Elementarste an ihm, sozusagen er selbst, in seinem beharrlichen

Wesen zurückzuführen ist auf den Einfluß, den er von andern Körpern erleidet.

Nachdem wir diese Einsicht gewonnen haben, drängt es uns, zu erfahren, wie sich wohl ein Lichtstrahl unter dem Einfluß der Gravitation verhalten würde. Wir kehren daher zu dem Physiker in dem Kasten zurück und wissen nunmehr, daß es uns nach dem Äquivalenzprinzip freisteht, unter dem Kasten einen attrahierenden Himmelskörper, z. B. die Sonne, vorauszusetzen, oder die Erscheinungen auf den nach oben beschleunigten Kasten zu beziehen. Wir unterscheiden in dem Kasten den Boden, die Decke, vier Seitenwände, und unter diesen wiederum, je nachdem wir Posto fassen, die linke und die ihr gegenüberliegende rechte Wand.

Nun stellen wir uns vor, daß sich außerhalb des Kastens, außer Zusammenhang mit uns, ein Schütze frei im Weltall befände, der mit einem wagerecht gehaltenen Gewehr auf den Kasten feuert, dergestalt, daß er die linke und mit demselben Schuß auch die rechte Wand durchbohrt. Bliebe sonst alles in Ruhe, so müßten die Einschuß- und die Ausschlagsöffnung gleich weit vom Boden abliegen, die Kugel würde sich in gradliniger Bahn, parallel zum Boden und zur Decke bewegen. Nun spielen sich aber alle Vorgänge so ab, als bliebe der Kasten selbst in beständiger Beschleunigung nach aufwärts. Die Kugel, die zu ihrem Flug von Wand zu Wand Zeit gebraucht, findet somit die rechte Wand, wenn sie bei ihr anlangt, etwas emporgerückt, bohrt somit ihre Ausschlagsöffnung etwas tiefer. Die Gradlinigkeit des Kugelfluges besteht also nicht mehr für unsere Beobachtung im Inneren des Gehäuses. Von Punkt zu Punkt verfolgt, würde die Kugel vielmehr, für uns im Innern, eine krumme, abwärts gebogene Linie beschreiben, mit der Konkavseite zum Boden.

Und genau dasselbe begibt sich mit einem Strahl, der in wagerechtem Fluge, von einer Lichtquelle außerhalb entsandt, den Weg von Wand zu Wand durcheilt. Nur das Geschwindigkeitsmaß wäre verschieden. Er verhielte sich in der Erscheinung seiner Bahnlinie wie ein Projektil, das mit einer Geschwindigkeit von 300 000 Kilometern pro Sekunde dahinsaust. Aber es müßte bei allerfeinster Ausmessung doch noch eine, wenn auch noch so winzige Abweichung von der gradlinigen Horizontalen nachweisbar sein, eine geringfügige Hohlkrümmung nach unten.

Folglich muß die nämliche Krümmung des Lichtstrahls (Sternstrahls) auch dort wahrnehmbar werden, wo er dem Einfluß eines Schwerefeldes unterliegt. Machen wir uns von der Hilfsvorstellung des Kastens los, so ändert sich nichts an dem Tatbestand. Ein Sternstrahl, der nahe der Sonne vorbeistreicht, erleidet für unsere Wahrnehmung eine Hohlbiegung zur Sonne, und der Grad dieser Abbiegung ist für genügend feine Instrumente feststellbar. Es kommt, wie erwähnt, auf einen Größenunterschied von 1,7 Sekunde an, der sich durch Abstandmessung auf dem Photogramm ergeben soll und wirklich ergibt.

Daß man imstande ist, dies zu ermitteln, erscheint für sich als ein Wunder der Präzisionstechnik, für das der Ausdruck „haarfein" keineswegs ausreicht. Denn das bewußte feine Haar muß sich ja in sehr respektabler Entfernung spannen, um zum Winkelvergleich überhaupt zugelassen zu werden. Zum Glück ist die Stellarphotographie schon im allgemeinen etwas so wunderbares, daß sie in jedem Einzelfall bereits bei erster Ausmessung recht erhebliche Genauigkeiten ermöglicht.

In der bisher geübten astronomischen Praxis gestalten sich die Verhältnisse so, daß auf der Platte ein Millimeter in linearem Maße einer Bogenminute entspricht. Das ergibt für die Sonnenscheibe selbst einen Durchmesser von drei Zentimetern auf der Photographie. Die Sterne erscheinen als minimale Scheibchen, die in Vergrößerung scharfe Begrenzung zeigen. Sichtbar werden die Sterne bis zur 14. Größenklasse und darüber hinaus, während das bloße Auge bei der 6. Größe Halt machen muß. Ein auf der Platte aufkopiertes Gitter mit Strichen von $^1/_{100}$ Millimeter Breite hilft zu weiterer Genauigkeit der Messung, so daß die Positionen der Objekte bis auf wenige Zehntel einer Bogensekunde mit Sicherheit bestimmt werden können. Die bei der Sonnenfinsternis von 1919 gestellte Aufgabe stand mithin im Einklang mit der Leistungsfähigkeit des Verfahrens.

Man hatte Einstein ein Exemplar dieser Aufnahme von England hergesandt, und er erzählte mir davon in freudig betonten Ausdrücken. Immer wieder kam er auf das reizende Himmelsbildchen zurück, ganz erfüllt von der Sache selbst, ohne die mindeste Hervorkehrung eines persönlichen Interesses an dem Erfolg. Ja, ich gehe noch weiter und irre mich ganz gewiß nicht in der Deutung: er dachte dabei nicht einmal an seine neue Mechanik, noch an deren Bewahrheitung durch das Strahlenexperiment, vielmehr kam hier die Verfassung eines Gemütes zum Vorschein, das sich beim Genie wie beim Kinde in Naivetät ausspricht. Ihn entzückte die Hübschheit der Photographie und die Vorstellung, daß der Himmel in Gala dazu Modell gestanden hatte.

Alles wiederholt sich nur im Leben. In diesen Ereignissen,

die den 29. Mai 1919 zu einem hochwichtigen Datum der Wissenschaftsgeschichte stempeln, begab sich Sonnenmythus in Wiederauflebung. Unbewußt dem Einzelnen, aber als eine Äußerung des Gesamtbewußtseins. Auch als Kopernikus die geozentrische zur heliozentrischen Vorstellung umbildete, war Sonnenmythus lebendig gewesen; die Verkörperung des Schicksals im leuchtenden und wärmenden Gestirn. Diesmal stieg er auf, von allen Schlacken gereinigt, kaum noch sinnlich erfaßbar, wie eine Aureole, mit welcher allerfernste Strahlenquellen unsere Sonne umwebten, einem Prinzip zu Ehren. Und wenn auch die meisten bis heute noch nicht wissen, was ein „Bezugsystem" bedeutet, so hatte sich doch ein solches für viele entwickelt: ein geistiges System, auf das sie ihre Erkenntniswünsche bezogen, wenn sie von Einstein sprachen, wenn sie an ihn dachten.

Über unsere Kraft

Nutzbare und latente Kräfte. — Beziehung zwischen Masse, Energie und Lichtgeschwindigkeit. — Kraftgewinnung durch Verbrennung. — Ein Gramm Kohle. — Ungewinnbare Kalorien. — Kohle-Wirtschaft. — Hoffnungen und Befürchtungen. — Gespaltene Atome.

29. März 1920.

Wir sprachen über die Kräfte, die dem Menschen zur Verfügung stehen, die er aus der Natur herauszieht als die notwendigen Voraussetzungen seiner Existenz und aller Lebensgestaltung. Welche Kraftmittel stehen uns zu Gebote? Welche Hoffnung dürfte man sich auf Steigerung dieser Mittel machen?

Einstein erläuterte zunächst den Begriff der Energie, der aufs innigste mit dem Begriff der Masse selbst zusammenhängt. Jede Substanzmenge, so umschreibe ich, die größte wie die kleinste, kann als ein Kraftspeicher aufgefaßt werden, ja, sie ist im Grunde identisch mit diesen Energien. Was unseren Sinnen und dem gewöhnlichen Verstande als die sichtbare, abtastbare Masse erscheint, als der gegenständliche Körper, zu dem wir in unserer eigenen persönlichen Körperhaftigkeit das Begriffsmaß und deutlich gefühlte Gegenstück erleben, ist physikalisch aufgefaßt, ein Komplex von Energien, die teils unmittelbar wirken, teils als Spannungskräfte ein latentes, verborgenes Dasein führen und für uns Menschen erst zu wirken anfangen, wenn wir sie durch irgendwelche mechanische oder chemische Prozesse aus der Spannung lösen; wenn es uns gelingt, die potentielle in kinetische Energie überzuführen. Ja, man könnte sagen, daß man hier in physikalischer Auffassung ein Abbild dessen gewinnt, was Kant als das „Ding an sich" bezeichnet. Das Ding schlechtweg, wie es unsern gewöhnlichen Erfahrungen erscheint, setzt sich aus der Summe unserer unmittelbaren Wahrnehmungen zusammen; es wirkt durch Umriß, Farbe, Ton, Druck, Stoß, Temperatur, Bewegung, chemisches Verhalten, — das Ding an sich ist die Summe seiner Gesamt-Energie, in der die latent eingelagerten, unserer Praxis nicht zugänglichen, ganz ungeheuer überwiegen.

Aber dieses Ding an sich, wie es hier vorläufig mit metaphysischem Anklang genannt werden soll, ist berechenbar. Und die

Möglichkeit dieser Berechnung wurzelt, wie so vieles vordem Ungeahnte, in der Einsteinschen Relativitätstheorie.

Einstein äußerte zuerst ganz sachlich und ohne im geringsten zu verraten, daß hier an ein staunenswertes Weltproblem gerührt würde:

„Nach der Relativitätstheorie besteht eine berechenbare Beziehung zwischen **Masse**, **Energie** und **Lichtgeschwindigkeit**. Die Lichtgeschwindigkeit (wie üblich, als c bezeichnet) ist gleich 3 mal 10 zur 10ten Potenz. Mithin c im Quadrat gleich 9 mal 10 zur 20sten, also rund 10 zur 21sten Potenz. Dieses c^2 spielt eine wesentliche Rolle. Bezieht man in die Rechnung das mechanische Wärme-Äquivalent, das heißt das Verhältnis von Energie zu Wärme, so erhält man für je ein Gramm 20 mal 10 zur 12ten, gleich rund 20 Billionen Kalorien."

Den Sinn dieser knappen physikalischen Aussage in ihrer Bedeutung für die Praxis des Lebens werden wir zu erläutern haben. Sie operiert nur mit einem ganz geringen Aufgebot hinschreibbarer Ziffern und umschließt dabei eine Welt, öffnet eine **Perspektive von Weltenweite!**

Um die Erörterung zu vereinfachen, sinnfälliger zu gestalten, denken wir zunächst nicht an den uferlosen Begriff der Substanz im allgemeinen, sondern an eine bestimmte Substanz, sagen wir: an Kohle. Und unerheblich genug sieht es wohl auf den ersten Blick aus, wenn wir das Thema hinsetzen:

„**Ein Gramm Kohle**".

Es wird sich bald zeigen, was es mit diesem einen Gramm Kohle auf sich hat, wenn wir versuchen, jene nackten Ziffern in eine mit dem Leben zusammenhängende Anschaulichkeit zu übersetzen. Ich versuchte dies schon in jenem Gespräch, und war Einstein dankbar, als er einwilligte, die Betrachtung der leichteren Faßlichkeit wegen auf den für die Weltwirtschaft bedeutungsvollsten Brennstoff zu präzisieren.

Als ich in meiner Studentenschaft Maienblüte zu den Füßen Wilhelm Dove's saß, verblüffte uns dieser berühmte Forscher durch folgende Auseinandersetzung: Wenn ein Mensch es unternimmt, den höchsten Berg Europas zu ersteigen, so vollbringt er damit eine Kraftleistung, die, nach seinem Eigenmaß taxiert, etwas Gewaltiges darstellt. Der Physiker lächelt dazu und sagt einfach: „zwei Pfund Kohle". Er meint damit: Aus zwei Pfunden Kohle läßt sich durch Verbrennung eine Kraftmenge gewinnen, die ausreicht, um das Gewicht eines erwachsenen Menschen zur Höhe der Montblanc-Spitze zu heben.

Vorausgesetzt wird dabei natürlich eine ideal konstruierte Maschine, welche die Verbrennungswärme ohne Verlust in Arbeitsleistung verwandelt. So eine Maschine gibt es freilich nicht, aber sie ist sehr gut denkbar, wenn wir uns die Unvollkommenheiten der von Menschenhänden gefertigten Maschine als ausgeschaltet vorstellen.

Solche Nutzwärme wird in Kalorien ausgedrückt. Eine Kalorie entspricht dem Wärmequantum, das nötig ist, um die Temperatur der Wassereinheit um ein Grad Celsius zu steigern. Und nun besagt der Satz von der mechanischen Äquivalenz, der sich auf die Untersuchungen von Carnot, Robert Mayer und Clausius gründet: Durch den Verbrauch einer (Kg-)Kalorie kann die Arbeit von 425 Kilogrammeter, das heißt die Hebung von 425 Kilo, um 1, oder die von 1 Kilo um 425 Metern, geleistet werden. Dove ging also bei seiner Ansage noch recht bescheiden zu Werke, denn aus 2 Pfund Kohle lassen sich 8000 (Kilogr.-) Kalorien entwickeln, also sehr erheblich mehr als für die Montblanctour erforderlich ist.

Wie würde aber Dove selbst gestaunt haben, wenn ihm eine Ahnung die Berechnung von heute verraten hätte! Aus den paar Tausenden sind viele Billionen geworden, die wir anzusetzen haben, wenn wir die verborgenen, durch keinen Brennprozeß hervorzulockenden Kräfte ausdrücken wollen.

Als Dove vortrug, lebte Einstein noch nicht, und als Einstein seine Relativitätstheorie entwickelte, war Dove längst dahingegangen. Mit ihm die physikalische Kleintaxe der in der Substanz eingesperrten Kraftmengen. Das Verhältnis dieser zur nunmehrigen Großtaxe ist gar nicht auszudenken. Es wäre schon schwindelerregend, wenn die neue Berechnung in die Millionen ginge. Wir haben aber in Gedanken den Schritt zur Billionen-Ordnung zu vollziehen. Das spricht sich nach Silbenklang beinahe gleich aus. Aber die Million verhält sich zur Billion wie die Breite einer durchschnittlichen Berliner Straße zur Breite des Atlantischen Ozeans. Wo bleibt da der Montblanc? Er müßte durch einen Gipfel von 80 Millionen Kilometer Höhe ersetzt werden, und da solche Höhenstrecke weit in den Weltenraum führt, so könnte man sagen: mit der Energie von einem Kilogramm Kohle könnte man ein Menschengewicht auf Nimmerwiederkehr ins Universum schleudern. Nur daß diese Energie bis auf weiteres ein rein theoretischer Wert bleibt, der sich durch kein Mittel der Technik in die Praxis überführen läßt.

Nichtsdestoweniger kommen wir davon nicht los, und ebensowenig von der Lichtgeschwindigkeit, von jenem erstaunlichen c, das in das winzige Substanzklümpchen wie überhaupt in all und jedes hineinspielt, und in allen Weltgeschehnissen, in allen Welterscheinungen sich als ein regulativer Faktor behauptet. Es ist eine Natur-Konstante, die in allem Wechsel unveränderlich durchdringt mit ihren 300 000 Sekundenkilometern, und die recht eigentlich das in Wirklichkeit bedeutet, was dem Dichter als „der ruhende Pol in der Erscheinungen Flucht", als Phantasma, der Forschung nie erreichbar vorschwebte.

Es ist für den nicht mit allen physikalischen Essenzen bis zur Quintessenz Gesalbten äußerst schwer, dem Gedanken an eine Naturkonstante nahezukommen, um so schwerer, wenn er sich gedrängt fühlt, sich diese Konstante gleichsam als die stählerne Achse einer auf Relativität gestellten Welt vorzustellen. Alles, restlos, soll nicht nur dem steten Wechsel unterliegen, was ja schon Heraklit nach seinem Ausspruch „panta rhei", alles fließt, als Grundwahrheit festgestellt hat, sondern auch durchweg der Bezüglichkeit je nach dem Standpunkt des Beobachters, jede Längen- und Zeitabmessung, jede Bewegung, jede Form und Figur, so daß bis in die letzte Faser aller Betrachtung der letzte Rest irgendeines Absoluten zu verschwinden hat. Und dabei dennoch ein absoluter Despot, der sich in allen Erscheinungen unbeugsam durchsetzt, die Lichtgeschwindigkeit, das zwar im Ausmaß noch endliche, in der Wirkung unbegrenzt gewaltige c, dessen Wesen sich in einem der Hauptsätze Einsteins vom Jahre 1905 ausspricht: „Jeder Lichtstrahl bewegt sich im ruhenden System mit bestimmter, gleichbleibender Geschwindigkeit unabhängig davon, ob dieser Lichtstrahl von einem ruhenden oder bewegten Körper entsandt wird." Aber diese Konstanz des omnipotenten c verträgt sich nicht nur mit der Weltrelativität, sie bildet geradezu den Hauptpfeiler, der das Lehrgebäude trägt, und je tiefer man in diese Theorie eindringt, um so deutlicher spürt man, daß gerade sie die Einheit, Geschlossenheit und Unerschütterlichkeit des Einsteinschen Weltsystems verbürgt.

In der Kohlentablette, von der wir ausgingen, tritt sie nun gar im Quadrat auf, und aus dieser Multiplikation der 300 000 mit sich selbst erwachsen eben die Tausende von Milliarden von Energie-Einheiten, die wir der geringfügigen Menge zuzuschreiben haben. Veranschaulichen wir uns diese Ungeheuerlichkeit noch auf eine andere Weise, vorbehaltlich des Umstands, daß Einstein persönlich, wie wir erfahren werden, unseren brausenden Erwartungen bald einen kräftigen Dämpfer aufsetzen wird. Stellen wir uns also ein Schiff höchster Größenklasse vor, etwa den vormals deutschen „Imperator", der mehr Pferdekräfte entwickelte, als ehedem die gesamte preußische Kavallerie an Pferden besaß. Dieser „Imperator" verbrauchte sonst zu täglicher Fahrt den Inhalt zweier Kohlenzüge von Maximalzahl der Waggons. Nunmehr wissen wir: mit der Energie, die in einem Kilo Kohle steckt, könnte dieser Dampfer bei höchster Fahrgeschwindigkeit die gesamte Reise von Hamburg bis Neuyork bewältigen!

Diese schwindelnd phantastisch klingende aber ganz reale Tatsache nannte ich vor Einstein, um die Ansicht zu rechtfertigen, daß in ihr für die Zukunft eine Weltenwende und das Allheil der Menschheit beschlossen läge. Ich erging mich in einer glühenden Utopie, in orgiastischer Hoffnungsschwelgerei, mußte aber sogleich bemerken, daß ich damit bei Einstein sehr wenig Glück hatte. Ja, zu meiner Enttäuschung nahm ich wahr, daß Einstein dieser Angelegenheit, die sich doch auf seine eigne, so verheißungsvolle Theorie gründete, nicht einmal ein sonderliches Interesse entgegentrug. Und, um den Schluß vorwegzunehmen, will ich feststellen, daß seine Gegengründe allerdings stark genug waren, um meine schwellende Hoffnung nicht nur herabzumindern, sondern in der Wurzel zu vernichten.

Vorerst sagte Einstein: „Es existiert vorläufig nicht der leiseste Anhalt dafür, ob und wann jemals diese Energiegewinnung erzielt werden könnte." Denn sie würde einen „erzwungenen Atomzerfall", eine von Menschen bewirkte „Atomzermalmung" voraussetzen, und für diese Möglichkeit liegt bis heute auch nicht das leiseste Anzeichen vor. Den Atomzerfall können wir nur beobachten, wo die Natur selbst ihn uns darbietet, wie beim Radium, dessen Aktivität auf dem dauernden, explosiven Zerfall seiner Atome beruht. „Allein, wir können diesen Vorgang nur feststellen, nicht hervorrufen, und bei dem heutigen Stand der Wissenschaft erscheint es so gut wie ausgeschlossen, daß wir dazu jemals gelangen könnten."

Wenn wir fähig sind, aus der Kohlensubstanz ein gewisses Maß von Kalorien und damit an Nutzleistung herauszuholen, so müssen wir uns vergegenwärtigen, daß die Verbrennung nur einen Molekularprozeß bedeutet, eine Umordnung im Gefüge, welche die Atome, aus denen die Moleküle bestehen, völlig intakt läßt. Bei der Vereinigung von Kohlenstoff und Sauerstoff bleibt der Urbestandteil, das Atom, gänzlich unversehrt. Jene Berechnung, „Masse, mal dem Quadrat der Lichtgeschwindigkeit", würde aber nur dann technisch verfolgbar sein, wenn wir das Atom selbst in seinem inneren Bestand anzugreifen vermöchten. Wofür, wie gesagt, zurzeit nicht die geringste Aussicht besteht.

Es wäre denkbar, diesem ersten Argument, dem bald noch ebenso bedeutungsvolle folgen sollen, aus der Geschichte der Technik Gegenargumente vorzuhalten. Denn tatsächlich, die gestrenge Wissenschaft hat manches für unmöglich erklärt, was die Technik späterhin als erfüllbar hinstellte, als so erfüllbar, daß es uns heute als alltäglich und selbstverständlich erscheint. Werner Siemens hielt es für ausgeschlossen, mit einem Vehikel, schwerer als die Luft, Aviatik zu treiben, und Helmholtz hat diese Unmöglichkeit mathematisch bewiesen. In der Vorgeschichte der Eisenbahn spielt das akademische Unmöglich eine große Rolle, und Stephenson wie Riggenbach (der Begründer der Steilbahn) hatten es nicht leicht, ihre Erfindungen gegen die auf Tollheit lautende Diagnose durchzusetzen. Der bedeutende Physiker Babinet führte sein mathematisches Rüstzeug ins Treffen, um die Unmöglichkeit eines Telegraphenkabels zwischen Europa und Amerika zu erhärten. Philipp Reis, der Erfinder des Telephons, ging an dem Unmöglich des kenntnisreichen Physikers Poggendorff zugrunde, und selbst als das praktisch brauchbare Telephon Graham Bells (1876) in Boston bereits funktionierte, erdröhnte es hüben noch immer von wissenschaftlich begründetem Unmöglich. Ja, man muß hinzufügen, daß Robert Mayers mechanische Wärmeäquivalenz, die in unserer Billionenrechnung als maßbestimmender Faktor steckt, zuerst ebenfalls die allerstärksten Widerstände bedeutender Gelehrter zu überwinden hatte.

Man denke sich den Menschheitszustand vor allem maschinellen Betrieb, vor der uns geläufigen Nutzbarmachung der Kohle zur Krafterzeugung. Schon damals hätte ein weitblickender Forscher jene 8000 Kalorien und ihre Umwandlung in Nutzkraft rein theoretisch finden können. Er würde es anders ausgedrückt, andere Zahlen ermittelt haben, aber er wäre vielleicht zu dem Ergebnis gelangt: hier liegt eine virtuelle Möglichkeit vor, die leider virtuell bleiben muß, weil wir kein Mittel besitzen, sie in irgend welchen Betrieb zu überführen. Und bei allem Fernblick wäre ihm der Gedanke etwa einer modernen Dynamomaschine oder eines Turbinenschiffs schlechterdings unfaßbar gewesen. Nicht einmal im Traume hätte ihm je eine derartige Vorstellung nahe kommen können. Ja, wir können uns sogar einen Menschen der urgrauen Vorzeit vorstellen, aus dem Diluvium, den eine Ahnung überkommen hätte von dem Zusammenhang eines Holzscheites mit der Sonnenwärme. Aber den Nutzgebrauch des Feuers kennt er noch nicht, und so durfte er mit primordialer Logik schließen:

Es gelingt nicht und kann niemals gelingen, aus diesem Holzstück etwas sonnenartig Wärmendes herauszuholen.

Ich glaube sonach, daß wir Ursache haben, den Horizont der Möglichkeit weiter abzustecken, als es der Stand des jeweiligen Wissens verstatten will. Es verhält sich mit diesen Möglichkeiten, der unbedingten Unmöglichkeit gegenüber, wie mit Leibnizens vérités de fait gegen die vérités éternelles. Daß wir nie dahin gelangen können, ein ebenes gleichschenkliges Dreieck mit ungleichen Basiswinkeln zu konstruieren, das ist eine vérité éternelle. Dagegen ist es nur eine vérité de fait, daß es der Wissenschaft verschlossen bleibt, einen Menschen bei Lebzeiten unsterblich zu machen. Dies ist nur in höchstem Grade unwahrscheinlich, denn die Tatsache, daß bisher noch sämtliche Menschen gestorben sind, liefert nur ein endliches Beweismaterial. Der aus der Schullogik bekannte Cajus muß durchaus nicht sterben, er unterliegt vielmehr hierfür nur der Wahrscheinlichkeit $\frac{n}{n+1}$, wenn man mit n die Anzahl aller bisher verblichenen Personen bezeichnet. Frage ich heute eine Autorität der Biologie oder Medizin, welche Anzeichen dafür vorliegen, daß ein Individuum dauernd vor dem Tode bewahrt werden könnte, so wird er bekennen: nicht das allerleiseste. Nichtsdestoweniger hat Helmholtz erklärt: „Ich kann Jemandem, der gegen mich behauptet, daß unter Anwendung gewisser Mittel das Leben des Menschen unbegrenzt lange erhalten bleiben würde, zwar den äußersten Grad der Ungläubigkeit entgegenstellen, aber **keinen absoluten Widerspruch.**"

Einstein ipsissimus wies mich einmal auf solche weitentlegenen Möglichkeiten hin, und zwar in folgendem Zusammenhange: es sei zwar schlechterdings unmöglich, weil wissenschaftlich undenkbar, daß eine bewegte Masse die Überlichtgeschwindigkeit erreichen könnte. Dagegen sei es denkbar und somit im Bereich der Möglichkeit liegend, daß der Mensch einmal in den Weltenraum bis zu den fernsten Gestirnen flöge.

Es liegt also kein absoluter Widerspruch in der Vorstellung von der technischen Bewältigung des auf die Billionen Kalorien gerichteten Problems. Erklärt man es überhaupt für diskutabel, so gelangt man an die Erörterung darüber, was die Problemlösung bedeuten würde. Wir gerieten tatsächlich an diese Frage und fanden den Weg zur radikalsten Beantwortung in einer Abhandlung, die Friedrich Siemens über die Kohle ganz allgemein und ohne jene Zukunftsaussichten auch nur mit einem Blick zu streifen, verfaßt hat. Ich glaubte, mit dieser Abhandlung einen sehr starken Trumpf in die Hand zu bekommen, mußte aber bald unter dem motivierten Einspruch Einsteins erkennen, daß damit das Spiel nicht zu gewinnen war.

Nichtsdestoweniger würde es sich verlohnen, bei jenen Ausführungen einen Augenblick zu verweilen.

Friedrich Siemens arbeitet nämlich mit den anscheinend wissenschaftlich begründeten und sonach mit dem Anspruch auf restlose Gültigkeit umkleideten Leitmotiven:

„Die Kohle ist das Maß aller Dinge. Der Preis eines jeden Produktes stellt den Wert der in ihm steckenden Kohle dar.

Da alle Werte in Ländern mit Übervölkerung durch Arbeit entstanden sind, Arbeit aber Kohle vorbedingt, so ist Kapital gleichbedeutend mit Kohle. Der Wert eines jeden Objektes ist die Zusammenfassung der Kohle, die aufgewandt werden mußte, um das betreffende Objekt entstehen zu lassen. Im übervölkerten Staat ist Lohn der Wert der für das Leben des Lohnempfängers nötigen Kohle. Fehlt es an Kohle, so verliert der Lohn an Wert, gibt es gar keine Kohle, so hat der Lohn überhaupt keinen Wert mehr, und drückte er sich auch in noch so viel Papiergeld aus.

Sobald die Landwirtschaft Kohle braucht, und das tut sie, sobald sie intensiv wird (auf Eisenbahnen, Maschinen, künstlichen Dünger, angewiesen ist), steckt in den Nahrungsmitteln Kohle. In Bekleidung und Wohnung steckt, dank dem Industrialismus, Kohle.

Da Geld gleich Kohle ist, so ist richtige Geldwirtschaft gleichzeitig richtige Kohlewirtschaft, und unsere Währung ist letzten Endes eine Kohle-Währung; Gold als Geld ist jetzt Kohle-Konzentration.

Dasjenige Volk ist das fortgeschrittenste, welches aus einem Kilogramm Kohle die meisten Lebensbedingungen für sich erarbeitet. Staatsweisheit muß Kohleweisheit werden. Oder, wie es anderweitig ausgedrückt worden ist: ‚Man muß in Kohle denken'."

Diese Leitsätze wurden besprochen, und es ergab sich, daß Einstein zwar die Prämissen in der Hauptsache anerkannte, in den Folgerungen indes die Schlüssigkeit vermißte. Er wies mir im einzelnen nach, daß Siemens' Gedankengang sich in einem circulus vitiosus bewege, und dergestalt vermöge der petitio principii zu einseitigem Fehlschluß gelange. Das Wesentliche, so sagte er, ist und bleibt die Menschenkraft, die wir in solchen Betrachtungen als das Primäre anzusetzen haben; und nur so viel könne nutzbringend erspart werden, als Menschenkraft sonst zur Kohleförderung verbraucht, nun anderweitig frei werde. Gelingt es, aus einem Kilogramm Kohle einen höheren Nutzeffekt herauszuwirtschaften, so ist dieser meßbar an den Menschenkräften, die sich im Förderungswerk erübrigen, um für andere Arbeitszwecke verfügbar zu werden.

Wäre die Behauptung, „die Kohle ist das Maß aller Dinge", restlos gültig, so müßte sie jeder besonderen Frageprobe standhalten. Man braucht diese aber nur auf Einzelheiten zu präzisieren, um zu erkennen, daß die These versagt. Zum Beispiel, so äußerte Einstein: Noch soviel Kohle, noch so zweckdienlich verwendet, vermag keine Baumwolle zu erzeugen. Gewiß würde sich die Baumwollenfracht verbilligen, allein niemals könne im Baumwollenpreis der durch Menschenkraft dargestellte Wertfaktor verschwinden.

Höchstens ist zuzugeben, erklärte Einstein, daß bei weiterer Steigerung des Kohle-Nutzeffektes mehr Menschen existieren könnten, als heute möglich, daß also die Übervölkerungsgrenze weiter hinausrückt. „Aber man darf hieraus keineswegs folgern, daß dies für die Menschheit ein Glück wäre. ‚Maximum ist kein Optimum!' Wer das Maximum kurzweg als das Höchstmaß des Guten verkündet, der verfährt so, wie einer, der in der Atmosphäre die Atmungsgüte der Gase abwägt, mit dem Ergebnis: der Stickstoff in der Luft ist schädlich, man verdopple also ihren Sauerstoff, und man wird der Menschheit eine große Wohltat erweisen!"

* *) Mit diesem eindringlichen Gleichnis ausgerüstet, kann man nun auch die Grundlage der Siemens'schen Ansage einer erneuten Prüfung unterziehen, und man wird entdecken, daß schon in diesen Prämissen etwas von der petitio principii steckt, die späterhin in der radikalen Einseitigkeit „Kohle ist alles" zum Ausdruck kommt.

Scheinbar wie aus Quadern gefügt, baut sich diese erste An-

---

*) Die Zeichen *....* und [....] deuten durchweg an, daß die betreffenden Stellen wesentlich als Ergänzungen aufzufassen sind, die mir zum leichteren Verständnis der dialogischen Ausführungen geeignet erscheinen. Sie stützen sich natürlich in vielen Punkten auf Äußerungen Einsteins, enthalten aber auch Betrachtungen, die auf andere Quellen zurückgehen, zudem Ansichten und Schlüsse, die, wie schon im Vorspruch erwähnt, durchaus auf Rechnung des Herausgebers entfallen. Mit den Begriffen „Richtig — Unrichtig" ist hier wohl nicht durchzukommen, denn auch die bestreitbare Ansicht kann sich im Sinne der Gespräche als förderlich oder als anregend erweisen. Wo es der Zusammenhang verstattete, habe ich solche Stellen, bei denen Einstein korrigierend oder ablehnend eingriff, ausdrücklich hervorgehoben. An anderen Orten unterließ ich dies, zumal dann, wenn der Gegenstand der Unterhaltung eine ruhige Entwickelung verlangte. Es wäre unvorteilhaft für die Darstellung gewesen, wenn ich in solchen Fällen jede Gegenbemerkung des Partners im breiten Fluß der Erläuterung protokolliert hätte.

sage vor uns auf: Kohle ist Sonnenenergie, — soweit unbestreitbar. Denn die gesamten Kohlenvorräte, die in der Erde schlummern, waren vorerst herrliche Pflanzen, dichte Farnwälder, die von der Last der Jahrmillionen zusammengedrückt, uns das aufgespart haben, was sie vordem aus Sonnenstrahlen an Lebensnahrung eingeschluckt hatten. Unbedingt stimmen mag auch der Parallelsatz: Am Anfang war nicht das Wort, nicht die Tat, — am Anfang war die Sonne. Die von der Sonne zur Erde gesendete Energie ist für die Menschen die einzige unumgängliche Vorbedingung zur Tat. Die Tat ist Arbeit, und Arbeit bedingt das Leben. Aber sogleich geraten wir an eine ungerechtfertigte Gedankenspaltung, denn der Verfasser fährt fort: „... Kohle ist Sonnenenergie, daher ist Kohle nötig, um arbeiten zu können ...", und damit sitzen wir schon in einem logischen Fehler: das so siegesfest auftretende „Ergo" hat ein Loch. Denn auch außerhalb der in Kohle verwandelten Sonnenenergie umfängt uns die Wärme des Muttergestirnes und versieht uns mit der Möglichkeit der Arbeit. Der Siemens'sche Schluß ist, rein logisch genommen, wie die Behauptung: Graphit ist Sonnenenergie; folglich ist Graphit nötig, um arbeiten zu können. Richtig ausgedrückt muß es heißen: Kohle ist unter den heutigen Lebensbedingungen das wichtigste, wenn auch nicht ausschließliche Vorelement der menschlichen Arbeit.

Wenn zudem die volkswirtschaftliche Lehre vorgetragen wird: „Im Sozialstaat kommt nur die notwendige menschliche Arbeitskraft in Frage und der Kraftbedarf, zu dessen Erzeugung Kohle, also wiederum Arbeit erforderlich ist", so wird damit keineswegs, wie Siemens anzunehmen scheint, die Behauptung vertreten, man könne aus Arbeit Kohle machen. Wohl aber, daß man nicht aller sonnenenergetisch begründeten Arbeit mit einer glatten Kohlenrechnung beikommen könne. Und das entspricht ja wohl auch der Meinung Einsteins, die hier um so bedeutsamer auftritt, als seine eigene Lehre auf das Höchstmaß des Krafteffekts hinweist, wenn auch nur rein theoretisch. *

Immerhin bleibt es bestehen, daß jede Steigerung des Kraftgewinns, auf das Kilo Kohle bezogen, für uns eine Erleichterung des Lebensdrucks bedeuten müßte, es fragt sich nur: innerhalb welcher Grenzen.

Erstlich: vermag die Technik mit ihren heut übersehbaren Möglichkeiten überhaupt noch eine Gewähr für die Zukunft zu übernehmen? Vermag sie die Nutzwirkung so zu strecken, daß wir uns beruhigt auf die im Erdinnern schlummernden Schätze an schwarzen Diamanten verlassen dürfen?

Offenbar nicht. Denn hier haben wir es mit annähernd abschätzbaren Quantitäten zu tun. Und wenn wir auch aus dem Kilo das Dreifache, das Zehnfache an Nutzkalorien herausholen, so steht daneben eine böse Gegenrechnung, die uns voraussagt: diese Herrlichkeit nimmt ein Ende!

In allen Peinlichkeiten der von uns durchlebten Kohlennot konnten wir uns freilich immer noch an dem tröstlichen Gedanken aufrichten, daß ja eigentlich genug vorhanden wäre, und daß es nur darauf ankäme, Stockungen zu überwinden. Tatsächlich ist ja in Deutschland von der Reichsgründung bis zum Weltkriege die Kohlenförderung in stetem Aufschwung emporgestiegen, und man könnte sich ausrechnen, daß trotz der gewaltigen Entnahme in den deutschen Schwarzkammern immer noch mindestens für zweitausend Milliarden an Wert lagerte, zum Goldkurs der Mark angenommen. Nichtsdestoweniger sagen uns die Geologen und Fachmänner des Bergbaus, daß aller Vorrat bei uns nicht länger reichen könnte, als für 2000 Jahre, England würde in 700, Frankreich in 500 Jahren fertig sein. Selbst wenn wir der Erschließung neuer Felder in andern Erdteilen allen Spielraum gewähren kommen wir nicht über die Tatsache hinweg, daß die Sonne in den vorzeitlichen Farnwäldern doch nur einen bestimmbaren, erschöpfbaren Betrag eingespeichert hat, und daß die Menschheit in wenigen Jahrtausenden vor dem Kohlenvakuum stehen wird.

Wenn nun wirklich die Kohle das Maß aller Dinge ist, die Lebensmöglichkeit einzig auf Kohle gestellt wäre, so hätten wir für ferne Enkel nicht nur den Rückfall in Barbarei, sondern den Nullpunkt des Daseins zu erwarten. Und wir brauchten uns eigentlich nicht mit dem Entropietod des Universums zu beschäftigen, da uns der Eigentod auf dem Erdplaneten unendlich viel näher angrinst.

Auf diesem Punkt der Betrachtung eröffnete Einstein Ausblicke, die durchaus seiner Grundmeinung von der Unhaltbarkeit der ganzen Kohlevoraussetzung entsprachen. Es sei durchaus keine Utopie, daß die wissenschaftliche Technik noch ganz andere Wege zur Krafterschließung finden würde, direkt aus der Sonnenbestrahlung, aus der Wasserbewegung, aus der Flut des Ozeans, aus den Kraftreservoiren der Natur, unter denen der vorhandene Kohlenvorrat nur ein einzelnes Bassin bedeute. Seit Beginn der Kohlenwirtschaft haben wir nur von dem Abhub eines uralten Kapitals gezehrt, das in den Tresors der Erde eingemauert lag. Vermutlich sind die Zinsen des aktuellen Kraftkapitals viel bedeutender als alles, was wir aus dem Depositum der Vorzeit herausholen können.

Zur Taxierung dieses aktuellen, von Kohle gänzlich unabhängigen Kapitals mögen einige Angaben dienen: Betrachten wir eine ganz winzige Wasserader, eine Null im Wassergetriebe der Erde, den Rheinfall bei Schaffhausen, der zwar dem Beschauer sehr mächtig vorkommt, aber doch nur darum, weil er nicht einen planetarischen, sondern den touristischen Maßstab mitbringt. Aber selbst diese Bagatelle im Haushalt der Natur stellt einen für uns recht erheblichen Nutzwert dar: 200 Kubikmeter über eine 20 Meter hohe Terrasse ergeben einen Betrag von 67 000 Pferdestärken, gleich 50 000 Kilowatt. Diese Kaskade allein wäre imstande, eine Million 50 kerziger Glühlampen dauernd auf Leuchtstärke zu erhalten, und nach heutigem Tarif müßte man ihr dafür mindestens 70 000 Mark pro Stunde bezahlen. Dem Kohleanbeter wird eine andere Umrechnung noch eindringlicher erscheinen: Der Rheinfall von Schaffhausen ist im Werte einem Bergwerk äquivalent, das an jedem Tag 145 Tonnen vorzüglichster Braunkohle liefert. Setzen wir statt seiner den Niagarafall, so müßten wir diese Ergebnisse noch etwa mit 80 multiplizieren.

Und welchen Multiplikator hätten wir erst einzusetzen, um auch nur schätzungsweise die Energie zu erfassen, welche die atmende Erde in Form der Gezeiten um sich wälzt! Der Astronom Bessel und der Physiker-Philosoph Fechner haben einmal versucht, in diesen Vorgängen die Spur einer vergleichenden Anschaulichkeit aufzufinden: An der größten ägyptischen Pyramide haben 360 000 Menschen 20 Jahre zu bauen gehabt, ihr Inhalt beträgt doch nur etwa den millionsten Teil einer Kubikmeile; und vielleicht mißt alles, was die Kräfte des Menschen und alle ihm zu Gebote stehenden Mittel seit der Sintflut bis jetzt von der Stelle bewegt haben, noch nicht eine Kubikmeile. Wohingegen die Erde in ihrer Flutbewegung jeden Vierteltag an 200 Kubikmeilen Wasser aus je einem Viertel des Erdumfangs in den andern schafft. Hiernach leuchtet es ein, daß alle Kohlenbergwerke der Erde uns vollkommen gleichgültig sein könnten, wenn es uns gelänge, von der Pulskraft der Erde auch nur irgendwelchen Teil für menschliche Betriebe nutzbar zu machen.

Sollten wir aber auf die Kohle angewiesen bleiben, so klammert sich die Phantasie um so intensiver an jenes Ungeheure, das sich, aus der Relativitätslehre erfließend, unter dem Ausdruck mc^2 gezeigt hatte.

Die 20 Billionen Kalorien, die in jedem Kohlegramm stecken, lassen uns nicht mehr los. Und wenn auch Einstein ansagt, für deren jemalige Gewinnung läge vorläufig nicht das leiseste Anzeichen vor, so folgen wir doch einem unzähmbaren Trieb, indem wir uns ausmalen, was es bedeuten würde, wenn es gelänge. Die Bilder aus Hesiod, Aratus und Ovid steigen in uns auf mit ihrem Ablauf der Zeitalter vom goldenen bis zum eisernen, und wir möchten so gern in zyklischer Fortsetzung weiter denken, um uns aus der Fron des eisernen, des kohlenen Zeitalters in ein neues goldenes zu retten. Mit dem Vorrat, wie er auf einem städtischen Lagerplatz gestapelt liegt, wäre die ganze Welt auf unabsehbare Zeit zu versorgen. Alle Nöte des Hausbrands, des Maschinenbetriebs, der mechanischen Warenerzeugung müßten verschwinden, sämtliche in die Kohlenförderung eingespannten Menschenkräfte würden für den Landbau frei werden, alle Eisenbahnen und Schiffe liefen fast kostenlos, über die Menschheit käme eine unfaßbare Welle des Glücks. Ende der Kohlennot, der Frachtnot, der Versorgungsnot! Wir könnten endlich aus der Mühseligkeit des in hitziger Arbeit verstümmelten Tages emportauchen zu den lichten Sphären, wo die wahren Lebenswerte uns erwarten. Gar zu verlockend klingt jener physikalische Sirenengesang mit dem hohen „C", mit der Lichtgeschwindigkeit in zweiter Potenz, die wir als einen Faktor in der geheimen Energie kennengelernt haben.

Aber es ist nichts damit. Denn Einstein, dem wir jene wunderverheißende Formel verdanken, leugnet nicht nur deren praktische Verwendbarkeit, sondern er führt noch ein anderes Argument ins Treffen, um uns aus allen Himmeln zu stürzen. Gesetzt nämlich, so erklärte er mir, es wäre möglich, jene immense Energieentwickelung zu bewirken, so würden wir damit nur an ein Zeitalter gelangen, gegen welches die kohlenschwarze Gegenwart als golden gepriesen werden müßte.

Und es ist leider unausweichlich, sich diesem Gedankengang anzupassen. In dessen Grunde sitzt die uralte Weisheit μηδὲν ἄγαν, ne quid nimis, nichts im Übermaß. Für den vorliegenden Fall: ein solches Maß entfesselter Gewalt würde nicht dienen, sondern nur zerstören. Der Verbrennungsprozeß, mit dem wir uns beholfen haben, leitet von selbst auf das Bild eines Ofens, in dem wir uns die allgemeine Werktätigkeit vorstellen können. Und man soll einen Ofen nicht mit Dynamit heizen wollen.

Gäbe es eine Technik der genannten Art, so wäre sie vermutlich auch nicht im geringsten Grade regulierbar. Es geht nicht an, zu sagen: wir wollen nur einen gewissen Teil jener 20 Billionen Kalorien in Anspruch nehmen, wir wären froh, wenn wir die 8000 Kalorien von heute um das Hundertfache zu steigern vermöchten. Nein, wenn wir — par impossible — die Atome zermalmen, so kommen vermutlich die Billionen ungebändigt über uns. Und dem wäre die Menschheit nicht gewachsen, vielleicht nicht einmal der feste Grund, auf dem wir stehen.

Keine Erfindung bleibt Reservat Weniger. Vermöchte es selbst ein vorsichtiger Techniker, eine praktische Heizwirkung oder Treibwirkung aus den Atomen zu entwickeln, so könnte der nächstbeste Unberufene mit geringem Substanzquantum eine ganze Stadt in die Luft sprengen. Und der erste menschenfeindliche Selbstmörder, den es gelüstete, in weitestem Umkreise alle Wohnstätten zu pulverisieren, brauchte nur zu wollen, um es zu vollbringen. Sämtliche Bombardements seit Erfindung der Feuerwaffen zusammengenommen wären eine harmlose Kinderspielerei gegen den Zerstörungseffekt, der sich mit ein paar Eimern Kohle ausrichten ließe.

Man sieht bisweilen am Himmel Sterne aufleuchten und wieder verschwinden, und man schließt dabei auf Weltkatastrophen. Die Deutung, ob Wasserstoff-Explosion oder Zusammenstoß zweier Körper, ist ungewiß. Es bleibt Raum für die Annahme, daß sich dort in Weltenfernen etwas ereignet, was ein bösartiger Erdenbürger mit atomspaltender Technik auch hier nachmachen könnte. Und wenn die Phantasie auch allenfalls ausreicht, um sich den Segen jener Energieauslösung auszumalen, so muß sie doch vor deren Unheilwirkung vollständig versagen.

Einstein schlug mir ein gelehrtes Werk des Züricher Physiko-Mathematikers Weyl auf und zeigte mir darin eine Stelle, die von solcher exorbitanter Energieauslösung handelt. Sie war, wie mir schien, auf den Ton eines Stoßgebetes abgestimmt: möge der Himmel verhüten, daß derartige Explosivkräfte jemals auf die Menschheit losgelassen werden!

Vielerlei Vergleiche ließen sich ausspinnen, alle unter dem Zeichen der vorläufigen Unmöglichkeit. Es wäre denkbar, durch ein noch unentdecktes chemisches Verfahren Alkohol so reichlich und wohlfeil von und für jedermann herzustellen, wie Trinkwasser. Damit wäre die Spirituosennot beendet und ein delirium tremens für Hunderttausende gesichert. Das Unheil würde weitaus überwiegen, es wäre indes nicht ganz unabwendlich, denn man kann sich, wenn auch schwer genug, Gegenmaßregeln vorstellen.

Die Kriegstechnik könnte Fernwaffen erzeugen, die es einer kleinen Rotte von Abenteurern ermöglichte, eine Großmacht niederzuzwingen. Man wird einwenden: dann gilt dies auch vice versa. Trotzdem bleibt bestehen, daß solche Fernwaffen wahrscheinlich die Kulturwelt ruinieren würden. Der Hoffnung bliebe ein letzter Ausweg nur im Hinblick auf die überragende Moralität der Zukunft, die der Optimist als force majeure sich vorzustellen vermag.

Nur gegen zwei Erfindungen, die an sich als Triumphe des Geistes aufträten, gäbe es keine Hilfe: die erste wäre die Verallgemeinerung des Gedankenlesens, mit der sich bereits Kant unter dem Stichwort „das laute Denken" beschäftigt hat. Was heute als ein vereinzeltes, höchst mangelhaftes telepathisches Kunststück auftritt, könnte eine Vervollkommnung und Verbreitung erfahren, wie sie Kant als auf einem fernen Planeten immerhin nicht unmöglich erachtet. Dieser Erfindung würde der Verkehr von Mensch zu Mensch nicht standhalten, und wir müßten Engel sein, um sie auch nur einen Tag zu überleben.

Die zweite Erfindung wäre die Lösung des vorgenannten mc^2-Problems, das ich nur deshalb ein Problem nenne, weil ich einen andern Ausdruck nicht finde; während es für Einstein so wenig ein Problem bedeutet, daß er erst in meiner Gegenwart zu rechnen begann, um die Buchstabenformel in Zahlen zu verwandeln. Für uns andere Erdensöhne mag sich daraus eine Utopie entwickeln, ein kurzer Freudenrausch mit dem kalten Sturzbach dahinter — Einstein steht darüber als der reine Erforscher, den nur die wissenschaftliche Tatsache angeht, und der schon beim ersten Entstehen dieser Erkenntnis ihre rein theoretische Bedeutung gegen jede praktische Ausfolgerung verwahrt. Will dann ein andrer zu phantastischem Blattgold auswalzen, was er als physikalisches Goldkorn hinlegt, so läßt er ihm das Vergnügen des Gedankenexperimentes. Denn zu den Grundzügen seines Wesens gehört die Toleranz.

Einer der tüchtigsten Herolde der neuen Lehre, A. Pflüger, hat den nämlichen Gegenstand in seiner Abhandlung „Das Relativitätsprinzip" berührt. Ich hörte von Einstein lobende Worte über diese Schrift, und erwähnte dabei, daß der Verfasser die Möglichkeiten des mc^2 doch anders beurteilt, als Einstein selbst. Es heißt in jener Abhandlung beim Ausblick auf die mögliche praktische Bedeutung: „Nach hundert Jahren wollen wir wieder darüber sprechen." Ein kurzes Limitum, wenn es auch keiner von uns erleben wird. Einstein lächelte über die Hundertjahrspause und wiederholte nur: „eine recht gute Abhandlung!" Es kommt mir nicht zu, dem zu widersprechen. Und was die Zeit-Prognose betrifft, so ist wohl das beste darin für die Menschheit, daß sie sich als falsch erweisen wird. Ist ihr das Optimum unerreichbar, so wird ihr wenigstens das Schlimmste erspart bleiben, das die Verwirklichung jener Voraussage über sie verhängen würde.

* * *

Wenige Monate nach der ersten Aufzeichnung dieser Erörterungen wurde die Welt vor ein neues wissenschaftliches Ereignis gestellt. Es war dem englischen Physiker Rutherford tatsächlich gelungen, mit Vorsatz und Überlegung Atome zu spalten. Als ich Einstein nach der Tragweite dieser experimentellen Tat befragte, erklärte er mit dem gewohnten Freimut, der zu seinen Charakterzierden gehört, daß er nunmehr Veranlassung habe, seine jüngst vorgetragene Ansicht bis zu einem gewissen Grade zu modifizieren. Nicht so zu verstehen, daß er das praktische Ziel einer unbegrenzten Kraftgewinnung jetzt etwa in greifbarer Nähe erblickte. Allein, er gab zu erkennen, daß man nunmehr im Beginn einer neuen Entwickelung stände, die vielleicht irgendwann auch neue Wege für die Technik erschließen könnte. Die wissenschaftliche Bedeutung der neuen Atomexperimente sei jedenfalls außerordentlich hoch anzuschlagen.

In den Operationen Rutherfords wird das Problem gleichsam als eine Festung behandelt: er setzt es einem Bombardement aus und versucht Bresche hineinzuschießen. Die Festung hat freilich noch lange nicht kapituliert, aber gewisse Zerstörungsmerkmale sind wahrnehmbar geworden. Unter einem Hagel von Geschossen gab es Löcher, Risse und Zersplitterungen.

Die von Rutherford geschleuderten Projektile sind radioaktive Alpha-Teilchen, deren Geschwindigkeit bis zu zwei Drittel der Lichtgeschwindigkeit erreicht. Infolge ihrer ungeheuren Vehemenz bewirkten sie in evakuierten Glasröhren, daß gewisse darin eingeschlossene Atome Schaden erlitten. Stickstoff-Atome waren nachweislich zertrümmert worden. Welche Energiemengen dabei frei werden, ist noch gänzlich unbekannt. Läßt sich doch dieser absichtlich herbeigeführte Atomzerfall überhaupt nur durch die feinsten Untersuchungen als vorhanden feststellen.

Für die Praxis ist daher noch nicht mehr herausgekommen, als eine gesteigerte Hoffnung. Noch ist die Elle länger, als der Kram. Denn die Kräfte, die der englische Forscher aufwenden mußte, um zum Ergebnis zu gelangen, sind relativ sehr beträchtlich. Er bezog sie aus einem Gramm Radium, welches imstande ist, mehrere Milliarden Gramm Kalorien freizumachen, während der praktische Endeffekt in Rutherfords Experiment noch unmeßbar gering ausfällt. Immerhin steht es nunmehr wissenschaftlich fest: man ist imstande, Atome aus eigenem Willen zu spalten, und damit ist das zuvor erörterte prinzipielle Hindernis gefallen.

Die Hoffnung vergrößert sich auch noch in anderem Betracht. Es erscheint nämlich denkbar, daß unter gewissen Bedingungen die Natur den Atomzerfall automatisch fortsetzen wird, nachdem ihn die Absicht des Menschen planvoll eingeleitet hat; nach Analogie eines Brandes, der sich ausbreitet, wenn als absichtliche Vorbereitung auch nur ein Funke auftritt.

Als Nebenprodukt zukünftiger Forschungen könnte sich die Umwandlung von Blei in Gold ergeben; die Möglichkeit dieser Elementtransformation hängt mit den nämlichen Betrachtungen zusammen, welche die Atomzermalmung und die Freimachung der Energiemengen zum Gegenstand haben. Der Zerfallsweg des Radium bis zum Blei ist schon heut überblickbar. Sehr fraglich bleibt es, ob die Menschheit Ursache hätte, für die Fortsetzung der Linie von Blei zum Edelmetall in Dankhymnen auszubrechen. Denn der Begriff des Edeln würde uns dabei unter den Händen zerrinnen. Gold aus Blei bedeutet nicht eine Wertsteigerung des gemeinen Elementes, sondern die völlige Entwertung des Goldes und damit des für die Welt seit Kulturbeginn gültigen Wertmaßes überhaupt. Keines Volkswirtschaftlers Weitblick reicht aus, um die Folgen solcher Umwandlung für den Weltmarkt zu ermessen.

Das Hauptprodukt bliebe natürlich der Energiegewinn, und nach dieser Richtung mag man seine optimistischen oder katastrophal betonten Gedanken schweifen lassen. Die unzertrümmerbare Schranke „Unmöglich" besteht nicht mehr. Einsteins wundersame Sesamformel „Masse mal Quadrat der Lichtgeschwindigkeit" klopft gewaltig an die Pforten der Zukunft.

Und für die Menschheit kann ein alter Merkspruch neue Bedeutung erlangen: Man soll niemals Niemals sagen!

Walhalla

Rangordnung und Charakteristik großer Forscher. — Galilei und Newton. — Vorläufer und Prioritäten. — Wissenschaft und Religion. — Erblichkeit der Begabung. — Eine Gelehrten-Dynastie. — Alexander von Humboldt und Goethe. — Lionardo da Vinci. — Helmholtz. — Robert Mayer und Dühring. — Gauß und Riemann. — Max Planck. — Maxwell und Faraday.

Ich hatte mir vorgenommen, Einstein über eine Reihe berühmter Männer zu befragen, nicht eigentlich über das rein Tatsächliche ihres Lebens und ihrer Werke, denn das wäre ja auch anderweit erhältlich, war mir zudem in vielen Punkten nicht ganz unbekannt. Aber wie sich eine Größe an der andern mißt, das zu erfahren bietet doch besonderen Reiz, man erblickt manche Persönlichkeit in veränderter Rangordnung und Perspektive und gelangt wohl dazu, in sich selbst die Ansicht über deren Höhenstellung zu berichtigen.

Eigentlich hatte ich mir hierzu eine Liste entworfen, die im Gebiet der Physik und ein wenig darüber hinaus eine Menge glanzvoller Namen umspannte. Wie eine Tabelle, aus der sich der Katalog einer Walhalla hätte entwickeln können. Und ich dachte es mir sehr schön, diese Ruhmesburg mit Einstein zu durchstreifen; haltzumachen vor den Sockeln, auf denen die Büsten standen der Großen, die trotz ihrer Menge allzeit die Wenigen bleiben, die Vielzuwenigen im Verhältnis zu den Vielzuvielen, die als Fabrikware der Natur die Erde bevölkern. Wenn man erst anfängt, so eine Liste zu notieren, so gewahrt man bald, daß diese Walhalla gar kein Ende nimmt. Und man denkt an das Ruhmesbauwerk der nordischen Sage, an die mythologische Walhalla, deren Saal sich so hoch spannte, daß man den Giebel nicht erblicken konnte, und so weit, daß man beim Eintritt die Auswahl hatte unter 540 Türen.

In Wirklichkeit entsprach unsere Wanderung nicht im entferntesten diesen Ausmaßen. Und das kam in der Hauptsache daher, daß wir bei Newton angefangen hatten. So reizvoll es ist, Einstein über Newton sprechen zu hören, so ergibt sich doch ein Übelstand dadurch, daß man von dessen Büste am Haupt-

portal nur schwer loskommt; und vielfach zu ihr zurückkehrt
selbst, wenn man schon glaubt, die anderen unübersehbaren Wege
ständen frei zur beliebigen Auswahl.

Die Wirklichkeit bot auch bildlich genommen einen erheblichen Gegensatz zu den legendären Größenmaßen. In Einsteins Arbeitsstube treten dem Besucher allerdings persönliche Physiognomien entgegen, nicht Büsten, sondern Wandbilder, und es wäre recht verwegen, von dieser kleinen Porträtsammlung wie von einem Museum zu reden. Nein, das ist sie bestimmt nicht, denn ihre Katalognummer reicht von eins bis drei. Aber hier wirken sie als besondere Trinität, unter dem Blick Einsteins, der sie in Anbetung leuchtend betrachtet. Ihm haben sie Unermeßliches zu sagen, dieser Faraday, das schöne Barthaupt Maxwells, zwischen ihnen Newton mit der Allongeperücke, in einem vortrefflichen englischen Stich, der mit symbolischen Insignien das bedeutende Haupt umrahmt.

*

Nach Schopenhauer ist das Maß der Verehrung, das einer in sich aufbringt, zugleich das Maß seines eigenen Geisteswertes. Sage mir, wie stark du verehren kannst, und ich werde dir sagen, wer du bist. Bei Einstein wäre es gewiß nicht nötig, diese Qualität besonders zu unterstreichen, denn man hätte ja auch sonst einige Anhalte, um seinen Wesensgrad genügend festzustellen. Aber ich nenne sie ausdrücklich, um auf den Unterschied hinzuweisen zwischen einem revolutionierenden Forscher und revolutionierenden Stürmern auf andern Gebieten. Zumal im Felde der Kunst wird man heute bei den neuernden Umstürzlern nur selten die eingeborene Gabe des Respekts antreffen. Sie kennen keinen anderen Propaganda-Ausdruck, als die leidenschaftliche Abkehr von dem historisch Gewordenen, ihr Rückblick ist Verachtung, ihr Bekenntnis die ausschließliche Anbetung des Allerletzten, des kleinen um ihr Ich geschlagenen Gegenwartskreises. Der Horizont des Forschers zeigt einen anderen Radius. Und er verbürgt sich selbst die Zukunft, indem er seinen Dank für das Vergangene wachhält. Wohl keiner ist unter ihnen vorhanden, der sich dieses Kennzeichens entäußert. Aber ich möchte betonen, daß unter allen mir persönlich bekannten Gelehrten Einstein derjenige ist, der am liebevollsten anerkennt. Es kommt wie schwärmerische Verklärung über ihn, wenn er von großen Männern redet, von denen, die ihm groß erscheinen. Gewiß, seine Walhalla ist nicht die des

Konversationslexikons, und mancher, der unsereinem noch als Sirius vorschwebt, ist ihm schon unter die sechste Größenklasse gesunken. Aber reich bestückt bleibt ihm der Wissenschaftshimmel trotzdem, und die Verehrung, die vom Verstande ausging, ist in ihm Temperamentssache und Herzenskult geworden.

Es genügt, den Namen Newton anzuschlagen. Und auch das ist kaum nötig, denn er ist immer nahebei, und wenn ich etwa zufällig von Cartesius anfange oder Pascal, so wird doch binnen kurzem bei Newton gelandet. Andra moi ennepe! —

Einmal begannen wir mit Laplace; und es sah fast so aus, als sollte dessen Traité de la mécanique céleste Gegenstand der Erörterung werden. Da erhob sich Einstein, pflanzte sich vor seine Wandgalerie, strich sich nachdenklich durchs Haar und erklärte:

Als die allergrößten Schöpfer betrachte ich Galilei und Newton, die man gewissermaßen als eine Einheit aufzufassen hat. Und in dieser Einheit bedeutet Newton den Vollender der gewaltigsten Geistestat im Bereiche unserer Wissenschaft. Diese beiden haben zuerst eine auf wenige Leitsätze gegründete Mechanik geschaffen, als allgemeine Theorie der Bewegungen, deren Gesamtheit die Vorgänge des Weltgeschehens darstellt.

Kann man sagen, unterbrach ich, daß das Galileische Grundgesetz der Trägheit ein Erfahrungssatz ist? Ich frage deshalb, weil doch die ganze Naturkunde als Erfahrungswissenschaft gilt, nicht als etwas in Spekulation konstruiertes. Und so könnte man doch auf die Vermutung kommen, daß ein Elementarsatz wie der von der geradlinigen Bewegung aus der elementaren Erfahrung abzuleiten wäre. Ist dies aber der Fall, warum mußte die Naturkunde so lange auf dieses Einfache warten? Die Erfahrung war doch schon immer vorhanden, und so hätte doch schon bei der allerersten Untersuchung nach Warum und Weil der Trägheitssatz auftauchen müssen?

Durchaus nicht! sagte Einstein. Die Erkenntnis von der geradlinigen Bewegung eines sich selbst überlassenen Körpers fließt keineswegs aus der Erfahrung. Im Gegenteil! Auch der Kreis galt als einfachste Bewegungslinie und ist von den Vorgängern vielfach als solche ausgerufen worden, so von Aristoteles. Es gehörte die enorme Abstraktionsfähigkeit eines Geistesriesen dazu, um die geradlinige Bewegung als die Grundform zu stabilieren.

Hinzuzufügen wäre, daß vor und sogar noch nach Galilei nicht nur der Kreis, sondern auch andere nichtgerade Linien als die naturgegebenen, primären, von Denkern und Pseudodenkern betrachtet worden sind; und daß sie sich herausnahmen, aus ihren krummlinigen Anschauungen Welterscheinungen zu erklären, die nur klar werden können, wenn man sich Galileis Abstraktion zu eigen gemacht hat.

Ich fragte, ob schon in Galileis Fallgesetzen die Gravitationslehre implicite enthalten war. Dies verneinte Einstein: Die Gravitation kommt ganz und gar auf Newton, als unerhörte Geistestat, deren Stärke unvermindert bleibt, selbst wenn man gewisse Vorläuferschaften anerkennen will. Er nannte Robert Hooke, der unter anderen von Schopenhauer gegen Newton ausgespielt wird. Gänzlich mit Unrecht und aus kleinlicher Antipathie, die in Schopenhauers unmathematischer Denkart wurzelt. Die Weite des Unterschiedes, der zwischen Hookes Gravitations-Ansätzen bis zu Newtons Monumentalbau liegt, vermochte er gar nicht zu beurteilen.

* Schopenhauer wirtschaftet (im 2. Bande der Parerga) mit zwei Argumenten, um Newton zu verdächtigen. Erstens mit der Berufung auf zwei von ihm mißverstandenen Quellenwerke, zweitens auf eine von ihm selbst entwickelte psychologische Studie. Mit psychologischen Mitteln, also mit Werkzeugen, die hier soviel Sinn haben, wie etwa die Integralrechnung in der ethischen Psychologie, kommt er zu dem Ergebnis, daß die Priorität der Entdeckung dem andern zukomme; dem armen Hooke sei es ergangen, wie dem Kolumbus: es heißt „Amerika", und es heißt „das Newton'sche Gravitationssystem!"

Wobei Schopenhauer gänzlich vergessen hat, daß er selber wenige Seiten vorher Newtons unvergänglichen Ruhm aus vollen Backen geblasen hatte; mit den Worten: „Um den Wert des von Newton jedenfalls zur Vollendung und Gewißheit erhobenen Gravitationssystem in seiner Größe zu schätzen, muß man sich zurückrufen, in welcher Verlegenheit hinsichtlich des Ursprungs der Bewegung der Weltkörper, die Denker sich seit Jahrtausenden befanden." Hier ist die Stimme der Wahrheit. Newtons Größe ist wirklich nur zu erfassen, wenn man den Maßstab der Jahrtausende zu Hilfe ruft.

Operierte Schopenhauer mit der Psychologie und mit dem Prinzip des Weltwissens, so versuchte sein auf diesem Gebiet noch bedeutend konfuserer Antagonist Hegel durch angeblich reine Anschauung der krummen Linie den Newton samt dem Kepler entbehrlich zu machen. In einer Ausführung von geradezu komischer Wortscholastik beweist er die Notwendigkeit der Ellipse, die die Grundform der Planetenbewegung darstellen müsse, ohne daß man im geringsten nötig hätte, die Newton'schen Gesetze, die Kepler'schen Feststellungen und deren mathematische Zusammenhänge zu bemühen. Und wirklich gelangt Hegel in einem Wortschwall von betäubender Sinnlosigkeit dazu, das zweite Kepler'sche Gesetz auf seine Weise zu paraphrasieren. Es liest sich wie ein Abschnitt aus einer Karnevalszeitung, von Wissenschaftlern in Weinlaune zur Selbstverulkung verfaßt.

Aber auch diese Extravaganzen gehören zur Beleuchtung Newtons, dessen Genialität gerade da am schönsten zutage tritt, wo es gilt, eine kosmische Bewegungserscheinung in der einfachsten, voraussetzungslosesten Weise evident zu machen. Hier gibt es keine Vorläuferschaft, nicht einmal die Bezugnahme auf sein eigenes Gravitationsgesetz. Tatsächlich hat Newton in einer gradezu triumphalen Darstellung offenbart, daß jenes zweite Keplergesetz zu den Dingen gehört, die sich eigentlich von selbst verstehen.

An und für sich betrachtet, bietet nämlich dies Gesetz demjenigen, der zum erstenmal davon Kenntnis erhält, eine beträchtliche Denkschwierigkeit. Jeder Planet bewegt sich in einer Ellipsenlinie, gut, das wird hingenommen. Aber dann liegt für den Unkundigen die Folgerung nahe: in gleichen Zeiten wird der Planet wohl gleiche Bogenlängen beschreiben. Nein, sagt Kepler, das tut er keineswegs, die Bogenlängen sind ungleich. Aber man verbinde jeden Punkt der Ellipsenbahn mit einem bestimmten Innenpunkt durch eine gerade Linie — man nennt diese Radius vector —, so ergibt sich folgendes: nicht die Bögen, wohl aber die vom Radius vector überstrichenen Flächenräume (die Sektoren) sind in gleichen Zeiten immer gleich groß.

Warum wohl? Das ist a priori nicht einzusehen. Aber man könnte sich denken: da hier die Anziehung der Sonne regiert, so wird das wohl mit der Newton'schen Gravitation zusammenhängen, und besonders mit dem umgekehrten Quadrat der Entfernung. Und man könnte weiter schließen: wenn etwa in der Welt ein anderes Gravitationsprinzip regierte, so müßte wohl auch das Keplergesetz eine andere Form annehmen.

Hier tritt nun eine gerade durch ihre Einfachheit wunderbare Tatsache ans Licht. Newton stellt den Satz auf: „Nach welchem Gesetz auch immer eine beschleunigende Kraft von einem Zentrum auf einen frei bewegten Körper einwirken mag, stets wird der Radius vector während gleicher Zeitspannen gleiche Flächenräume durchstreichen."

Nichts wird vorausgesetzt, als die Trägheit (lex inertiae) und ein ganz klein wenig Schulmathematik; nämlich nur der Elementarsatz, daß Dreiecke von gleicher Basis und Höhe einander gleich sind. Freilich, wie dieser Dreiecksatz aus der einfachen Zeichnung Newtons herausspringt, das wirkt erstaunlich, man spürt förmlich die Lösung eines kosmischen Problems in wenigen, leicht überschaulichen Strichen, man empfindet sie wie ein Erlebnis.

Das Theorem mit seinem Beweis steht in Newtons Hauptwerk Philosophiae naturalis principia mathematica. Philosophie und Mathematik in Durchdringung, ja in Identität, lieferten ihm die natürlichen Prinzipien des Erkennens.*

Einen sehr wertvollen Aufschluß gab mir Einstein über Newtons berühmten Ausspruch „Hypotheses non fingo". Newton mußte sich doch, so meinte ich, dessen bewußt sein, daß eine gänzlich hypothesenfreie Wissenschaft nicht aufgebaut werden kann. Ist doch selbst die Geometrie an den kritischen Punkt gekommen, an dem Gauß und Riemann ihre hypothetischen Grundlagen nachgewiesen und aufgedeckt haben.

Darauf sagte Einstein: Betonen Sie den Satz richtig, und sein Sinn wird Ihnen richtig aufgehen! Der Akzent ruht nicht auf dem ersten Wort, sondern auf dem letzten. Nicht von den Hypothesen wollte Newton sich freiwissen, vielmehr nur von der Annahme, daß er sie außerhalb der strengen Notwendigkeit fingiere. Newton wollte also sagen: Ich gehe in der ursächlichen Analyse nicht weiter zurück, als unbedingt notwendig.

Sollte nicht, erlaubte ich mir zu bemerken, zu Newtons Zeit der Verdacht gegen das Wort „Hypothese" überhaupt stärker auf den Gelehrten gelastet haben, als heute? Dann würde doch die scharfe Abwehr Newtons noch um ein Grad verständlicher sein. Oder sollte er den Glauben gehegt haben, daß sein Weltgesetz das allein in aller Natur mögliche wäre?

Und wiederum wies Einstein auf die Universalität des Newtonschen Geistes hin, dem ohne Zweifel die Geltungsweite seines Gesetzes bewußt war. Dieses reicht so weit, wie alle Erfahrung und Beobachtung, ist aber nicht a priori gegeben; ebensowenig wie die Galilei'sche lex inertiae. Es wäre sehr wohl möglich, daß jenseits der möglichen Erfahrung ein unerforschbares Universum existierte, mit einem andern Grundgesetz, das gleichwohl der Forderung vom zureichenden Grunde nicht widerspricht. — —

Die Antithese: Einfachheit — Kompliziertheit führte das Gespräch auf eine kurze Seitenwendung aus Anlaß eines von mir zitierten Beispiels, das ich hier nennen möchte, obschon dessen Zulässigkeit in diesem Zusammenhang bestreitbar erscheinen mag.

Wie für die Anziehung, müßte es doch auch, so sollte man denken, für den Widerstand ein durchgreifendes Gesetz geben.

Und wenn in der Anziehung die Proportionalität umgekehrt dem Quadrat der Entfernung gilt, so wäre es doch, so meinte ich, eine sehr schöne Analogie, wenn für den Widerstand ein ähnliches Gesetz gälte mit direkter Proportionalität. Tatsächlich hat es Physiker gegeben, die dergleichen verkündeten, und ich selbst habe es vom Katheder gehört: die Wirkung eines widerstehenden Mittels, zum Beispiel des Luftwiderstandes gegen ein fliegendes Geschoß, äußert sich proportional dem Quadrat der jeweiligen Geschwindigkeit.

Dieser Satz ist falsch. Wäre er richtig, durch das Experiment sichergestellt, so würde man in ihm vermutlich die einzig mögliche und unmittelbar einleuchtende Form des Widerstandsgesetzes erblicken. Wenigstens wäre ein logischer Grund nicht aufzufinden, der dagegen stritte.

Hier aber herrscht, wie Einstein es ausdrückt, „eine unreine Beziehung", das heißt, wir sind nicht imstande, eine genaue Beziehung zwischen der Geschwindigkeit des fliegenden Körpers und dem Luftwiderstand hinzustellen.

Jene — fälschliche — Annahme operierte tatsächlich durchaus nicht unlogisch und schien auf guter physikalischer Basis zu stehen. Denn, so sagte man, mit der doppelten Geschwindigkeit muß doch die doppelte Luftmasse verdrängt werden, also muß sich wohl der vierfache Widerstand ergeben. Die Experimente aber widersprachen radikal. Nicht einmal von einem Annäherungsgesetz kann man reden, höchstens bei ganz geringen Geschwindigkeiten. Bei größeren treten statt der quadratischen nahezu kubische oder noch kompliziertere Verhältnisse auf. Die Photographien fliegender Geschosse haben gezeigt, daß der Widerstand eines fliegenden Geschosses von der Erregung einer starken Kopfwelle, von der Reibung am Projektilkörper und dazu von Wirbeln hinter dem Projektil herrührt, von ineinanderwirkenden Faktoren, die gänzlich verschiedene Gesetze befolgen und sich auf eine Formel überhaupt noch nicht bringen lassen. Hier liegt mithin in den Erscheinungen eine starke Komplikation vor, für die Analyse eine kaum überwindbare Schwierigkeit. Zu deren Charakterisierung diene ein schönes Merkwort:

In einer Unterredung mit Laplace hat Fresnel geäußert, daß die Natur sich aus analytischen Schwierigkeiten nichts mache. Nichts gibt es einfacheres, als das Newton'sche Gesetz, bei aller Kompliziertheit der Planetenbewegungen; „hier verhöhnt die Natur," sagt Fresnel, „unsere analytischen Schwierigkeiten, sie wendet nur einfache Mittel an und erzeugt durch deren Verbindung ein nahezu unlösliches Gewirre. In diesem ist die

Einfachheit versteckt, und wir müssen sie erst entdecken!" Nur daß diese Einfachheit, wenn sie gefunden wird, sich durchaus nicht in einfachen Formeln ausspricht; und daß auch die letzte jemals zu ergründende Einfachheit auf gewisse hypothetische Voraussetzungen hinweist.

„Hypotheses non fingo!" Das Newton'sche Wort bleibt zu Recht bestehen, wenn man ihm Einsteins Interpretation gewährt: „Er wollte in der ursächlichen Analyse nur bis zum unbedingt Notwendigen zurückgehen." Mir lag daran, die von Einstein angeschlagene Spur weiter zu verfolgen, und ich bemerkte, daß jener Ausspruch tatsächlich von vielen Autoritäten der Wissenschaft falsch betont und danach falsch gedeutet wurde. Selbst Mill und der große Fachgelehrte William Whewell haben sich in dieses Mißverständnis verstrickt. Um einem Neueren die Ehre zu geben: der Hallenser Professor Vaihinger war feinhörig genug, um die wahre Betonung zu erlauschen; und seit der Aufklärung vollends, die uns Einstein gab, wird wohl ein Zweifel betreffs des wahren Sinnes jener Worte nicht mehr aufkommen dürfen.

Es lag nahe, in diesem Zusammenhange den Begriff „Naturgesetz" zu berühren, und Einstein wies unter Berufung auf Mach's Worte darauf hin, es gälte zu entscheiden, wieviel wir aus der Natur herauslesen, und aus allem zusammen gehe wenigstens das eine hervor, daß jedes Gesetz eine Einschränkung bedeutet; beim Menschengesetz, beim bürgerlichen und Strafgesetz die Einschränkung des Willens, der möglichen Handlung, beim Naturgesetz die Einschränkung, die wir der Erwartung unter Leitung der Erfahrung vorschreiben. Immerhin bleibt der Begriff dehnbar, da ja die Frage nicht verstummt: was ist Vorschrift? Wer schreibt vor? Kant hat den Menschen vorangestellt als denjenigen, der die Gesetze der Natur vorschreibt. Baco von Verulam betonte den doppelsinnigen Standpunkt mit dem Wort: Natura non vincitur nisi parendo, der Mensch bezwingt die Natur nur dadurch, daß er ihr gehorcht, nämlich den von ihr ausgehenden, ihr immanenten Normen. Also die Gesetze sind außer uns vorhanden, wir haben sie nur zu finden. Sind sie gefunden, so kann sie der Mensch rückwirkend zum Zwange auf die Natur verwenden. Der Mensch wird Diktator, er diktiert der Natur die Gesetze, nach denen sie, die Natur, den Menschen zu unterjochen hat. So oder so, es bleibt ein Circulus, aus dem es kein Entweichen gibt. Ein Gesetz ist ein Geistesgeschöpf, und bestehen bleibt das Wort des Mephisto: Am Ende hängen wir doch ab von Kreaturen, die wir machten!

In Newtons Seele muß wohl das Gehorchen und Gehorchenwollen als Primat gewaltet haben. Er galt doch als gottesfürchtig und stark im Glauben?

Einstein bestätigte das, und mit gehobenem Ton verallgemeinerte er: „Jedem tiefen Naturforscher muß eine Art religiösen Gefühls naheliegen; weil er sich nicht vorzustellen vermag, daß die ungemein feinen Zusammenhänge, die er erschaut, von ihm zum erstenmal gedacht werden. Der Forscher fühlt sich dem noch nicht Erkannten gegenüber wie ein Kind, das der Erwachsenen überlegenes Walten zu begreifen sucht."

In dieser Erklärung lag ein persönliches Bekenntnis. Denn er hatte von dem seelisch-kindlichen Bedürfnis Aller gesprochen und gerade die Denkfeinheit des Forschers als religiöses Motiv bezeichnet. Nicht alle haben es bekannt, ja, von so Mancher Überzeugungen wissen wir das Gegenteil. Halten wir uns an die Tatsache, daß die Fürsten im Reiche der Wissenschaft, Newton, Cartesius, Gauß, Helmholtz, fromm waren, wenn auch in verschiedenen Abstufungen des Glaubens. Und vergessen wir auch nicht, daß der schärfste Antagonist dieser Denkart, der Urheber des „Ecrasez l'infame" damit schloß, einen Tempel zu bauen mit der Inschrift: Deo erexit Voltaire.

Am stärksten herrschte der Positivismus in Newton, dessen Religiosität direkt bis in seine Forschungen hineinragte. Er selbst hat dafür das schöne Wort ausgerufen: Ein begrenztes Maß des Wissens führt von Gott hinweg; ein erhöhtes Maß des Wissens führt uns wieder zu Gott zurück. Hielt er doch die von ihm erkannte Weltmaschine durch das physikalisch-mathematische Gesetz noch nicht genügend stabiliert, so daß er für deren Gang eine zeitweise Nachhilfe des Schöpfers, Concursum Dei, in Anspruch nahm. Bis daß er aus der Linie des naiven Glaubens ins wirklich Theologische glitt und sakral gefärbte Abhandlungen über apokalyptische Dinge verfaßte. Des Cartesius Frömmigkeit wiederum, im Grundzug ehrlich gemeint, zeigte verdächtige Ausläufer. Und man kann sich des Gedankens nicht erwehren, daß er seine Beteuerungen bisweilen mit zwinkerndem Augurenlächeln begleitete. Er verstand sich auf Kompromisse, und gab diesem Verständnis Ausdrücke, hinter denen nach F. A. Langes schroffer Kennzeichnung nichts anderes steckte als „Feigheit vor der Kirche". Voltaire, ein Apostel der Newton'schen Naturphilosophie, verdächtigte sogar den Cartesischen Gottesglauben so weit, daß er behauptete: gerade der Cartesianismus habe Viele dahin gebracht, keinen Gott anzunehmen.

Da Einstein mit so großem Nachdruck auf die Kindlichkeit des Grundgefühls verwiesen hatte, zitierte ich einen Ausspruch

Newtons, der mir im Augenblick zur Bestätigung geeignet erschien: „In der Wissenschaft gleichen wir alle nur den Kindern, die am Rande des Wissens einen Kiesel aufheben, während sich der weite Ozean des Unbekannten vor unseren Augen erstreckt. Nichts ist sicherer, als daß wir eben begonnen haben, in den Wundern unserer Welt den ersten Anfang zu erkennen!"

Sollte man nicht auch diesen Vergleich Newtons als einen religiös gemeinten betrachten?

Dem steht nichts im Wege, meinte Einstein, obschon es mir wahrscheinlicher ist, daß Newton damit nur den Standpunkt des reinen Naturforschers feststellte. Wesentlich wollte er nur die kleine Endlichkeit des Erreichbaren im Verhältnis zur Unendlichkeit des Forschungsgebietes ausdrücken. — —

*

Durch irgend ein unvermutetes Stichwort erfuhr das Gespräch hier eine Ablenkung, die ich nicht verschweigen möchte, da sie zu einer bemerkenswerten Äußerung Einsteins über das Wesen des Genies hinführte. Wir sprachen nämlich von der „Erblichkeit der Wissenschaftsbegabung" und von der relativen Seltenheit ihres Hervortretens. Eine wirkliche Dynastie von Größen scheint nur ein einziges Mal erkennbar zu werden: in den zehn Bernoullis, die einem Geschlecht von Mathematikern entstammt, Bedeutendes, teilweise Außerordentliches geleistet haben. Warum tritt diese als Ausnahme ohne Gegenstück auf? Denn bei anderen Beispielen wird man nicht über die Drei-, höchstens Vierzahl hinausgelangen, in einer Namensfamilie; auch wenn man Wissenschaft und Künste zusammenrechnet: zwei Plinius, zwei Galilei, zwei Herschel, zwei Humboldt, zwei Lippi, zwei Dumas, etliche Bachs, Pisanos, Robbias, Holbeins, — die Ausbeute bleibt höchst spärlich, selbst wenn man sich wirklich nur an die Namensgleichheit hält, von einer erkennbaren Dynastie kann abseits der zehn Bernoullis nirgends und niemals die Rede sein[*]). Also wäre wohl, so meinte ich, der Schluß gerechtfertigt, daß die Natur von einer Talent-Erblichkeit nichts weiß, und daß der Zufall seine Hand im Spiele hatte, wo wir etwa so ein Ausstrahlen der Begabung in einer Familie wahrnehmen.

---

[*]) Die römische Familie der Cosmaten (13. Jahrhundert), die für Architektur und Mosaik sieben tüchtige Vertreter gestellt hat, kommt wohl in diesem Zusammenhang kaum in Betracht, da die Kunstgeschichte keinen von ihnen als eigentlich genial feiert.

Dem widersprach aber Einstein ganz entschieden: „Sicherlich kommt die Talent-Erblichkeit in sehr vielen Fällen vor, wo wir sie nicht bemerken; denn das Genie an sich und die Erkennbarkeit des Genies fallen durchaus nicht zusammen. Zwischen dem Genie, wie es sich in genialer Leistung kundgibt, und dem latenten Genie bestehen nur minimale Unterschiede. Dem latenten Genie fehlte vielleicht nur in irgend einer Sekunde irgend ein Antrieb, um mit aller Deutlichkeit hervorzubrechen; oder ihm fehlte zur Betätigung der Anlage die besondere, in der Wissenschaftsentwicklung seltene Situation. Und so bleibt es im Dunkeln, während es bei einer minimalen Änderung der Geschehnisse zur sichtbaren Leistung herausgetreten wäre."

„Beiläufig möchte ich bemerken: wenn eben zuvor die beiden Humboldt genannt wurden, so möchte ich wenigstens den Alexander von Humboldt nicht den Genies beizählen. Wiederholt ist es mir aufgefallen, daß Sie diesen Namen mit besonderer Ehrfurcht nennen — — —"

Und mir ebenso wiederholt, daß Sie, Herr Professor, sanft abwinkten. Es sind mir auch deshalb schon leise Zweifel aufgestiegen. Aber man kommt nur schwer von Größenordnungen los, die man seit Jahrzehnten in sich herumträgt. In meiner Jugend sagte man „ein Humboldt", so wie man sagt „ein Cäsar", „ein Michelangelo", um überhaupt einen unüberbietbaren Gipfelpunkt zu bezeichnen. Für mich selbst war seinerzeit Humboldts Kosmos die naturkundliche Bibel, und solche Erinnerungen mögen bis zu einem gewissen Grade nachwirken.

Sehr erklärlich, sagte Einstein. Nur muß man sich vorhalten, daß Humboldt für uns Heutige, wenn wir den Blick auf die großen Erkenner richten, kaum noch in Betracht kommt. Sagen wir deutlicher: er gehört nicht in diese Linie. Bestehen lasse ich sein enormes Wissen und seine bewundernswerte, an Goethe erinnernde Einfühlung in das Naturganze.

Ja, dieses kosmische Gefühl hatte mich wohl überwältigt. Und ich freue mich, daß Sie ihn hierin mit Goethe in Parallele setzen. Ich denke da an die Heinesche Erklärung: Wenn Gott die Welt erschaffen hätte bis auf die Bäume und Vögel, und hätte zu ihm gesagt: Lieber Goethe, ich überlasse es Ihnen, das Fehlende zu vollenden, so hätte Goethe diese Aufgabe sicher ganz korrekt und göttlich gelöst, nämlich die Bäume grün und die Vögel mit Federn erschaffen.

Das wäre auch dem Humboldt zuzutrauen gewesen. Aber derartigen poetisch-spielerischen Betrachtungen läßt sich mancherlei entgegenhalten

Unter anderem, daß Goethe selbst in der Vogelkunde höchst mäßig beschlagen war. Er wußte als hoher Siebziger noch nicht einmal Lerchen von Ammern und Sperlingen zu unterscheiden!
— Ist das Tatsache?
Vollkommen erwiesen. Eckermann berichtet es sehr ausführlich in einem Gespräch von 1827. Und da mir die Stelle zufällig erst gestern in die Finger kam, so kann und darf ich wohl zitieren: „Du Großer und Guter," — dachte Eckermann, „der du die ganze Natur wie Wenige durchforscht hast, in der Ornithologie scheinst du ein Kind zu sein!"

Für einen spekulativen Philosophen, will ich einschalten, könnte dies der Ausgangspunkt einer reizvollen Untersuchung bilden. Der eine weiß nicht, wie eine Lerche aussieht, wäre aber imstande gewesen, die platonische Idee des Gefiederten zu erfassen, auch wenn gar keine Vögel vorhanden wären, und so hätte der andere, Humboldt, vielleicht bei entsprechendem Auftrag des Himmels kreisende Planeten erschaffen; nur das, was wir eine astronomische Tat nennen, etwas Kopernikanisches, Keplerisches, hätte er nie zu vollbringen vermocht.

Und noch bezüglich einiger anderer Männer geriet ich bei Einstein an Äußerungen, die dem Fortissimo meiner Taxe einen gewissen Dämpfer aufsetzten.

Wir sprachen von Leonardo da Vinci, ganz unabhängig von dessen künstlerischer Bedeutung, also nur von Leonardo, dem Erkenner und Forscher. Ihm seine Zugehörigkeit zur Walhalla der Geister zu bestreiten, liegt Einstein fern. Allein es war klar, daß er mir empfehlen wollte, meinen Katalog anders zu numerieren, um dem italienischen Meister nicht gerade in erster Reihe den Standort zuzuweisen.

Das Leonardo-Problem erweckte meine volle Teilnahme und verdient sie in der ganzen Welt. Je mehr die Erforschung seiner Schriften vorschreitet, desto intensiver verdichtet sie sich zu der Frage: wieviel Bestandteile verdankt unsere Wissenschaft überhaupt dem Leonardo? Allen Ernstes wird heut erklärt, er ist nur im Nebenfach Maler und Bildhauer gewesen, im Hauptberuf aber Ingenieur, und zwar der größte aller Zeiten. Darüber hinaus macht sich die Ansicht geltend, er wäre als Wissenschaftler die Leuchte aller Leuchten von keinem früheren oder späteren in der Fülle der Erkenntnisse erreicht.

Ich hatte mir, da das Problem schon früher zwischen uns erörtert war, eine kleine Tabelle mitgebracht, flüchtig ausgezogen aus den mir zugänglichen Spezialwerken. Nach dieser Liste wäre Leonardo der eigentliche Entdecker und Urheber folgender Dinge:

Gesetz von der Erhaltung der Kraft.
Gesetz der virtuellen Geschwindigkeiten, vor Ubaldi und Galilei.
Wellentheorie, vor Newton.
Entdeckung des Blutumlaufs, vor Harvey.
Reibungsgesetze, vor Coulomb.
Gesetz der kommunizierenden Röhren, vor Pascal.
Wirkung des Druckes auf Flüssigkeiten, vor Stevin und Galilei.
Fallgesetze vor Galilei.
Richtige Deutung des Sternflimmerns, vor Kepler, der es nicht zu deuten vermochte.
Erklärung des reflektierten Mondlichts, vor Kepler.
Prinzip der kleinsten Aktion, vor Galilei.
Einführung der Zeichen $+$ und $-$ in die Rechnung.
Aufstellung der lebendigen Kraft aus Schwere und Geschwindigkeit.
Theorie der Verbrennung, vor Bacon.
Erklärung der Bewegung des Meerwassers, vor Maury.
Emporsteigen der Flüssigkeiten in Pflanzen, vor Hales.
Theorie der Versteinerungen, vor Palissy.
Dazu eine Menge von Erfindungen, zumal flugtechnischer, wie des Fallschirms, vor Lenormand usw. usw.

Einstein begegnete dieser Aufzählung mit größtem Mißtrauen und erblickte in ihr die Übertreibung einer historisch entschuldbaren aber sachlich irreführenden Quellenspürerei. Man werde verleitet, aufgefundene lose Ansätze, unklare Spuren, vage Hindeutungen als wirkliche Erkenntnisse aufzufassen, „um einen zu erhöhen unter allen". Daraus ergebe sich ein mythologisches Verfahren, dem vergleichbar, das in der Vorzeit alle erdenkliche Krafttaten auf den einen Herkules gehäuft habe.

Ich erfuhr, daß sich neuerdings in den Kreisen der Fachwissenschaft gegen diesen einseitig gerichteten Eifer eine starke Reaktion geltend mache, um Leonardos Verdienste auf das richtige Maß zurückzuführen. Und Einstein ließ keinen Zweifel darüber, daß er auf der Seite der Ultra-Leonardisten bestimmt nicht zu finden wäre.

Daß diese kräftige Trümpfe in Händen haben, darf nicht verschwiegen werden. Ebensowenig, daß sich die Trümpfe mehren, je weiter die Herausgabe der Leonardo'schen, so schwer entzifferbaren Schriften (im Codex Atlanticus etc.) fortschreitet. Sie können sich auch in manchen Punkten auf längst anerkannte Autoritäten stützen. So auf M. Cantor, den Verfasser der monumentalen

Mathematikgeschichte. In dieser lesen wir: „Der größte italienische Maler des XV. Jahrhunderts steht nicht minder groß als Mann der Wissenschaft da. Die Geschichte der Physik ermangelt nicht, sich seiner zu rühmen und die Verdienste hervorzuheben, um derentwillen man Leonardo namentlich als einen der Begründer der Optik preist." Er wird unmittelbar neben Regiomontanus gestellt als einer der damaligen Hauptwerkmeister am mathematischen Bau. Freilich läßt auch Cantor seine Zweifel einfließen, mit der Bemerkung, die bisherige Ausbeute zeigte den Leonardo nicht als großen Mathematiker. An anderer Stelle wird er wiederum in einem Atem neben Archimedes und Pappus als Entdecker im Gebiet der Schwerpunkts-Erforschung gefeiert.

Was nun aber die Hauptsache anlangt, Leonardos Priorität in Fallgesetzen, Undulationstheorie und den anderen Grundprinzipien der Physik, so ist Einstein der Überzeugung, daß die Leonardo-Herolde sich entweder sachlich irren, oder daß sie die Vorläuferschaften übersehen. Gerade bei diesen Prinzipien gäbe es immer noch einen Früheren, und es sei fast unmöglich, die Entdeckungslinie bis zum ersten Anfang zurückzuverfolgen. Schließlich könne man, wie dem Galilei, Kepler und Newton zugunsten des Leonardo, auch dem Kopernikus den Kranz entwinden wollen.

Das hat man ja auch versucht. Der eigentliche Kopernikus, so heißt es, war Hipparch aus Nicaea; und noch hundert Jahre zuvor Aristarch von Samos, der schon vor weit mehr als 2000 Jahren die Bewegung der Erde um ihre eigene Achse und um die Sonne lehrte.

Und dabei brauchte einer noch gar nicht halt zu machen, meinte Einstein. Denn die Vermutung liegt nahe, daß Aristarch wiederum aus ägyptischen Quellen geschöpft hat. Diese Rückwärtsrevidierungen mögen das archäologische Interesse reizen und in einzelnen Fällen auch wohl zur Feststellung eines Erstanspruchs führen. Hier aber muß sich der Verdacht regen gegen die bewußte, vorgefaßte Absicht, alle wissenschaftlichen Ehren in einen persönlichen Brennpunkt zu konzentrieren. Das überragende Konstruktionsgenie Lionardos soll damit nicht bestritten werden, und wenn man ihn den scharfsinnigsten Ingenieur aller Zeiten nennen will, so braucht man sich dem nicht zu widersetzen.

Alle Züge und Drücke der Natur waren in ihm als eigene innere Wirksamkeiten lebendig. Der Ausdruck ist von Hermann Helmholtz, und Helmholtz sprach von sich selbst, als er ihn formte. Der Vergleich ließe sich dahin fortsetzen, daß in den

Arbeiten beider der Mensch selbst mit seinen organischen Verrichtungen und Bedürfnissen eine bedeutende Rolle spielt. Das Abstrakte war ihnen Mittel zum Zweck des Anschaulichen, physiologisch-Brauchbaren, Lebensförderlichen. Leonardo ging von der Kunst aus und blieb im Mechanischen bis ins Maschinelle künstlerischer Gestalter. Helmholtz kam von der medizinischen Physiologie her und trug die in den Sinnen eingelagerten Schönheitswerte in seine Darstellungen der mechanischen Zusammenhänge. Beider Lebenswerke sind ästhetisch betont, das des Leonardo in tragischem Moll, das des Helmholtz in glückskräftigem Dur. Beiden gemeinsam ist eine fast unbegreifliche Vielseitigkeit und dauernde Produktivität.

Wenn Einstein über Helmholtz spricht, so beginnt er mit einem glänzenden Auftakt, dessen Stimmung er im weiteren Verlauf nicht durchweg festhalten will. Ich vermag hier nicht ipsissima verba hinzusetzen, da es hier auf eine Wörtlichkeit ankäme, für die ich nicht einstehen möchte. Man erlaube mir daher, von einem Bericht abzusehen und nur einige Niederschläge aus jenen Erörterungen zu sammeln.

Nach der Quersumme seiner Leistungen gemessen, ist Helmholtz für Einstein eine imposante Figur, der der Nachruhm gesichert bleibt, wie sie ja persönlich ihre eigene Unsterblichkeit erlebt hat. Wenn man aber bestrebt war, ihn den großen Gedankenschöpfern vom Kaliber eines Newton beizuordnen, so glaubt Einstein, daß diese Taxierung doch nicht voll aufrecht zu erhalten sein wird. Bei aller Vortrefflichkeit, Feinheit und Wirksamkeit der einzelnen, erstaunlich vielfältigen Eingebungen, scheint Einstein bei ihm die Grundgewalt einer ganz großen Geistestat zu vermissen.

Auf einem Naturforscher-Kongreß zu Paris 1867 hat ein begeisterter Kollege des anwesenden Helmholtz unter allseitiger Zustimmung den Mann mit dem Rufe gefeiert: L' ophthalmologie était dans les ténèbres, — Dieu parla, que Helmholtz naquît — Et la lumière était faite! Das war eine fast wörtliche Paraphrase der Huldigung, die einst Pope dem Newton gewidmet hat. Der Toast hallte damals durch die Welt, die Augenkunde erweiterte sich zur Wissenschaft überhaupt, die Apotheose galt allgemein. Du Bois-Reymond erklärte, daß keine wissenschaftliche Literatur irgend einer Nation ein Buch besäße, das Helmholtz' Werken von der physiologischen Optik und den Tonempfindungen zur Seite gestellt werden dürfe. Helmholtz wurde vergottet, und er hat für nicht wenige den Göttlichkeitsschimmer bis auf den heutigen Tag behalten.

Eine schrille Stimme fuhr dazwischen und bohrte sich in eine Hauptleistung des Mannes. Der Gegenrufer war Eugen Dühring, dessen preisgekrönte Schrift über die Prinzipien der Mechanik ihn ganz besonders zum Richter über diese Hauptleistung zu legitimieren schien. Dühring wollte den Helmholtz im tiefsten Fundament angreifen, im Gesetz „von der Erhaltung der Kraft". Gelang es, ihn dort zu entwurzeln, so stürzte der Gott als zertrümmerter Götze vom Sockel.

Dühring hat Helmholtz geradezu besudelt; und es braucht wohl kaum gesagt zu werden, daß Einstein diese Art einer polemischen Beweisführung verabscheut; mehr als das: er nimmt sie wesentlich von der pathologischen Seite, und für manche der Dühring'schen Kernsprüche hat er nur das Lächeln der Geringschätzung übrig. Er betrachtet sie als Dokumente unfreiwilligen Ulkes, welche die Wissenschaftsgeschichte als abschreckende Beispiele aufzubewahren hat.

Auch Dühring gehörte zu denen, die Einen erhöhen wollten unter allen. Er setzte Robert Mayer auf den Altar und brachte ihm blutige Opfer. Gewohnt, ganze Arbeit zu machen, blieb er in der Opferwahl nicht bei Helmholtz stehen: Für den Entdecker des mechanischen Wärmeäquivalents war ihm keine Hekatombe zu groß; und so griff er auch nach Gauß und Riemann, um sie abzuschlachten.

Gauß und Riemann! Zwei Giganten in Einsteins Schätzung. Wohl wußte er, daß der rasende Ajax sich auch gegen sie losgelassen hatte; aber die näheren Tatumstände waren ihm nicht mehr genau gegenwärtig, und da wir das Material zur Hand hatten, so erlaubte er mir aus der Tragikomödie einige Zeilen zu wiederholen.

Helmholtz — von Dühring auch „Helmklotz" genannt — hat danach nicht anderes getan, als den Mayerschen mechanischen Grundgedanken zu verunstalten und fehlerhaft zu kolportieren. Er hat ihn durch sein „Bephilosophen" ins eigentlich Absurde verdorben. Es war die ärgste aller an Mayer verübten Erniedrigungen, daß er mit einem zurückbleibenden Nachläufer zusammen genannt wurde, dem das „Physikastern" noch schlechter vonstatten ging, als das „Philosopheln".

Es bleibt dunkel, was Gauß und Riemann gegen Mayer verbrochen haben. Aber da war ein anderer „Naturphilosophaster", Justus von Liebig, der dem Dühring als contra Mayer verdächtig vorkam, und dieser hatte für jene gewaltigen Mathematiker die „Größenklapper" gerührt. Nachdem noch dieser, und nebenbei Clausius, abgestochen, geht es also an die Großen von Göttingen. Beim Thema Gauß und „Gaußerei" heißt es: „Sein Größenwahn machte es ihm unmöglich, an irgendwelchen Querstreichen, die ihm die defekten Teile seines Hirns besonders in der Geometrie spielten, irgendwelchen Anstoß zu nehmen. So kam es bei ihm zur mystifikatorischen Leugnung Euklidischer Axiome und Sätze und zu Grundlinien einer apokalyptischen Geometrie, nicht etwa bloß des Unsinns, sondern geradezu des Stumpfsinns.. Die Ausgeburten mathematischer Geistesstörung eines Professors, durch dessen Größenwahn zu neuen übermenschlichen Wahrheiten gestempelt!... Die fraglichen mathematischen Einbildungen und Verstandesverrückungen sind Früchte einer echten Paranoia geometrica."

Als Herostrat den Weihetempel eingeäschert hatte, erging der Beschluß der Jonischen Städte: Sein Name soll zur ewigen Vergessenheit verurteilt werden. Der Tempel-Attentäter Dühring wird fortleben, denn er ist, seiner eigenen Brandstiftung ungeachtet, ein Bedeutender an sich. Wir stießen hier auf unergründliche Rätsel einer komplexen Gelehrtennatur, die selbst ein Ergründer wie Einstein nicht zu lösen vermag. Das einfachste wäre es ja, den Spieß umzukehren, und das Robert-Mayer-Buch mit der Kritik „Paranoia" abzutun. Aber damit ist nicht durchzukommen. Denn überschlägt man darin die Blätter des Wahnsinns, so bleibt noch genug des Erheblichen darin bestehen.

Gehört Dühring am Ende nicht selbst in unsere Walhalla? Die Frage klingt ungeheuerlich, und ist dennoch nicht schlechtweg zu verneinen. Der Mensch soll nach seiner Höchstleistung beurteilt werden, nicht nach seinen Entgleisungen. Im Aristoteles wimmelt es von Unsinnigkeiten, und Lionardos „Bestarius" schwelgt im Abstrusen. Hätte Dühring nichts geschrieben als seine Studien von Archimedes bis Lagrange, so stünden ihm die Torflügel offen. Auch in seiner Ruhmschrift für Robert Mayer, die durch Unflätigkeiten verschimpfiert ist, steckt wenigstens noch die Größe des Bekennermutes.

Die Figuren Robert Mayer und Helmholtz gegeneinander abzumessen, bleibt auch bei ruhiger Betrachtung mißlich, da die fatale Prioritätsfrage hier hineinspukt. Die Befestigung des Energiesatzes durch Helmholtz steht für sich, allein vielleicht hätte er die um fünf Jahre vorzudatierende Entdeckung des Heilbronner Arztes stärker betonen können. Und wiederum wäre auch bei diesem nicht halt zu machen, denn die Unveränderlichkeit der Energiesumme bei mechanischen Vorgängen war schon dem Huyghens bekannt.

Der Heilbronner war ein einziges Mal in seinem Leben genial, und Helmholtz bewegte sich durch ein ganzes Leben asymptotisch zur Genielinie, ohne sie vollständig zu erreichen. Wenn ich Einsteins Meinung richtig deute, so verbleibt ihm die Herrlichkeit einer hinreißenden Forschernatur, nicht aber unbedingt der Platz neben den Allergrößten seines Faches. Einen gewissen Abstand will Einstein aufrechterhalten, nicht nur zu den Titanen der Vorzeit, sondern auch zu einigen Lebenden. Spricht er von diesen, so erscheint seine Rede voller instrumentiert. Es bedarf nicht stets langer Sätze, der einzelne Ton wird Halleluja. Er denkt da vornehmlich an **Hendrik Antoon Lorentz** zu Leyden, an **Max Planck**, an **Niels Bohr**, und man merkt es ihm an, jetzt ist Walhall um ihn.

* * *

Wenn hier das Gleichnis mit einem Ruhmestempel festgehalten wird, so liegt darin ein Anklang an Einsteins eigene Worte, an seine Festrede vom Mai 1918 zur 60-Jahr-Feier für den Physiker Planck. Diese Rede war ein Akkord, in dem Erkenntnis des Kopfes und Bekenntnis des Herzens zusammenfließen. Wir standen an den Propyläen, und ein neuer Heraklit rief uns zu: Introite, nam et hic dii sunt!

Den Duktus jener schönen Ansprache möchte ich in einem durch keinen Kommentar unterbrochenen Auszuge mitteilen:

„Ein vielgestaltiger Bau" — so begann Einstein damals — „ist er, der Tempel der Wissenschaft. Gar verschieden sind die darin wandelnden Menschen und die seelischen Kräfte, welche sie dem Tempel zugeführt haben. Gar mancher befaßt sich mit Wissenschaft, im freudigen Gefühl seiner überlegenen Geisteskraft, ihm ist die Wissenschaft der ihm gemäße Sport, der ihm kraftvolles Erleben und Befriedigung des Ehrgeizes bringen soll. Gar viele sind auch im Tempel zu finden, die nur um nutzverheißender Ziele willen hier ihr Opfer an Gehirnschmalz darbringen. Käme nun ein Engel Gottes und vertriebe alle die Menschen aus dem Tempel, welche zu diesen beiden Kategorien gehören, so würde er bedenklich geleert, aber es blieben doch noch Männer aus der Jetzt- und Vorzeit im Tempel drinnen; zu diesen gehört unser Planck, und darum lieben wir ihn.

„Ich weiß wohl, daß wir da soeben viele Männer leichten Herzens im Geiste vertrieben haben, die den Tempel der Wissenschaft zum großen Teil gebaut haben; bei vielen auch würde unserem Engel die Entscheidung ziemlich sauer werden... Wenden wir aber unsere Blicke denen zu, die vor dem Engel unbedingt Gnade gefunden haben! Etwas sonderbare, verschlossene, einsame Kerle sind es zumeist, die einander trotz dieser Gemeinsamkeiten eigentlich weniger ähnlich sind, als die aus der Schar der Vertriebenen. Was hat sie in den Tempel geführt?... Zunächst glaube ich mit Schopenhauer, daß eines der stärksten Motive, die zu Kunst und Wissenschaft hinleiten, als der Drang auftritt zur Flucht aus dem Alltagsleben mit seiner schmerzlichen Rauheit und trostlosen Öde, aus Fesseln der ewig wechselnden eigenen Wünsche. Er treibt den feiner Besaiteten aus dem persönlichen Dasein hinaus in die Welt des objektiven Schauens und Verstehens. Dies Motiv ist mit der Sehnsucht vergleichbar, die den Städter aus seiner geräuschvollen, unübersichtlichen Umgebung nach der stillen Hochgebirgslandschaft unwiderstehlich hinzieht, wo der weite Blick durch die stille Luft gleitet und sich ruhigen Linien anschmiegt, die für die Ewigkeit geschaffen scheinen. Zu diesem negativen Motiv aber gesellt sich ein positives: der Mensch sucht in ihm irgendwie adäquater Weise ein **vereinfachtes und übersichtliches Bild der Welt** zu gestalten und so die Welt des Erlebens zu überwinden, indem er sie bis zu einem gewissen Grade durch dies Bild zu ersetzen strebt. Dies tut der Maler, der Dichter, der spekulative Philosoph und der Naturforscher, jeder in seiner Weise. In dies Bild verlegt er den Schwerpunkt seines Gefühlslebens, um die Ruhe und die Festigkeit zu gewinnen, die er im engen Kreise der wirbelnden persönlichen Erlebnisse nicht finden kann.

„Was für eine Stellung nimmt das Weltbild des theoretischen Physikers unter allen möglichen Bildern der Welt ein? Er stellt die höchste Anforderung an die Straffheit und Exaktheit der Darstellung, wie sie nur die Benutzung der mathematischen Sprache verleiht. Aber dafür muß sich der Physiker stofflich um so mehr bescheiden, in der Beschränkung auf die allereinfachsten Vorgänge unseres Erlebens, während alle komplexeren Vorgänge nicht mit jener subtilen Genauigkeit und Konsequenz, wie sie der Physiker fordert, durch den menschlichen Geist nachkonstruiert werden können... Verdient das Ergebnis einer so resignierten Bemühung den stolzen Namen ‚Weltbild'?

„Ich glaube, der stolze Name ist wohlverdient, denn die allgemeinsten Gesetze, auf die das Gedankengebäude der theoretischen Physik sich gründet, erheben den Anspruch, für jegliches Naturgeschehen gültig zu sein. Aus ihnen sollte sich auf dem

Wege reiner gedanklicher Deduktion die Abbildung, d. h. die Theorie eines jeden Naturprozesses einschließlich der Lebensvorgänge finden lassen, wenn jener Prozeß der Deduktion nicht über die Leistungsfähigkeit menschlichen Denkens hinausginge. Der Verzicht des physikalischen Weltbildes auf Vollständigkeit ist also kein prinzipieller..

„Die Entwickelung hat gezeigt, daß unter allen denkbaren theoretischen Konstruktionen eine einzige jeweilen sich als unbedingt überlegen über alle andern erwies; daß die Welt der Wahrnehmungen das theoretische System praktisch bestimmt, obschon kein logischer Weg von den Wahrnehmungen zu den Grundsätzen der Theorie führt, sondern nur die auf Einfühlung in die Erfahrung sich stützende Intuition...

„Die Sehnsucht nach dem Schauen der von Leibniz erkannten ‚prästabilierten Harmonie‘ ist die Quelle der unerschöpflichen Ausdauer, mit der wir Planck den allgemeinen Problemen unserer Wissenschaft sich hingeben sehen, ohne sich durch dankbarere und leichter erreichbare Ziele ablenken zu lassen.. Der Gefühlszustand, der ihn zu seinen Leistungen befähigt, ist dem des Religiösen oder Verliebten ähnlich; das tägliche Streben entspringt keinem Vorsatz oder Programm, sondern einem unmittelbaren Bedürfnis. Möge die Liebe zur Wissenschaft auch in Zukunft seinen Lebensweg verschönen und ihn zu der Lösung des von ihm selbst gestellten und mächtig geförderten wichtigsten Problems der Gegenwart führen. Möge es ihm gelingen, die Quantentheorie mit der Elektrodynamik und Mechanik zu einem logisch einheitlichen System zu vereinigen!"

Das Ergreifende in Ihrer Ansprache, sagte ich, liegt für mich darin, daß sie gleichzeitig den Wissenschaftshorizont in aller Weite umspannt und den Erkenntnisdrang auf die Wurzel des Gefühls zurückführt. Als Sie Ihre Rede schlossen, bedauerte ich nur das eine, daß sie eben schon verklungen war. Es müßte schön sein, den Entwurf zu besitzen.

Legen Sie Wert darauf? fragte Einstein; dann nehmen Sie hier das Manuskript. Und dieser erfreulichen Gabe verdanke ich es, daß ich den vorliegenden Bericht über den Walhallagang mit einer so wertvollen Ergänzung schmücken darf.

* * *

Das Gespräch hatte mit der leuchtenden Einheit Galilei-Newton begonnen und neigte sich gegen Ende wiederum zu der Betrachtung eines Doppelsterns: die Namen Faraday-Maxwell stiegen auf.

Beide Zweigestirne, so erklärte Einstein, sind von demselben Helligkeitsgrad. Prinzipiell setze ich sie als gleichwertig für die Entwickelung der Erkenntnis.

„Müßte man nicht noch Heinrich Hertz als den dritten im Bunde hinzurechnen? Dieser Assistent Helmholtzens gilt doch als einer der Mitbegründer der Elektro-Optik, und man spricht doch oft in einem Atem von den Maxwell-Hertzschen Gleichungen?"

— Zweifellos, sagte Einstein, ist Hertz, der vielfach mit Maxwell zusammen genannt wird, sehr wichtig und muß als eine bedeutende Erscheinung gewertet werden auf dem Gebiet des Experimentellen. Allein, in der geistigen Tragweite steht er doch gegen die Genannten zurück. Bleiben wir also bei den Dioskuren Faraday und Maxwell, deren Geistestat sich mit ganz kurzen Worten dahin charakterisieren läßt: die klassische Mechanik führte alle Erscheinungen, sowohl die mechanischen als die elektrischen, zurück auf die unmittelbare Einwirkung der Teilchen aufeinander in beliebiger Entfernung; das einfachste Gesetz dieser Art ist der Newton'sche Ausdruck, „Masse mal Masse dividiert durchs Entfernungsquadrat". Demgegenüber haben Faraday und Maxwell eine ganz neue Art von physikalischen Realitäten eingeführt, nämlich die Kraftfelder. Die Einführung dieser neuen Realitäten hat den ungeheuren Vorzug, daß erstens die der Alltagserfahrung widersprechende Konzeption der Wirkung in die Ferne überflüssig gemacht wird, indem die Felder sich von Punkt zu Punkt, ohne Sprung, durch den Raum übertragen; und zweitens, daß die Gesetze für die Felder besonders in der Elektrizitäts-Theorie sich viel einfacher gestalten, als bei der feldlosen Darstellung, die eben nur an die Massen und Bewegungen als Realitäten anknüpft.

Er verbreitete sich noch eingehender über die Felder, und während er fachlich auseinandersetzte, sah ich ihn selbst, bildlich gesprochen, eingelagert in ein magnetisches Kraftfeld. Auch hier war eine Übertragung durch den Raum von Punkt zu Punkt wahrnehmbar, und von einer „Fern"-Wirkung konnte schon deshalb keine Rede sein, weil die Wirkungsquelle so nahe lag. Sein Blick glitt, magnetisch angezogen, an die Zimmerwand und umhüllte liebkosend die Porträtköpfe von Maxwell und von Faraday.

Menschen-Erziehung

Schulplan und Unterrichtsreform. — Wert der Sprachbildung. — Zeit-Oekonomie.
— Uebung im Handwerk. — Das Anschaulich-Interessante. — Die Kunst des
Lehrvortrags. — Auslese durch Begabten-Prüfung. — Frauenstudium. —
Soziale Schwierigkeiten. — Die Not als Erzieherin.

Wir gelangten an eine Reihe pädagogischer Fragen, denen Einstein starke Teilnahme entgegenbringt. Denn er selbst entwickelt eine rege Lehrtätigkeit und er verhehlt niemals die Freude, die ihm deren Ausübung verursacht. Zweifellos versteht er es auch, durch das lebendige Wort auf größere Kreise Lernbegieriger zu wirken, nicht nur auf die Studenten der Hochschule, sondern weit darüber hinaus. Als in letzter Zeit Volkskurse auf breiter Grundlage eingerichtet wurden, war er einer der ersten, die ihre Kraft diesem heilsamen Unternehmen widmeten. Er sprach vor Leuten aus dem Arbeiterstande, bei denen er keinerlei akademische Vorkenntnisse voraussetzen durfte, und er wußte seine Vorträge so zu gestalten, daß ihnen auch die minder gebildeten Massen gut zu folgen vermochten.

Sein Verhalten zu allgemeinen Fragen der Schulerziehung wird naturgemäß durch seine Persönlichkeit und Arbeitsvergangenheit bestimmt. Ihm kommt es zunächst darauf an, daß der junge Mensch Einsichten in den Zusammenhang der Naturvorgänge gewinnt, daß also bei Aufstellung der Lehrpläne das Realwissen in den Vordergrund gestellt wird.

Es liegt mir fern, so erklärte mir Einstein, die Grundlinien der alten Lateinschule durch eine überstürzte Reform glattweg fortwischen zu wollen. Allein ebenso fern liegt es mir, mich für die sogenannte humanistische Schule zu begeistern. Hiervon würden mich schon gewisse Erinnerungen an meine eigene Schulzeit abhalten, und in noch stärkerem Grade mein Vorgefühl für die erzieherischen Aufgaben der Zukunft. „Ganz aufrichtig gesagt, finde ich, daß der Bildungswert der Sprachen im Allgemeinen erheblich überschätzt wird."

Ich erlaubte mir, auf ein Merkwort zu verweisen, das bei gewissen Gelehrten noch heute als unbestreitbar gilt. Karl der

Fünfte hat es ausgesprochen: „So viele Sprachen einer versteht, so viele Male ist er ein Mensch"; und um zugleich auf die Wurzel der Sprachbildung zu deuten, hat er es auf Lateinisch gesagt: ‚Quod linguas quis callet, tot homines valet'. Ein Wort, das sich in der Umformung „Soviel Sprachen, soviel Sinne" durch die Zeiten fortgesetzt hat.

Einstein entgegnete: Ich bezweifle die Allgemeingültigkeit dieser Sentenz, denn ich glaube, daß sie einer Realprobe zu keiner Zeit standgehalten hätte. Ihr widerspricht alle Erfahrung. Andernfalls wären wir genötigt, Sprachathleten wie Mithridates, Mezzofanti und ähnliche an die Spitze der geistigen Menschheit zu stellen. Ganz im Gegenteil läßt es sich nachweisen, daß bei den stärksten Persönlichkeiten und Erkenntnisförderern die Vielfältigkeit der Sinne durchaus nicht auf umfassender Sprachkunde beruhte, vielmehr darauf, daß sie den Kopf frei hielten von Belastungen, die einseitig das Gedächtnis in Anspruch nehmen.

Gewiß, sagte ich, kann man zugeben, daß hier der Anlaß zu mancher Übertreibung vorliegt, und daß der Sprachbetrieb manches gelehrten Herren in sportmäßige Vielwisserei ausartet. Eine wirklich nachhaltige Geistestat hat recht selten oder nie ihren Ausgang von der Überfülle der erlernten Sprachstoffe genommen, und um ein Beispiel zu nennen, das mir grad' einfällt: Nietzsche wurde erst dann der weitwirkende Philosoph, als er den Philologen in sich überwunden hatte. Für unser eigentliches Thema schränkt sich die Frage jedoch merklich ein, sie reduziert sich wesentlich auf die Angelegenheit des altklassischen Unterrichts, also darauf, ob wir in Latein und Griechisch genug, zuviel oder zu wenig tun. Da möchte ich zuerst erwähnen, daß sich die Schulanforderung ehedem doch bedeutend weiter erstreckte als heutzutag, wo unter den Schülern der Oberklasse der perfekte Lateiner und Grieche kaum noch angetroffen wird.

Gerade darin erblickt Einstein das Anzeichen einer Besserung und einer erfreulichen Besinnung auf die eigentlichen Ziele der Schule. Er sagte: der Mensch muß dazu erzogen werden, „subtil zu reagieren"; er soll gleichsam „geistige Muskeln" bekommen und ausbilden! Und hierfür sind die Methoden des Sprachdrills weit weniger geeignet, als die einer allgemeinen Bildung, die das Schwergewicht auf die Ertüchtigung zum eigenen Nachdenken legt. Freilich wird dabei die Berufsneigung des Zöglings nicht außer Ansatz bleiben dürfen, zumal sich diese Neigung schon sehr früh anzukündigen pflegt, hervorgerufen durch eigene Begabung, durch Vorbilder in der Familie und durch andere Umstände, die auf die Wahl des künftigen Fachstudiums Einfluß haben. Deshalb trete ich durchaus dafür ein, daß in den Lehranstalten, besonders in Gymnasien, eine Gabelung stattfinde, etwa von der Tertia ab, wonach sich der junge Mensch am Teilungspunkte für die eine oder andere Linie zu entscheiden hat. Die allerersten Grundlagen, bis zur Tertia, können gleichmäßig gestaltet werden, denn sie betreffen Elemente der Bildung, die der Gefahr einer einseitigen Überspannung kaum ausgesetzt sind. Bemerkt der Zögling in sich ein besonderes Interesse für das, was der Schulmann Humaniora nennt, so soll es ihm unbenommen bleiben, das latein-griechische Garn weiterzuspinnen und zwar unter Entlastung von Arbeiten, die ihn nach seiner besonderen Natur nur drücken und ängstigen . . .

Sie denken da besonders — schaltete ich ein — an die Ängste in den Lehrstunden der Mathematik. Tatsächlich gibt es ja viele sonst recht intelligente Köpfe, die in mathematicis vollkommen wie mit Blödheit geschlagen sind, und denen die ganze Schule durch die Plage dieser Lektionen vergällt wird. Es leben in Menge Ärzte, Juristen, Historiker, Literaten, die bis ins späte Alter hinein von den mit mathematischen Greueln erfüllten Träumen heimgesucht werden. Deren Entsetzen war nur zu wohl begründet. Denn während der schlechte Lateiner immer noch eine Ahnung vom Latein bewahrt, der in Geschichte mangelhaft Beschlagene wenigstens weiß, wovon die Rede ist, schindet sich der Ungeometrische durch zahllose Mathematikstunden wie durch Unbegreiflichkeiten aus einer anderen Welt, die ihm in einer gänzlich unverständlichen Sprache vorgetragen werden. Er soll Fragen beantworten, deren Sinn er nicht einmal ahnt, Aufgaben lösen, in denen ihn jedes Wort und jede Ziffer wie unheilschwangere Rätsel anstarren. Und rechts wie links sitzen Schüler, denen das alles Spielerei ist, ja sogar einzelne, die alle Schulmathese binnen wenigen Monaten im Sturmschritt durchmessen könnten. Das ergibt einen Kontrast zwischen den Zöglingen, der den Betroffenen für die Dauer der Schuljahre geradezu mit tragischer Wucht bedrücken kann. Deshalb wäre allerdings eine Reform zu begrüßen, die bei Zeiten trennt, was getrennt zu werden verdient, und die den Lehrplan möglichst getreu den Begabungen anpaßt.

Einstein machte darauf aufmerksam, daß solche Trennung bereits in vielen Schulen des Auslands, wie in Frankreich und Dänemark, durchgeführt sei, wenn auch nicht mit restloser Ausschließlichkeit. Übrigens, so fügte er hinzu, ist für mich noch keineswegs ausgemacht, ob die Greuel, von denen Sie sprachen, wirklich nur in der Nichtbegabung des Schülers ihren Urgrund haben. Ich bin vielmehr geneigt, in vielen Fällen der Nichtbegabung des Lehrers die Verantwortlichkeit zuzuschieben. Die meisten vertrödeln die Zeit mit Fragen, und sie fragen, um herauszubekommen, was der Schüler nicht weiß; während die wahre Fragekunst sich darauf richtet, zu ermitteln, was der andre weiß oder zu wissen fähig ist. Wo gesündigt wird — und die Sündentabelle erstreckt sich über alle Lehrfächer — da trägt zu allermeist die Persönlichkeit des Lehrers die Hauptschuld. Das Ergebnis in der Klasse liefert den Maßstab für die Tauglichkeit des Präzeptors. Alles in allem gerechnet bewegt sich die Quersumme der Fähigkeit in der Klasse selbst mit unerheblichen Schwankungen um Mittelwerte, mit denen man leidlich befriedigende Resultate erzielen kann. Bleiben die Fortschritte der Klasse darunter —, so sage man nicht, ein schlechter Jahrgang, sondern ein ungenügender Herr auf dem Katheder. In der Regel kann man annehmen, daß der Lehrer den Gegenstand, soweit er ihm anvertraut ist, versteht und als Lektionsstoff beherrscht; nicht aber, daß er ihn interessant zu machen versteht. Hier sitzt fast durchweg der Grund des Übels. Wenn der Magister einen Odem der Langeweile um sich verbreitet, so verkümmern die Resultate in der Stickluft. Lehren-können heißt interessant belehren, den Vortragsstoff, auch einen abstrakten, so vortragen, daß die Resonnanzsaiten in der Seele des Schülers mitschwingen und daß seine Neugier lebendig bleibt.

Das ist eine Idealforderung für sich. Nehmen wir an, sie wäre erfüllt, wie denken Sie sich dann die Verteilung des Stoffes im Lehrplan selbst?

— Dies bis ins einzelne zu erörtern, wollen wir uns für ein andermal vorbehalten. Eine Hauptsache bliebe nur die Zeitökonomie, insofern als alles Überflüssige, Quälerische, auf Dressur gerichtete fortfallen müßte. Vorläufig gilt noch immer als Ziel der ganzen Übung die Schlußprüfung. Diese muß fortfallen!

Wahrhaftig, Herr Professor? Sie wollen das Abiturientenexamen abschaffen?

— Allerdings. Denn es steht wie ein schreckhaftes Tournier am Ende der Schulzeit, wirft seine Schatten weit voraus und zwingt Lehrer wie Zöglinge, sich dauernd auf eine forcierte Paradeleistung einzurichten. Dieses Examen steht auf einem künstlich hochgeschraubten Niveau, das die hinaufgepeitschten Teilnehmer nur für wenige Stunden innehalten, und das sie später niemals wiedersehen. Fällt es, so fällt damit auch der leidige Gedächtnisdrill, es braucht nicht mehr in Jahren eingepfropft zu werden, was nach dem Abitur mit Sicherheit in Monaten radikal vergessen wird und vergessen zu werden verdient. Kehren wir zur Natur zurück, die das Prinzip aufrechthält, mit dem geringsten Arbeitsaufwand die größte Wirkung zu erzielen, während die Maturitätsprüfung genau das entgegengesetzte Prinzip befolgt.

Ja aber, wer soll denn nun zur Universität entlassen werden?

— Jeder, der sich als fähig bewährt hat, nicht in einer vom Zufall abhängigen Feuerprobe, sondern in seinem ganzen Verhalten. Dieses ist dem Lehrer bekannt, und wenn es ihm nicht bekannt ist, liegt die Schuld wiederum bei ihm. Um so mehr wird er entlassungsreif finden, je weniger der Lehrplan als solcher auf die jungen Leute gedrückt hat. Sechs Stunden am Tage müßten vollauf genügen, davon vier für die Schule und zwei für häusliche Arbeit, und das wäre schon das Höchstmaß. Sollte Ihnen dies zu wenig erscheinen, so bedenken Sie, daß der junge Geist auch in der Muße eine starke Anstrengung erfährt, da er eine ganze Welt in Wahrnehmungen aufzunehmen hat. Und wenn Sie fragen, wie der ständig wachsende Lehrplan in so mäßiger Stundenzahl untergebracht werden soll, so sage ich: Platz wird genug sein, werft nur erst das Entbehrliche über Bord! Zum Entbehrlichen zähle ich den weitaus größten Teil des Lehrbetriebes, der sich „Weltgeschichte" nennt und in der Regel nichts anderes ist, als eine in öde Tabellenform gepreßte Geschichtsklitterung. Dieses Lehrfach ist auf das Alleräußerste einzuschränken und dürfte nur in ganz großen Zügen vorgetragen werden, ohne jede Jahreszahlpaukerei. Laßt Lücken darin, so viel ihr mögt, zumal in der alten Geschichte, sie werden sich im Leben nicht fühlbar machen. Ich halte es für durchaus kein Unglück, wenn der Schüler nichts von Alexander dem Großen erfährt, nichts von Dutzenden anderer Eroberer, deren archivarischer Nachlaß sein Gedächtnis als toter Ballast befrachtet. Soll schon in die graue Vorzeit hineingestiegen werden, so erspare man ihm den Cyrus, Artaxerxes, Vercingetorix und erzähle ihm etwas von den Kulturträgern Archimedes, Ptolemäus, Heron, Appollonius, von Erfindern und Entdeckern, um nicht das ganze Pensum als eine Folge von Abenteuern und Blutbädern abzurollen.

Wäre es nicht zweckmäßig, warf ich ein, vom Geschichtsunterricht einige Stunden für die Einführung in die wirkliche Staatenbildung mit Einschluß der Soziologie und der Gesetzeskunde abzuzweigen?

Dies hält nun Einstein nicht für wünschenswert, obschon

er persönlich allen Gestaltungen des öffentlichen Lebens das lebhafteste Interesse entgegenbringt. Eine schulmäßig betriebene politische Vorbildung lehnt er ab; vornehmlich wohl deshalb, weil sich auf diesem Gebiet der sachliche Unterricht von der amtlichen Beeinflussung nicht trennen läßt, und weil ihm die Beschäftigung mit politischen Dingen für ungereifte Geister als verfrüht erscheint. Die Verknüpfung des Jünglings mit den Anforderungen des modernen Lebens denkt er sich ganz anders, abseits jeder Theorie, wie er ja durchweg einen Ausgleich für die einseitige Belastung des jugendlichen Intellekts erstrebt. „Ich verlange die obligatorische Einführung einer praktischen Betätigung. Jeder Schüler muß ein **Handwerk** lernen. Die Wahl stehe ihm frei, aber keiner dürfte mir aufwachsen, der es nicht zu einer Handfertigkeit gebracht und als Schreiner, Buchbinder, Schlosser oder was es sei, ein brauchbares Gesellenstück geliefert hätte."

Legen Sie dabei den Hauptwert auf die Fertigkeit selbst oder auf das Gefühl einer sozialen Zusammengehörigkeit mit den breiten Schichten des Volkes?

— Beide Gesichtspunkte sind mir gleich wichtig, sagte Einstein, und noch andere treten hinzu, um meinen Wunsch zu rechtfertigen. Das Handwerk braucht für den Schüler der höheren Lehranstalt nicht einen goldenen Boden zu bedeuten, aber es wird das Fundament verbreitern und festigen, auf dem er als sittliche Persönlichkeit zu stehen hat. Zunächst sollen auf der Schule nicht zukünftige Beamte, Gelehrte, Dozenten, Rechtsanwälte und Bücherschreiber geformt werden, sondern Menschen, nicht bloße Gehirnexistenzen. Prometheus fing bei der Menschenerziehung nicht mit der Astronomie an, sondern mit dem Feuer und der bildnerischen Werktätigkeit ...

Ich denke dabei noch an einen andern Vergleich, ergänzte ich: nämlich an die alten Meistersinger, die da allesamt tüchtige Schmiede, Spengler, Schuhmacher waren und sich doch eine Brücke zur Ausübung der Künste bauten. Und im Grunde gehören ja auch die Wissenschaften zu den freien Künsten. Aber ich komme hier doch an eine Schwierigkeit. Indem Sie das obligatorische Handwerk fordern, betonen Sie nützliche Praxis, während Sie sonst in Ihren Ausführungen die Wissenschaft an sich als etwas von der Praxis ganz Unabhängiges erklären.

Das tue ich nur, sagte Einstein, wenn ich von den allerletzten Zielen der reinen Forschung spreche, also von Zielen, die nur einer verschwindenden Minderheit erkennbar werden. Es wäre völlig weltfremd, diese Ansicht auch dort zu vertreten und ihr regulative Wirksamkeit zu wünschen, wo es sich im besten Falle um die Vorbereitungen zur Wissenschaft handelt. Im Gegenteil halte ich dafür, daß auf der Schule das Wissenschaftliche weit praktischer betrieben werden könnte, als heute der Fall, wo mir das Doktrinäre noch viel zu viel überwiegt. Um beispielsweise nochmals auf den mathematischen Unterricht zurückzukommen, so erscheint er mir fast durchweg schon deshalb verfehlt, weil er nicht auf den Praktisch-Interessanten, sinnlich Erfaßbaren, Anschaulichen, aufgebaut wird. Man füttert Kinder mit Definitionen, anstatt ihnen etwas Begreifliches zu zeigen, und man verlangt von ihnen Verständnis für rein Begriffliches, ohne daß man ihnen die Möglichkeit gibt, vom Konkreten zum Abstrakten zu gelangen. Das läßt sich aber sehr gut bewerkstelligen. Die ersten Anfangsgründe müßten gar nicht in der Schulstube gelegt werden, sondern in freier Natur. Man zeige dem Knaben, wie eine Wiesenfläche ausgemessen, mit einer andern verglichen wird, man lenke seine Aufmerksamkeit auf die Höhe eines Kirchturms, auf die Länge des Schattens, den er wirft, auf den zugehörigen Sonnenstand, und er wird die mathematischen Zusammenhänge weit rascher, sicherer und zudem begieriger erfassen, als wenn ihm mit Worten und Kreidestrichen die Begriffe der Dimension, des Winkels oder gar einer trigonometrischen Funktion eingetrichtert werden. Wie sind denn solche Disziplinen tatsächlich entstanden? In der Praxis, als zum Beispiel Thales zuerst die Höhe der Pyramiden maß mit Hilfe eines kleinen Stabes, den er am Endpunkt des Pyramidenschattens einstellte. Gebt dem Jungen so einen Stock in die Hand, leitet ihn zum kinderspieligen Experiment damit, und wenn er nicht ganz vernagelt ist, geht ihm die Sache von selbst auf. Es wird ihm Freude machen, wenn er die Höhe des Turmes ermittelt, ohne hinaufgeklettert zu sein, und in dieser Freude steckt die Lust an der planimetrischen Erkenntnis der Dreiecks-Ähnlichkeit und der Proportionalität der Dreiecks-Seiten.

Was die Physik betrifft, fuhr Einstein fort, so darf für den ersten Unterricht überhaupt gar nichts in Frage kommen, als das Experimentelle, anschaulich-Interessante. Ein hübsches Experiment ist schon an sich oft wertvoller, als zwanzig in der Gedankenretorte entwickelte Formeln; einen jungen Geist vollends, der sich in der Welt der Erscheinungen erst zurechtfinden will, soll man mit den Formeln gänzlich verschonen. Sie sind in seiner Physik genau dieselben unheimlichen und abschreckenden Gespenster wie die bezifferten Daten in der Weltgeschichte. Einen sinnigen und geschickten Experimentator vorausgesetzt läßt sich dieses Fach schon in den Mittelklassen beginnen, und man darf dabei auf eine Empfänglichkeit und ein Verständnis zählen, das den Übungen in der lateinischen Grammatik nur selten entgegengebracht wird.

Es liegt mir nahe, sagte Einstein, bei dieser Gelegenheit auch eines Lehrmittels zu gedenken, das sich bis jetzt erst probeweise in die Klasse gewagt hat, von dessen Ausbau ich mir aber sehr Ersprießliches verspreche. Ich meine den Lehrfilm. Der Siegeszug des Kino wird sich auch in das pädagogische Gebiet fortsetzen, und hier findet es Gelegenheit, durch Tugenden wettzumachen, was es an tausend öffentlichen Schaustätten durch Kitsch, Sittenwidrigkeit und Sensation sündigt. Durch den Lehrfilm, unterstützt vom einfachen Projektionsbild, könnten sich erstlich gewisse Disziplinen, wie die Geographie, die heute als tote Wortbeschreibungen abgehaspelt werden, mit dem pulsierenden Leben einer Weltwanderung erfüllen. Und die Linien auf der Landkarte würden für den Schüler eine ganz andere Physiognomie erhalten, wenn er wie auf einer Reise erfährt, was sie in Wirklichkeit umschließen, und wie es zwischen den Strichen aussieht. Eine Fülle der Belehrung bietet der Film ferner, wenn er dem Schüler in Beschleunigung oder Verzögerung vorführt: Wie wächst eine Pflanze, wie schlägt ein Tierherz, wie bewegt sich ein Insektenflügel. Wichtiger noch erscheint mir der Lehrfilm als Einführer in die wichtigsten Betriebe der industriellen Technik, deren Kenntnis Allgemeingut werden sollte. Wie entsteht ein Kraftwerk, eine Lokomotive, eine Zeitung, ein Buch, eine farbige Illustration, was begibt sich in einem Dynamobetrieb, in einer Glasfabrik, in einer Gasanstalt — wenige Stunden würden genügen, um dem Schüler dergleichen einprägsam darzustellen. Und um auf die Naturkunde zurückzugreifen: Viele der schwereren, mit den Mitteln der Schule nicht darstellbaren Experimente lassen sich filmtechnisch fast mit demselben Deutlichkeitsgrade aufzeigen. Alles in allem: das erlösende Wort im Schulwesen bleibt für mich: die erhöhte Anschaulichkeit. Wo es nur irgend geht, muß das Erlernen zum Erleben werden; und dieses Prinzip wird sich in einer künftigen Schulreform durchsetzen.

*   *   *

Das höhere Universitätsstudium wurde in diesem Gespräch nur lose gestreift. Es ist bekannt geworden, daß Einstein sich mit äußerster Liberalität für allgemeine Lernfreiheit einsetzt und am liebsten die reglementierten Passierscheine zur Teilnahme an den Hörkursen beseitigen möchte. So zu verstehen, daß die Zulassung gewährt werden müßte, sobald der Studienbeflissene seine Fähigkeit für das Verständnis eines bestimmten Vortrags dartut, zum Beispiel durch seminaristische Übungen oder Betätigung im Laboratorium. Den üblichen Nachweis „allgemeiner Bildung" würde Einstein nicht fordern, sondern nur den der speziellen Eignung; zumal nach Einsteins Erfahrung gerade die tüchtigen, zielbewußten Menschen häufig zur Einseitigkeit neigen. Demzufolge wären die Mittelschulen sogar mit der Befugnis auszurüsten, das zur Universität berechtigende Reifezeugnis für eine bestimmte, einzelne Disziplin auszustellen, sobald nur der Zögling für dieses Einzelfach den ausreichenden Befähigungsnachweis erbracht hat. Wenn er sich zuvor für die Abschaffung des Abiturs aussprach, so ist ja auch hierin sein Bestreben erkennbar, möglichst alle Pforten zur höheren Bildung für jedermann aufzusprengen. Trotzdem bemerkte ich, daß er auch für den Verlauf der Hochschulstudien selbst nicht auf all und jede Kontrolle der Fähigkeiten verzichten will; wenigstens denjenigen Studiosen gegenüber, die sich später dem Lehrfach zu widmen beabsichtigen. Er wünscht zwar kein Zwischenexamen (nach Art des für Ärzte vorgesehenen tentamen physicum), allein er hält es für ersprießlich, wenn der künftige Lehrer schon in frühen Semestern Gelegenheit erhält, seine Eignung für den Lehrvortrag zu beweisen. Auch hierin offenbart sich Einsteins liebevolle Sorge für das junge Geschlecht, dessen Entwicklungsmöglichkeit durch nichts so sehr bedroht wird, als durch unzulängliche Magister; wobei es denn herauskommt, daß der Schüler möglichst wenig, der Lehrer aber dafür desto schärfer geprüft wird. Ein Lehramtskandidat, der nicht schon in erster Frühe der akademischen Studien seine Eignung, seine persönliche facultas docendi dartut, soll von der Universität entfernt werden.

Es steht außer Zweifel, daß Einstein beanspruchen darf, in all diesen Dingen als Autorität gehört zu werden. Wenige existieren in der Gelehrtenrepublik, denen der Beruf durch das lebendige Wort die Wißbegier zu entzünden und zu befriedigen so leuchtend wie ihm auf dem Gesicht geschrieben steht. Wenn sich heute die Scharen zu ihm drängen, wenn so viele ausländische Institute die Fangarme nach ihm ausstrecken, so zeigt dies eine magnetische Wirkung, die nicht bloß von dem berühmten Forscher ausgeht, ihn umspielt auch der Namensglanz eines Lehrmeisters von hinreißender Persönlichkeit. Man erwäge, was das in seinem Fach besagen will. Dem Philosophen, Historiker, Juristen, Mediziner,

Theologen stehen zahllose menschliche Töne zur Verfügung, die er nur anzuschlagen braucht, um des Kontaktes mit der Hörerschaft gewiß zu sein. In Einsteins Fach, der theoretischen Physik, verschwindet der Mensch, und auf ihrem Register ist für die Tasten der Empfindung kein Platz. Ihr Rüstzeug, die Mathematik — und was für eine! — strotzt von formalen Schwierigkeiten, deren Bewältigung nur in Zeichen möglich ist, in einer Sprache, die von Eloquenz in Satzbau, Ausdruck, Erregung nichts weiß. Und da steht ein Physiker, ein Mathematiker, der vom ersten Wort an eine vielköpfige Menge im Bann hält, der aus ihren Intelligenzen sozusagen herausholt, was doch er allein vor ihnen entwickelt. Er klebt nicht am Blatt, nicht an einer im Voraus bis ins Einzelne vorbereiteten und festgelegten Disposition, er gestaltet frei; ohne die mindeste rhetorische Absicht, aber mit der Wirkung, die sich von selbst einstellt, wenn der Hörer sich von einer Strömung getragen fühlt. Er braucht das Wort nicht leidenschaftlich zu unterstreichen, seine leidenschaftliche Liebe zum Lehrfach bleibt unverkennbar. Noch in Denkregionen, in denen sonst nur die vergletscherte Formel als Kennzeichen der Höhe dasteht, findet er Gleichnisse und Bilder von menschlicher Prägung, und mit ihrer Hilfe hilft er manchem Teilnehmer über die mathematische Bergkrankheit. In seinem Vortrag stecken zwei Elemente, die man sonst wohl kaum bei abstrakten Forschern antrifft: das Temperament und die Liebenswürdigkeit. Nie redet er monologisch vor sich hin, wie in ein Vakuum hinein, stets spricht er als einer, der Beziehungen spinnt. Und diese weben sich fort über den Stundenschluß des Tagespensums. Man weiß, Einstein läßt keinen eisernen Vorhang fallen; jeder Hörer, der noch dies und das auf dem Herzen hat, Zweifel, Klarheitsbedürfnisse, Rückstände unbegriffener Ausführungen, hat das Interpellationsrecht. Und Einstein hält jedem Fragesturm Stand. Gerade am Tage, da wir jenes Gespräch führten, kam er direkt aus seiner Vorlesung über den vierdimensionalen Raum, an deren Ende ihn die Hochflut der Fragenden umbrandet hatte. Er erzählte davon nicht wie von einer überstandenen Mühseligkeit, sondern wie von einem Fest. Und mit solchen Erfreulichkeiten ist seine Lehrbahn übersät.

* * *

Es war das letzte Kolleg vor seiner Abreise nach Leyden (im Mai 1920), wo ihn die berühmte Fakultät unter den Auspizien des großen Physikers Lorentz zur Übernahme einer Ehrenprofessur erwartete. Das war nicht der erste derartige Akt und wird nicht der letzte bleiben. Es geht für ihn wie eine Welle der Auszeichnungen durch die Welt. Gewiß, die Hochschulen die ihm das Diplom „honoris causa" verleihen, ehren sich selbst damit. Aber Einstein hat ein offenes Herz für den Wert dieser Auszeichnungen, die er nur als der Sache geltend auffaßt. Ihm macht es Freude der Prinzipien wegen, die gekrönt werden, und er betrachtet sich dabei im wesentlichen nur als den vom Geschick bestimmten persönlichen Exponenten dieser Prinzipien.

Mir, als dem bescheidenen Teilnehmer dieser Gespräche, kommt es vielleicht noch stärker als ihm selbst zu Bewußtsein, was dieser Sturm und Drang um einen Gelehrten bedeutet. Denn ich bin ein alter Herr, der — leider — in Hochschuldingen sehr viel weiter zurückdenkt und Vergleiche aufzustellen vermag, die Einstein fehlen. Vordem, anno olim, aber schon zu meiner Zeit, gab es in Berlin ein Auditorium maximum, das eigentlich nur ein einziger zu füllen vermochte, Eugen Dühring, der bedeutende ewige Privatdozent, der später in Zwistigkeiten mit überlegenen Größen akademischen Schiffbruch erlitt. Aber bevor er gegen Helmholtz anrannte, galt er als der beispiellose Magnet, da er in seinen philosophischen und volkswirtschaftlichen Vorträgen die damals unerhörte Zahl von dreihundert Hörern versammelte. Heute, bei Einstein, ist die vielfache Zahl erreicht worden, so daß das Scherzwort in Umlauf kam: Sein Auditorium ist nie zu verfehlen —, wo alle hinwollen, dort ist es! Will man vergleichen, so hat man außer der Fülle auch die Treue der Gemeinde zu bewerten. Mancher Hervorragende von ehedem hatte Ursache faustisch zu klagen: „hab ich die Kraft dich anzuziehn besessen, so hatt' ich dich zu halten keine Kraft". Helmholtz fing regelmäßig im Semester vor übervollem Hörsaal an, allein sehr rasch wurde es einsam um ihn, und er selbst wußte es am besten, daß ein Lehrfluidum von ihm nicht ausging. Aber die Universitätsgeschichte erzählt noch von einem Glänzenden, der in diesem Betracht aus dem Jubel in die Enttäuschung fiel. Ich nenne den in diesem Zusammenhang gewiß sehr überraschenden Namen —: Schiller! Der hatte als Geschichtsdozent seine erste Vorlesung in Jena angesetzt, mit einer Erwartung von etwa hundert Studiosen. Aber Trupp auf Trupp wälzte sich heran, und Schiller, der die Flut vom Fenster aus beobachtete, hatte den überwältigenden Eindruck, das wolle gar kein Ende nehmen. Die ganze Straße kam in Alarm, man glaubte anfangs, es wäre ein Feuertumult, und am Schlosse geriet die Wache in Bewegung — und bald darauf trostlose Ebbe — die erste Neugier war gestillt, die Hörerschaft verdunstete, ein Beweis, daß der Nimbus des Namens nicht ausreicht, um das Interesse von der Lehrkanzel zum Saale aufrechtzuerhalten.

Ich erwähnte jenes Beispiel gerade damals, da Einstein als Lehrer die Rekordziffer von 1200 in aufsteigender Linie erreicht hatte, ohne daß es mir an diesem Tage gelang, eine auffällige Freude darüber bei ihm selbst festzustellen. Ich erhielt den Eindruck, daß er sich in dem ungeheuren Raume stimmlich überanstrengt hatte. Davon war in der Stimmung der Ansatz einer leise nachwirkenden Unbehaglichkeit spürbar. Er ließ sogar in einer skeptischen Anwandlung das Wort „Modesache" fallen. Damit, so nehme ich an, wird es ihm nicht völlig Ernst gewesen sein. Daß ich gegen den Ausdruck opponierte, versteht sich von selbst. Aber auch dann, wenn er einen berechtigten Kern enthielte, könnte man sich eine solche Mode auf rein geistigem Gebiet, die nun schon so lange anhält und gesegnete Dauer verspricht, schon gefallen lassen. Die Welt könnte genesen, wenn Moden dieser Art recht kräftig in Schwang kämen. Psychologisch ist es ja durchaus begreiflich, daß Einstein sich selbst gegen seinen Ruhm in eine Art von Notwehr versetzt; und daß er ihm gelegentlich mit Sarkasmus beikommen möchte, da er in sachlichem Ernst nichts gegen ihn ausrichten könnte.

*   *   *

Ob Einsteins Gedanken und Vorschläge in Sachen der Unterrichtsreform auf ganzer Linie durchführbar sein werden, mag dahinstehen. Wir wollen uns darüber klar sein, daß ihre freigeistige Verwirklichung auch gewisse Opfer erfordern würde; und von dem Ausmaß dieser Opfer wird es abhängen, wie die nächste und übernächste Generation hinsichtlich ihrer Geistesbildung aussehen wird.

Mit einer merklichen Einschränkung des Sprachbetriebes wird man sich abzufinden haben. Es fragt sich nur, wie weit hiervon die Grundlagen betroffen werden, die durch Jahrhunderte unter dem Sammelbegriff Humaniora das Bildungswesen der höheren Schulen gestützt haben. Die Grundansichten der Reform, die schon aus Gründen der veränderten Zeiteinteilung und der Kraftersparnis nicht mehr sprachbetont auftritt, weisen darauf hin, daß von den lateinischen und griechischen Fundamenten nicht sonderlich viel übrig bleiben wird.

Wir haben erfahren, daß Einstein, ohne sich grundsätzlich gegen die Altklassizität auszusprechen, doch kein sonderliches Heil mehr von ihr erwartet. Heute liegen die Dinge aber so, daß man kaum noch vor die Frage gestellt wird, ob man sie allenfalls noch in Resten erhalten will. Wer sich nicht mit ganzer Überzeugung für sie einsetzt, der verstärkt in der Wirkung den mächtigen Chor derjenigen, die sie radikal bekämpfen. Und zu den Mitgliedern dieses Chores gehören, merkwürdig genug, viele sprachbeflissene Autoritäten, die auf unserem Boden Einfluß besitzen, da sie mit dem Programm der Sprachrettung auftreten.

Nicht die Sprache an sich wollen sie retten, sondern die Deutsche, und als deren Feind und Verderber bezeichnen sie die gymnasialen Humaniora, oder wie sie es ausdrücken: die „Humanisterei". Wie sie das auffassen, ergibt sich aus ihren Leitsätzen, von denen ich einige nach den Originalworten ihres Parteiführers anführen möchte:

„Bis zu dem Wagnis des Thomasius (der zuert 1687 Vorlesungen in deutscher Sprache ankündigte), war die deutsche Gelehrsamkeit die Hauptfeindin der deutschen Sprache. — Nicht von den humanistischen Affen der alten Lateiner hat Luther seine Vorbilder fürs Deutsche genommen. Bei vielen neben Lessing und Goethe gewahren wir das deutliche Bestreben, sich von dem Wust der deutschen Humanistenzeiten zu befreien. — Die Überlieferung des scheingelehrten Wortgeschwöges reicht, wie die meisten Grundlaster des Gelehrtenstils, bis in die Humanisterei. — Die tiefe, bleibende Deutschverderbung durch das lateinische Blutgift hat erst der Humanismus des 16. Jahrhunderts dem Körper der deutschen Sprache eingeträufelt."

Und ganz folgerichtig verbreitern diese Wortrufer ihre Attacke gegen die ganze Front der Gelehrsamkeit überhaupt. Denn die gesamte Gelehrtenwelt steckt nach ihrer Ansicht tief im Sprachmorast der überlieferten latein-griechischen Humanisterei. „Das ganze Sprachunheil unserer Zeit", so sagt jener Führer, „kommt im Grunde von der Wissenschaft her, die mit ihrer Kastendünkelsprache, ohne die geringste Begriffsbereicherung durch bloßes Wortgeklingel den Schein einer besonders neuen, besonders tiefen Geheimwissenschaft erzeugen will und bei den Unkundigen leider oft wirklich erzeugt... Behörden und Sprachvereine mögen noch so viele schmutzige Zuläufe reinigen und verstopfen, aus immer neuen Schlammgruben und Sielen sickert ununterbrochen üble Jauche in den stolzen Strom unserer Sprache".

So identifiziert sich der Angriff auf das latein-griechische Sprachfundament in den Schulen mit dem Kampf gegen die Gelehrtenwelt im allgemeinen, und ein Gelehrter, der das altklassische Bildungsmittel nicht bis zum äußersten verteidigt, gerät unbewußt in die Bundesgenossenschaft der Kämpen, die im letzten Grunde ihm selbst an die Gurgel wollen.

Diese Gefahr darf nicht unterschätzt werden. Sie, als eine Kulturgefahr ersten Ranges, ist es vornehmlich, die mich veranlaßt, hier offen Farbe zu bekennen. Ich stütze kein schulpaukerisches, noch pennälerhaftes Bewußtsein. Allein ich wende mich, wie ich nur kann, in Wort und Schrift gegen die Antihumanisten, deren Losung „Für die Sprache" letzten Endes bedeutet „gegen die Wissenschaft"!

Ihnen dürfen keine Waffen geliefert werden, und das einzige Mittel, sie ihnen vorzuenthalten, besteht meines Erachtens in dem nachdrücklichen Bekenntnis, wie es die Klassiker unseres Schrifttums fast ohne Ausnahme auf offener Fahne vor sich hergetragen haben.

Dieses Bekenntnis ist sprachlich wie sachlich durchaus als ein lateinisch-griechisches zu verstehen. Es bildet Stern und Kern des Lebens und der Werke der Männer, um derentwillen Bulwer unser Land als das Land der Dichter und der Denker ausgerufen hat. Die Überfülle ist so groß, daß es kaum angeht, einzelne Namen wie Goethe, Lessing, Schiller, Wieland, Kant, Schopenhauer herauszugreifen. Wir besäßen eine Provinzialliteratur, und nicht eine weltgültige, wenn nicht jenes Bekenntnis allzeit durchgegriffen hätte.

Taucht die Frage auf: wo sollen die jungen Leute in der Stoffbedrängung die Zeit für altklassische Spracherlernung hernehmen? so soll die verbesserte Methodik die Antwort erteilen. Ich persönlich stehe auf dem Standpunkt, daß schon die alte nicht so übel war. Goethe ist zur Erwerbung von allerlei Kenntnissen und Geistesfertigkeiten nicht in Verlegenheit gekommen, obschon er schon als achtjähriger Knabe ein Latein schrieb, das uns im Vergleich zu manchem Gestümper moderner Primaner direkt ciceronianisch anspricht. Montaigne vermochte sich früher auf lateinisch als auf französisch auszudrücken, und er wäre ohne das „lateinische Blutgift" in seinen Adern nicht Montaigne geworden.

Es ist mir noch gar nicht erwiesen, ob die gebildete Menschheit nicht eines fernen Tages zum ehedem selbstverständlichen altklassischen Sprachboden zurückkehren wird, und zwar gerade aus Gründen verschärfter Zeitökonomie. Falls nicht etwa die von Hebbel ersehnte Universalsprache — nicht zu verwechseln mit einem künstlich gedrechselten Esperanto — Wirklichkeit wird. Aber auch diese völkerverbindende, heute noch utopische Universalsprache wird in ihrem Zellenbau das antike Muster erkennbar machen. Die Wissenschaftssprache von heute zeigt, wohin der Weg geht. Und der wird sich erschließen trotz aller Verrammlungsversuche teutonischer Sprachheiliger und Humanistentöter.

Aus der Gedankenarbeit der Forscher strahlt Sprachwirkung. Und da sie, wie ganz natürlich, antike Ausdrucksformen reichlich in Anspruch nehmen, so treten sie damit eigentlich als Anwälte eines Unterrichts auf, der diese Ausdrücke nicht nur als Bestandteile eines Volapük, sondern organisch verständlich macht. So verfahren sie, wenn sie forschen, schreiben und aus ihrem eigenen Fach vortragen. Sollen sie aber entscheiden, wie die Schule in wirklicher Ausübung zu verfahren hat, so tritt wiederum die Zeitsorge für sie in den Vordergrund, das heißt die Pflicht, das ihnen Wichtigere zu bevorzugen. Und hieraus ergibt sich der Wunsch, die Sprachfächer auf möglichst karge Stundenration zu setzen.

Wir besitzen hierüber eine Auseinandersetzung des hier schon mehrfach mit größtem Respekt erwähnten **Ernst Mach**, die das obwaltende Dilemma in reinster Form aufzeigt. Er behandelt die eminent bedeutungsvolle Frage mit der größten Eindringlichkeit und gelangt ungefähr zu dem gleichen Ergebnis wie **Einstein**. Freilich intoniert er zunächst einen höchst ergreifenden Latein-Psalm, beinahe in Schopenhauerischer Tonart. Im Unterton klingt die Elegie darüber, daß das Latein nicht mehr, wie im 15. bis 18. Jahrhundert, das allgemeine Verständigungsmittel der Kulturellen darstellt. Seine Eignung hierzu ist völlig unbestreitbar, denn es vermag sich jeder Begriffsbildung, selbst der feinsten und modernsten, anzupassen.

Wie hat Isaac Newton die Naturwissenschaft mit neuen Begriffen bereichert, die er allesamt ganz korrekt und scharf in lateinischer Sprache zu bezeichnen wußte! Schon vermeint man die Folgerung zu hören: „also lerne der junge Mensch die alten Sprachen"! — aber nein, es kommt anders. Es soll genügen, wenn er die Weltworte versteht, ohne philologisch ihre Herkunft zu erfahren.

Man braucht kein Oberlehrer zu sein, um sich von diesem Schluß wenig befriedigt zu fühlen. Gewiß, man kann ohne Kenntnis des Arabischen den Sinn und die Bedeutung des Wortes „Algebra" erfassen; und so mag man auch eine Reihe griechisch-lateinischer Ausdrücke dem Inhalt nach in sich aufnehmen ohne ihre Wurzel etymologisch zu beschnüffeln. Aber diese Ausdrücke gehen in die Hunderte und Tausende, vermehren sich noch täglich, und es fragt sich doch, schon rein zeitlich genommen, ob es praktisch ist, sie als sprachfremde Einzelwesen kennen zu lernen oder als Erzeugnisse eines Sprachbodens, auf dem man sich einmal fürs ganze Leben heimisch gemacht hat.

Ich brauche kaum besonders zu betonen, daß Einstein selbst mit diesen Fachworten nicht spart, auch da nicht, wo er sich volksverständlich ausdrückt. Er setzt voraus oder führt ein, um nur ganz wenige zu nennen: Kontinuum, Koordinatensystem, dimensional, Elektrodynamik, kinetische Theorie, Transformation, kovariant, heuristisch, Parabel, Translation, Aequivalenzprinzip, und er wird mit vollem Recht annehmen, daß jedermann die Worte geläufig sind, die Allgemeingeltung erlangt haben wie: Gravitation, Spektralanalyse, Ballistik, Phoronomie, Infinitesimal, Diagonale, Komponente, Peripherie, Hydrostatik, Zentrifugal und dazu zahllose andere, welche die gebildete Vulgärsprache nach allen Richtungen durchsetzen. Alle zusammen stellen ein Fremdland dar, in dem sich der Eindringende allenfalls zurechtfindet, wenn er Erläuterungen, Auskünfte, Übersetzungen erhält, während er sich bei leidlicher sprachlicher Vorbildung durchweg heimatlich angesprochen fühlt, wobei der allgemeine Bildungswert der Sprachkunde in Betracht der Erschließung antiken Schrifttums und der hellenischen Kultur noch gar nicht in Ansatz gebracht wird.

Möglich, daß ich hier allzusehr als laudator temporis acti spreche dem ganz modernen Empfinden Einsteins gegenüber. Wir befinden uns hier eben auf einem Gebiet, wo nichts unter Beweis zu stellen ist, alles vielmehr von Stimmung und eigenem Erleben abhängt. Zu diesem Erleben gehört für mich, daß ich in frühester Jugend trotz damaliger geradezu abschreckender Schulmethode mit Liebe Latein und Griechisch trieb, daß ich Horazische Oden auswendig lernte, nicht weil ich mußte, sondern weil sie mir klangen, und daß mir im Homer eine Welt aufging. Wenn Einstein dem Drill flucht, so fluche ich gern mit; jene Sprachen brauchen nicht parademarschmäßig betrieben zu werden. Aber das betrifft die Methode, nicht die Sache. Und in der Sache öffnet ja Einstein einen Ausweg, indem er die Klassengabelung befürwortet. Er trennt die Pfade, gibt dem einen seinen besonderen Segen, hindert aber die Pilger auf dem andern nicht, auf ihre Weise glücklich zu werden.

*   *   *

Wir sprachen vom **Frauenstudium**, und Einstein äußerte sich zu diesem Kapitel, wie zu erwarten war, durchaus tolerant, allein ohne die Geberde eines Vorkämpfers anzunehmen. Es war nicht zu verkennen, daß er sich bei aller Zustimmung leise Klauseln theoretischer Art vorbehielt.

Man soll den Frauen, sagte er, wie überhaupt, so auch für ihre wissenschaftlichen Studien alle Wege ebnen. Aber man soll es mir nicht verdenken, wenn ich den möglichen Resultaten mit einiger Skepsis entgegensehe. Ich denke dabei an gewisse Widerstände in der weiblichen Organisation, die wir als naturgegeben zu betrachten haben und die uns verwehren, denselben Erwartungsmaßstab wie beim Manne anzulegen.

„Sie glauben also, Herr Professor, daß Höchstleistungen von Frauen nicht erzielt werden können? Um bei der Naturkunde zu bleiben: wäre nicht eine Erscheinung wie Frau Curie als Gegenbeweis auszuspielen?"

— Wohl doch nur als Beweis einer glänzenden Ausnahme, deren noch mehrere auftreten können, ohne das geschlechtliche Organisationsstatut zu erschüttern.

„Vielleicht wäre dies doch möglich unter Zubilligung längerer Zeiträume für die Entwicklung. Die Genies mögen drüben viel seltener sein, die Talente haben sich doch merklich gehäuft. Oder anders ausgedrückt: die weiblichen Garnichtswisser sind seltener geworden. Sie, Herr Professor, können ja zu Ihrem Glück eine Gesellschaft mit jungen Damen von heute nicht mit einer vor vierzig Jahren oder länger vergleichen. Ich aber kann es, und wie ich es ehedem selbstverständlich fand, daß es von Gaken und Puten wimmelte, so staune ich heute unablässig über das Maß der erworbenen Bildung bei der jungen Weiblichkeit. Oft muß man sich gehörig zusammennehmen, um sich nicht von der Tischnachbarin allzusehr überflügeln zu lassen. Je mehr sich nun die Talentschicht verbreitert, desto mehr Genialität ist doch auch für die Zukunft zu erwarten.

— Sie ergehen sich gern in Prognosen, sagte Einstein, und rechnen dabei mit Wahrscheinlichkeiten, für die eine genügende Unterlage fehlt. Die vermehrte Bildung und selbst die Zunahme der Talente sind quantitative Voraussetzungen, die einen Schluß auf gesteigerte Qualitätsgrade bis hinauf zum Genie sehr gewagt erscheinen lassen. In Einsteins Gesicht zuckte es wetterleuchtend, und ich merkte, daß er zu einem sarkastischen Aphorismus ausholte. Dieser entlud sich auch wirklich, denn ich bekam zu hören: „Es wäre doch möglich, daß die Natur ein Geschlecht ohne Hirn erschaffen hätte!"

Ich verstand den Sinn dieser keineswegs in wörtlichem Ernst zu nehmenden Groteske. Sie sollte in lachender Übertreibung eben nur verstärken, was er schon vorher als den Grund seiner mangelnden Erwartung bezeichnet hatte: die organische Differenz, die vom Körperlichen ausgehend sich irgendwo im Geistigen äußern müsse. Die weibliche Psyche, als im Triebleben wurzelnd, wird Feinheiten des Gefühls zu Tage treten lassen, die uns Männern unerreichbar bleiben, während die stärksten Leistungen des Verstandes vielleicht von einem Überschuß der Gehirnsubstanz abhängen. Ein solches Plus über das Normalmaß gibt die Anwartschaft zu den großen Entdeckungen, Erfindungen und Schöpfungen. Man kann sich einen weiblichen Galilei, Kepler, Descartes ebensowenig vorstellen, wie einen weiblichen Michelangelo oder Sebastian Bach. Denkt man aber an solche Extremfälle, so steige vor uns auch die Gegenrechnung auf: eine Frau vermochte nicht die Differentialrechnung, wohl aber den Leibniz zu schaffen; nicht die Kritik der reinen Vernunft zu erzeugen, wohl aber den Kant. Die Frau, als die Verfasserin aller Geistesgrößen, hat zum mindesten Anrecht auf alle Bildungsmittel, auf alle Förderung im Bereich der Hochschule. Und in dieser Hinsicht hat ja auch Einstein seinen Willen klar genug ausgesprochen.

* * *

Zu den meistererörterten Themen der Neuzeit im Kreise der Schulfragen gehört: „die Begabten-Auslese". Es hat sich zu einem Prinzip ausgewachsen, das von der großen Mehrheit als gültig anerkannt wird, und im wesentlichen nur über das Mehr oder Minder eine Debatte zuläßt.

Der durchgreifende Gedanke ist der aus der Darwinschen Selektionstheorie abgeleitete: Der Mensch vervollständigt die Methode der auswählenden Natur; er sichtet und siebt, läßt die besser beanlagten rascher und deutlicher hervortreten, begünstigt sie im Fortkommen und erleichtert ihnen den Aufstieg.

Dieses Prinzip hat eigentlich schon immer bestanden, angefangen von der Preisverteilung im alten Olympia bis zu sämtlichen Prüfungen, die ja offensichtlich auf eine Begabtenauslese hinauswollen. Seine verschärfte Handhabung mit durchreglementierter Talentsuche blieb der Gegenwart vorbehalten.

Es war mir kaum zweifelhaft, wie Einstein sich zu dieser Angelegenheit stellen würde. Ich hatte schon kräftige Worte von ihm gegen das Examenwesen vernommen und kannte seine Vorliebe für freie Auswirkung im natürlichen Spiel der Kräfte.

Tatsächlich erklärte mir Einstein, daß er von einer quasi sportmäßig gehandhabten Begabtenzüchtung nichts wissen wolle. Die Gefahr des Sportbetriebs läge hier nahe und müsse zu Schein- und Fehlresultaten führen. Für möglich hält er es indes, diese Auslese in minder hitziger Weise durchzuführen. Die Summe der vorliegenden Erfahrungen gestatte noch keinen Endspruch. Denkbar sei es jedenfalls, daß eine sinnvoll betriebene Auslese der Erziehung im allgemeinen zum Nutzen gereichen könne; wesentlich insofern, als manche Begabung, die sonst im Schatten verkümmern müßte, nunmehr Aussicht gewänne, zum Licht emporgezogen zu werden.

Hieraus entspann sich eine beziehungsvolle Unterredung, deren Hauptmotive ich hier mitteilen möchte. Sie sollen vornehmlich den Typus des Sportmäßigen verdeutlichen, den Einstein verwirft, und dessen Gefährlichkeit mir noch um einige Grade drohender erscheint, als ihm.

Ginge es nach gewissen Gewaltpädagogen, so könnten oder müßten die „Höchstbegabten" in einem wahren Sturmtempo die Schule durchsausen und in einem Alter, in dem die Genossen noch in den Mittelklassen die Hosen durchsitzen, zu allen akademischen Sprossen aufrücken. Möglich ist ja alles, und die Geschichte liefert sogar Beispiele für das Vorkommen solcher Gewaltmärsche. Luthers Freund Melanchthon konnte mit 13 Jahren die Universität Heidelberg beziehen und wurde mit 17 Jahren Magister in Tübingen, wo er über die höchsten Probleme der Philosophie, sowie über römische und griechische Klassiker Vorlesungen hielt. Diese vereinzelte Laufbahn braucht bloß verallgemeinert zu werden, und das neue Ideal steht fertig vor unsern staunenden Augen: ein Professorengeschlecht von Jünglingen, denen noch kaum der erste Flaum auf den Lippen sprießt. Es kommt nur darauf an, die Höchstbegabten durchweg zu entdecken und dann das Klettergerüst für die genialen Grünschnäbel möglichst praktisch in der Schule aufzubauen.

[Zwischenbemerkung und Zwischenfrage: Wo sitzen eigentlich die Talentfinder und wie beweisen sie ihre eigene Begabung? Sie hätten dazu Gelegenheit gehabt in einem Fall, den ich erwähnen will. Einstein erzählte mir in anderem Zusammenhange, er habe schon 1907, also sehr jung an Jahren, einen der Hauptpunkte des Allgemeinen Relativitätsprinzips, die „Äquivalenz", nicht nur fertig dargestellt, sondern sogar veröffentlicht ohne, daß es auf die Gelehrten den allermindesten Eindruck machte.

Keiner ahnte die Tragweite, niemand wies auf die aufflammende Hochbegabung. Und wenn diese dem gelehrten Welt-Areopag damals verborgen bleiben konnte, so wird sich wohl ähnliches Nichtverstehen auch im verkleinerten Verhältnis der Schule ereignen. Tatsächlich wissen wir, daß sich unter den anerkannten Größen der Wissenschaft zahlreiche befanden, die in der Schule nur höchst mäßig bestanden. So Humphrey Davy, so Robert Mayer, so Justus Liebig und viele andere. Wilhelm Ostwald behauptet geradezu: „Die künftigen Entdecker sind fast ohne Ausnahme schlechte Schüler gewesen! Gerade die begabtesten jungen Menschen widersetzen sich der Form der geistigen Entwicklung, die ihnen die Schule vorzuschreiben versuchte! Die Schule erweist sich immer wieder als ein zäher, unerbittlicher Feind der genialen Begabung!" — mit aller Auslese, die ja in der Form der Klassenversetzung schon immer geübt worden ist.]

Aber die neue Auslese mit ihrer veränderten Gestaltung will ja eben die Mißgriffe und das Übersehen verhüten. Wärs möglich? Schrecken nicht die Spuren? Es gab einmal eine sehr ideale Auslese, die sich an einem der vornehmsten Institute der Welt zu bewähren hatte, an der französischen Akademie. Sie hätte auf einem unvergleichlich höheren Niveau Genies zu entdecken gehabt. Dagegen wies sie zurück oder übersah sie: Molière, Descartes, Pascal, Diderot, beide Rousseau, Beaumarchais, Balzac, Béranger, die Goncourt, Daudet, Emile Zola und viele andere Höchstbegabte, die sie eigentlich hätte finden müssen.

Die einzig wirkliche, zugleich notwendige, wie ausreichende Züchtung besorgt die Natur selbst, im Bunde mit gesellschaftlichen Einrichtungen, die um so eher den Erfolg verbürgen, je weniger sie den Charakter von Brutanstalten und Züchtungshöfen annehmen. Wollt ihr in irgendwelcher Klasse Scharfsinnsproben vornehmen? Gut, prüft, so weit ihr mögt, regt an, befruchtet den Ehrgeiz, verteilt sogar Preise, aber nicht zu dem Zweck, in kurzfristigen Abständen die Schlaufüchse und Springböcke von den Schafen abzusondern. Und glaubt einstweilen, daß unter denen, die sich bei schematisierten Scharfsinnsproben zunächst als die Schafe zeigen, sich sehr viele befinden, die nach zehn oder zwanzig Jahren ihren Rang als Höchstbegabte einnehmen.

Im Grunde ist es mit der forcierten Hinaufpflanzung des Schülers nicht anders als mit der Züchtung des Übermenschen nach Nietzsche-Zarathustras Rezept.

Vorausgesetzt, daß der Übermensch überhaupt daseinsberechtigt existieren kann, so w i r d er, aber er läßt sich nicht bewirken. Der Arbeiter, als Klasse, repräsentiert den Übermenschen schon deutlicher als die Einzelperson eines Napoleon oder Cesare Borgia. So ist auch der „Überschüler" vielleicht schon heute vorhanden, nicht als Einzelerscheinung, sondern als Ganzes, als Ausdruck seiner Klasse. Wer Erfahrung in diesen Dingen besitzt, der weiß, daß man heute in schwierigen Fächern an den Fünfzehnjährigen Anforderungen des Verstandes stellen darf, die ehedem weit über der Fassungsebene der Gleichaltrigen lagen; wenn man eben den Durchschnitt in Betracht zieht, ohne zufällige oder künstliche Sonderung, ohne geistreichelndes Gefrage und systematische Talentschnüffelei.

Uns genüge, wenn wir gewahren, daß sich das Gesamttalent dauernd erhöht. Dagegen ist es nicht erwiesen, ob man der Kultur einen Dienst erweist, wenn man sich auf das unmögliche Projekt versteift, den naturgewollten Kampf ums Dasein aus der Welt zu schaffen. Daß viele Begabungen unbemerkt erliegen, ist eine elementare, begreifliche Tatsache. Dagegen beachte man die lange Liste der Bedeutenden, die sich aus Tiefständen des Daseins emporrangen, um zu erkennen, daß die überwundene Schwierigkeit doch zumeist bei der Begabung selbst liegen muß, das heißt, in der Auslese der Natur, die Sorgen und Mühsal aufbaut, um an ihnen Kräfte zu erproben. Vom armen Brillenschleifer Spinoza bis zu Béranger, der Hilfskellner war, welche Kette von Trostlosigkeit, aber auch von Triumph! Herschel, der Astronom, war zu arm, um ein Fernrohr zu kaufen, und gelangte eben durch diese Armutssorge zur Konstruktion seines Spiegelteleskops; — Faraday, der Sohn eines mittellosen Hufschmieds, schlug sich jahrelang als Buchbindergeselle durch; — Joule, der Mitbegründer der mechanischen Wärmetheorie, begann als Bierbrauer; — Kepler, der Entdecker der Planetengesetze, stammte aus einer verarmten Gastwirtsfamilie; — aus dem Kreise um Goethe war der von Nietzsche so hoch verehrte Jung-Stilling Schneiderlehrling gewesen, Eckermann, Goethes Intimus, Schweinehirt, Zelter ein Maurer. Lang könnten wir die Liste fortsetzen und noch länger, wenn wir sie nach rückwärts verfolgten bis zu Euripides, dessen Vater ein Schenkwirt, dessen Mutter Gemüsehändlerin war. Mancherlei Betrachtungen ließen sich daran knüpfen über „Aufstieg der Begabten" und auch über die Kehrseite der Sache. Denn man könnte, anscheinend paradox, die Frage aufstellen, ob denn der Aufstieg sehr vieler oder aller Begabten wirklich eine Kulturnotwendigkeit sei; ob es sich nicht vielmehr empfehle, eine mit Talenten durchsetzte Unterschicht, eine Humusschicht, zu bewahren, als dauernden Nährboden für die blühenden Gewächse der oberen Lage.

Optimum und Maximum ist tatsächlich nicht dasselbe, und wir erfahren ja an anderer Stelle, daß Einstein selbst weit entfernt davon ist, diese beiden Superlative gleichzusetzen. Damals handelte es sich um das Bevölkerungsproblem, und in der Erörterung ließ er einfließen, daß wir einem alten Betrachtungsfehler unterliegen, wenn wir durchweg die Höchstzahl der auf der Erde vegetierenden Menschen für das Erstrebenswerte halten. Es scheint sogar, daß die Korrektur dieses Denkfehlers bereits auf dem Wege ist. Wir stehen am Anfang neugegründeter, sehr rühriger Organisationen und Verbände, die eine Minderung der Zahl propagieren, um der verkleinerten Menschenmenge das Optimum erreichbar zu machen.

Verlängert man die Linie dieser Erwägung, so gerät man allerdings an die unheimliche Frage, ob nicht auch für die Emporhebung der Talente ein Zuviel eintreten könnte, nicht bloß durch eine planmäßige Züchtung, sondern schon durch Begünstigung der großen Anzahl. Es wäre immerhin möglich, daß wir dabei den Schaden übersehen, nicht genügend würdigen, der dadurch der Unterschicht zugefügt wird; daß wir sie von Kräften entblößen, die nach der Ökonomie der Natur im Verborgenen bleiben und dort wirken sollen.

Die so umschriebene Befürchtung wird von Einstein nicht geteilt. So schroff er auch die Züchtung ablehnt, der Begünstigung redet er das Wort. Ich glaube, so sagte er, daß eine sinngemäß betriebene Pflege der Allgemeinheit nützt und das Unrecht am Einzelnen verhütet. In den großen Städten mit ihren an sich so reichen Bildungsmöglichkeiten wird dieses Unrecht seltener zu Tage treten; desto häufiger aber auf dem flachen Land. Sicher wächst dort so mancher Begabte auf, der, wenn rechtzeitig erkannt, bedeutend werden könnte; der aber mit seinen Talenten verkümmert, ja zugrunde geht, wenn das Prinzip der Auslese gar nicht bis in seine Kreise dringt.

Damit gelangen wir an den schwierigsten und gefährlichsten Punkt. Die Verantwortlichkeit pocht an die Tore der Gesellschaft und hämmert ihr die Pflicht ein, dem möglicherweise vorhandenen Talent kein Unrecht zuzufügen. Und von dieser Pflicht ist nur ein kleiner Schritt bis zu der Forderung, dem Talent alle Lebensmühsal abzunehmen; denn, so argumentiert die Moral: das Talent wird um so sicherer seiner Vollendung entgegenreifen, je weniger es sich mit der Sorge des Tages auseinanderzusetzen hat.

Aber diese moralisch so einleuchtende These wird empirisch niemals zu erweisen sein. Im Gegenteil haben wir Grund zu der Annahme, daß die Not, die Mutter der Erfindungen im Großen und Ganzen, auch beim Einzeltalent häufig genug als die Mutter seiner besten Hervorbringungen auftritt. Ein Goethe brauchte das gesicherte Wohlleben, ein Schiller, der nicht aus der Misere herauskam, der sich bis zur Don Carlos-Zeit noch nicht einmal einen Schreibtisch erschreiben konnte, brauchte die Qual zur Entfaltung. Jean Paul hat diese Segnung der Düsternis erkannt und sie ins Licht gerückt, als er in seinen Romanen die Armut verherrlichte. Und Hebbel folgt ihm auf diesem Wege mit der Ansage, es sei ein besserer Zustand, wenn dem Begabtesten das Notwendige versagt, als wenn es dem Unbegabten gewährt wird. Diese Gewährung muß aber oft genug eintreten, wenn das Prinzip der Auslese siegt. Denn unter hundert in Sichtung Auserlesenen wird sich durchschnittlich nur einer befinden, der noch in der Prüfung durch die Nachwelt mit dem Zeugnis der Auserwähltheit davon kommt. Die Nachwelt siebt nach ganz anderen Methoden, als ein Kollegium von Revisoren, das auf präparierte Fragen schlagkräftige Antworten erwartet.

Das ergibt eine schlimme Antinomie, aus der wir uns kaum herauszuwickeln vermögen. Das Pflichtgefühl findet für das Optimum nur den einen Ausdruck in der maximalen Hilfe und überhört die Einrede des Verstandes, daß die Natur für ihre Zweckmäßigkeiten auch rauhere Mittel in Bereitschaft hält; in ihrer eigenen selektiven Grausamkeit bewahrheitet sie oft genug den Spruch des Menander: „ho me dareis anthropos ou paideuetai" — sehr frei übersetzt: „das Sichabschinden gehört mit zur Erziehung der Menschen". Wenn Einstein — mit gewissen Einschränkungen — der hilfreichen Auslese das Wort redet, so erkenne ich darin, wie in so vielem anderen, das Zeichen einer gütigen Menschenliebe, die sein Herz allen Relativitäten zum Trotz, als ein Absolutes erfüllt.

Der Entdecker

Entdeckung und Weltanschauung in zeitlicher Beziehung. — Absolutes und Relatives. — Der schöpferische Akt. — Wert der Intuition. — Die Tätigkeit des Konstruierens. — Die Erfindung. — Der Künstler als Entdecker. — Lehre und Beweis. — Klassische Experimente. — Physik der Urzeit. — Experimentum crucis. — Spektral-Analyse und Periodisches System. — Die Mitwirkung des Zufalls. — Widerlegte Erwartung. — Das Michelson-Experiment und der neue Zeitbegriff.

Das nächste Mal — so hatte eine Unterredung geschlossen — das nächste Mal, wenn Sie darauf bestehen, soll von Entdeckungen im allgemeinen die Rede sein. Das war mir eine besondere Verheißung. Denn hier galt es, einem Urquell der Belehrung nahezukommen, Aussprüche erfahren, über die hinaus man eine höhere Instanz wohl nicht aufzusuchen braucht.

Es ist uns verschlossen, einen Galilei über die Grundlagen der Mechanik mündlich zu befragen, einen Kolumbus über die inneren Vorgänge eines Seefahrers vor einer großen Landauffindung, einen Sebastian Bach über die Wertung des Kontrapunktes. Aber ein großer Entdecker lebt unter den Zeitgenossen, der uns Aufschluß geben will über das Wesen der Entdeckung selbst. Hätte ich nicht die Bedeutsamkeit verspüren sollen, die in dieser Zusage lag?

Ich wurde schon vorher von Betrachtungen überstürmt, die in mir aufbrachen, sobald sich nur das Stichwort „Entdeckung" anmeldete. Es gibt, so schien mir, nichts höheres; der Menschheit Einlagerung im Kreise des Erschaffenen, die Summe seiner Erkenntnisse kann abgeleitet werden aus der Summe der Entdeckungen, die in den Begriffen Kultur und Weltanschauung gipfelt, wie sie selbst durch die Weltanschauungen mitbedingt werden. Man könnte fragen: was geht vorher, was folgt nach? Und vielleicht könnte man schon in dem Doppelsinn dieser Frage den Keim der Beantwortung finden. Denn im letzten Grunde darf man die zwei Elemente gar nicht nach Ursache und Wirkung, nach Grund und Folge auseinanderspalten.

Keines ist primär, keines sekundär: sie sind auf das innigste verwoben, bieten nur verschiedene Aussichten ein und desselben

Geschehens. An der Wurzel dieses Geschehens liegt der grundsätzliche Glaube an die Begreiflichkeit der Welt, der unerschütterliche, als elementarer Naturtrieb durchgreifende Wille aller denkenden Menschen, die wahrnehmbaren Vorgänge im Universum in Übereinstimmung zu bringen mit den inneren Vorgängen im Denken selbst. Ewig bleibt dieser Trieb, verschieden und dem Zeitwechsel unterworfen gestaltet sich nur die Form der Versuche, die Begreiflichkeit der Welt für uns zu vollenden. Die Versuchsform findet ihren Ausdruck in der jeweiligen Weltanschauung, die jede Entdeckung reifen läßt, wie sie selbst schon Bestandteile der reifen Entdeckung in sich trägt.

Schon auf diesem Punkte der Betrachtung glaubte ich einer Deutung der Einsteinschen Geistestat nahe zu sein. Sein Relativitätsprinzip entspricht ja tatsächlich einem regulativen Weltprinzip, das sich uns im Weltgeschehen mächtig genug eingebohrt hat. Wir haben das Ende des Absolutismus erlebt, die Maße der Machtfaktoren haben uns die Relativität, ihre Veränderlichkeit nach Standpunkt und Bewegung erwiesen, mit einer Entschiedenheit, an die kein Erlebnis früherer Geschichtsperioden heranreicht. Die Welt war in ihrer Anschauung reif geworden für eine abschließende Gedankenleistung, die das Absolute auch physikalisch-mathematisch, also restlos vernichtete. So zeigte sich Einsteins Entdeckung im Lichte der Notwendigkeit.

Ein leiser Zweifel befiel mich trotzdem. Einsteins Entdeckungen traten im Jahre 1905 hervor, als von den Stürmen, die seither in der Welt den Absolutismus entwurzeln sollten, kaum noch ein Vorwind zu spüren war. Wie nun, wenn in die Weltgeschichte und damit in die Weltanschauung eine andere Notwendigkeit hineingespielt hätte? Wir wissen heut aus urkundlichen und unbezweifelten Darstellungen, daß alles von uns in Krieg und Revolution Erlebte an dem haarfeinen Faden einer vereinzelten, äußerlich ganz unscheinbaren Menschenexistenz gehangen hat; — an einer Bürokratenfigur in der Wilhelmstraße, an einem galligen Sonderling, der das englisch-deutsche Bündnis, um die Jahrhundertwende sechs Jahre lang immer wieder von drüben dringlich angeboten, zu vereiteln gewußt hat.

In dem dröhnenden Gang der Historie kann die geheime, kleinliche Nagearbeit eines Maulwurfs nicht als weltgeschichtliche Notwendigkeit gewertet werden. Denkt man sie aus dem Gesamtbild fort, so bleibt als Ergebnis das genaue Gegenteil unserer Erlebnisse. Der Absolutismus wäre nicht über Bord gegangen, sondern er hätte voraussichtlich erstarkt auf Jahrhunderte das

Steuer geführt, als Exponent einer deutsch-englischen Welthegemonie. Und eine grundsätzlich anders gerichtete Weltanschauung würde heut auf dem Erdball regieren.

Aber die Einsteinsche Relativitätstheorie hätte danach nicht im geringsten gefragt. Sie wäre entstanden unabhängig von Formen der geschichtlichen Weltanschauung, nur aus dem Grunde einer geistigen Fälligkeit. Eben deswegen, weil Einstein lebte und dachte. Und die Frage, ob sie auch für den Nichtphysiker den Absolutismus erschüttert hätte, ist nicht zu beantworten.

Ja, man könnte sogar bezweifeln, ob sie überhaupt schon fällig war. Bei manchen bedeutsamen Geisteserscheinungen läßt sich dies fast auf das Jahrzehnt nachweisen. So etwa bei der Deszendenztheorie, die tatsächlich in mehreren Köpfen gleichzeitig keimte, und unbedingt aus einem herausspringen mußte, selbst wenn die andern versagten. Ich möchte die Ansage wagen: Ohne Einstein hätte die Relativitätstheorie im weitesten Sinne, also mit Einschluß der neuen Gravitationslehre, möglicherweise noch zweihundert Jahre auf ihre Geburtsstunde zu warten gehabt.

Der Widerspruch beginnt sich zu lösen, wenn man die Zeiträume weit genug absteckt. Die Weltgeschichte richtet sich nicht nach den Zeitmaßen der Politik und des Journalismus, und die Weltanschauungen rechnen nicht nach den Einheiten der Tagesuhr. Die Weltanschauung des Aristoteles hat das Mittelalter beherrscht, und die des Epikur wird sich vielleicht erst in der kommenden Generation voll durchsetzen. Gibt man aber den säkularen Maßstab zu, so bleibt der Zusammenhang zwischen ihr und der großen Entdeckung bestehen.

Wer es unternimmt, dieser Bedingtheit nachzuforschen, der kann an der Tatsache nicht vorbei, daß das Resultat allerdings fast durchweg schon nachweisbar vorgebildet war, in reiner Anschauung, bevor noch die große Entdeckung — oder Erfindung — es in voller Begreiflichkeit hinzustellen vermochte. Selbst die Tat eines Kopernikus würde sich dieser allgemeinen Entwickelungsregel fügen: Sie war die letzte Ausfolgerung des sonnenmythologischen Bewußtseins, das die Menschheit niemals verlassen hatte, mochte auch Kirche und Eigenwille noch so stark auf die geozentrische Anschauung hindrängen. Kopernikus faßte zusammen, was aus uralter Priesterweisheit — und die reicht bis in energetische und elektrische Vorstellungen von heute — was aus Anaxagoras und Eleaten unter der Schwelle des Bewußtseins sich lebendig erhalten hatte, seine Entdeckung war die Verwandlung eines Mythus in Wissenschaft. Die Menschheit, die mit schweifender Phantasie ahnt, darin denkt und wissen will, bedeutet die Großausgabe des einzelnen Denkers. Der sieht nur weiter, da er sozusagen auf den Schultern einer weltanschauenden Gesamtheit steht.

Nehmen wir ein Beispiel aus der neuesten Anschauungs- und Entdeckungsgeschichte. Der Ablauf der Geschehnisse in völliger Stetigkeit und Lückenlosigkeit gehörte zu den allgemeinen Denkformen, wird auch noch heute von ernstzunehmenden Philosophen als ein sicherer Bestandteil der Weltanschauung vorgetragen. Der alte, durch Linné popularisierte Satz „die Natur macht keine Sprünge" gehört zu den Wortformeln dieser anscheinend unantastbaren Erkenntnis. Aber im Unterbewußtsein der Menschen hat stets ein Widerspruch dagegen bestanden, und wenn der französische Philosoph Henri Bergson es unternahm, mit metaphysischen Mitteln jene Stetigkeitskette zu zerreißen, der menschlichen Erkenntnis einen sprunghaften, geradezu kinematographischen Charakter zuzuweisen, so verkündete er nur als beredtsamer Lautsprecher, was eine noch unfertige neue Weltanschauung im Stillen mit sich herumgetragen hatte. Bergson hat da nichts „entdeckt", er wie die Anschauung haben nur hindurchgefühlt in ein neues Feld der Erkenntnis, daß die wirkliche Entdeckung reif und fällig war. Und tatsächlich wurde diese in unseren Tagen geliefert von dem hervorragenden Physiker Max Planck, dem Träger des Nobelpreises von 1919, in seiner „Quantentheorie". Nicht so zu verstehen, daß nunmehr eine gärende Weltanschauung und eine Errungenschaft der strengen Forschung restlos ineinander aufgingen; aber doch insoweit, als hier mit dem Rüstzeug der exakten Wissenschaft ein unstetiger, sprunghafter Ablauf, eine atomistische Struktur nachgewiesen wurde in Energien, für welche die landläufige Anschauung vordem eine ganz ebenmäßige, unabgeteilte Ausstrahlung verlangte. Hier lag wohl kein zufälliges Zusammentreffen neuphilosophischer Anschauung und physikalischer Begründung vor, sondern ein Erfordernis der Zeit, in der sich ein neues Denkprinzip zur Geltung durchringen will.

Schwieriger ist es, wie schon angedeutet, von Einsteins Entdeckungen zu voraufgehenden relativistischen Ahnungen die Brücke zu schlagen. Denn mit der bloßen Berufung auf den Niedergang des Absolutismus in der Welt menschlicher Geschehnisse kommen wir da nicht aus. Bei Einstein erlebten wir ein so ungeheures Vorstürmen der Gedanken eines Einzelnen, daß man beinahe im Sinne der Quantentheorie an eine Unstetigkeit im

Ablauf der geistigen Weltgeschichte glauben muß. Und doch sind die inneren Fäden, die Einsteins Tat mit vorausahnender Anschauung verknüpften, sicher vorhanden. Nur daß man hier auf Jahrhunderte verteilen muß, was sich bei anderen Entdeckungen schon im Vergleich nach Jahrzehnten als Parallelerscheinung ergeben kann. Jener Faustische, in der Brust der Denkenden wühlende Zweifel, „ob es auch in jenen Sphären ein Oben oder Unten gibt" — er reicht bis zu Phyrrhon und Protagoras —, ist bereits relativistisch, ist der Zweifel an die Gültigkeit des durch den eigenen Lebensmittelpunkt gelegten Koordinatensystems. Hier handelt es sich im letzten Grunde um Standpunktsäußerungen, und die mathematisch-physikalischen Ausfolgerungen der unendlichen Fragen, der Beziehung, die sich aus dem „Oben-Unten" entspinnen, führt ja wohl zur neuen Erfassung der Weltkonstitution, für welche Einsteins Schaffen den erlösenden Ausdruck in abstrakter Sprache gefunden hat. Und von hier wird sich in weiterer Wechselwirkung ein neuer Strom der Erkenntnis in vernebelte Gelände der Philosophie ergießen. Reform an Haupt und Gliedern unserer Weltanschauung scheint unabwendlich, Reform zumal an den Vorstellungen von Raum und Zeit, vielleicht sogar Reform der Begriffe von der Unendlichkeit und von der Kausalität. Viel Schutt wird abzuräumen sein aus alten Denkkategorien und Weltweisheiten, die einst zum Baustoff schöner Gebäude gehörten. Wie die schöneren aussehen werden, die auf physikalischen Befehl an deren Stelle treten müssen? Wer wollte sich heute getrauen, das zu ermessen?

Vieles wird wanken, und es könnte sich ereignen, daß selbst das trotzige „Ignorabimus", der Gegenpol der Wahrheitsforschung von Pyrrhon bis Dubois, aus seiner Verzichtstellung heraustreten wird. Denn der verzweifelnden Unsicherheit gegenüber besteht die eine Gewißheit: Das Unbegreifliche wird mehr und mehr eingekreist durch die großen Entdecker! Und wenn auch der absolute Konvergenzpunkt nie zu erreichen ist, so ergibt sich ein anderer Punkt als greifbar ruhender Pol in flutender Weltanschauung: ein moralischer Pol, umkreist von Strömungen des Glücksgefühls. Im Mittelpunkt dieser Weltanschauung steht der erhebende Glaube an einen Erkenntnisfortschritt trotz alledem, an das Verschwinden uralter Rätsel und Schwierigkeiten unter dem Sturm der Entdeckungen. Und wenn sich danach und daneben immer neue Rätsel und Schwierigkeiten auftun, so vermögen diese das Siegesgefühl nicht abzudämpfen. Jede Tat auf diesem Felde wirkt wie eine Befreiung von Vorurteilen, nicht zum wenigsten auch von Engherzigkeiten der Gesinnung zwischen den

Völkern. Die Entdecker konstruieren nicht nur Gedankenbrücken, die in Siriusfernen reichen, sondern, was schwerer, sie bauen Gefühlsbrücken, die politische Hemmungen überspannen. Jeder Denkende, der teilnimmt an großer Entdeckung, der sich erschauernd beugt vor neuer Geistestat, nähert sich der politischen Universalreligion, dem Glauben an den Völkerbund des Geistes. Daß sich eine Einheit anbahnen muß in den Anschauungen hüben und drüben, und daß jede große Entdeckung an diesem Werk mithilft, — das ist der Kern einer Weltanschauung, der die Zukunft gehört.

Wenn nach Pascals wundervollem Wort das menschliche Wissen eine Kugel darstellt, die in dauerndem Wachsen begriffen ihre Berührungspunkte mit dem Unbekannten vermehrt, so knüpft sich an diese Ansage kein Verzagen. Nicht die Vergrößerung des Unbekannten, einzig die des Wissens rührt mit ethischer Gewalt an unsere Empfindung. Das Positive äußert sich uns als eine lebendige Kraft, aus dem Bewußtsein heraus, daß die Wissenskugel zum Wachsen bestimmt ist, und daß es für alle geistigen Energien keinen höheren Befehl gibt, als den Ruf zur vereinigten, zur welteinigenden Mitarbeit an diesem Wachstum.

Solcher Betrachtungen voll, betrat ich das Heim des großen Entdeckers, dessen Wirken mir unausgesetzt als Paradigma vorschwebte. Ich fand ihn, wie fast stets, vor losen Papierblättern, die sich unter seiner Hand mit mathematischen Zeichen bedeckt hatten, mit Runen jener Weltsprache, in denen, nach Galilei, das große Buch der Natur abgefaßt ist.

Wie anders stellt sich mancher Fernstehende die Arbeitsweise eines Himmelsforschers vor! Man denkt sich ihn wie einen Tycho Brahe von seltsamen Apparaten umgeben in einem Kuppelbau, mit dem Forscherauge am Okular eines durchdringenden Refraktors in das Weltall spähend, dem er die letzten Geheimnisse ablauscht. Das wirkliche Bild entspricht dieser Vorstellung nicht im mindesten. Nichts gemahnt in der Aufmachung des Raumes an transterrestrische Erhabenheit, keine instrumentale noch bibliothekarische Fülle tritt uns entgegen, und man wird bald inne, daß hier ein Denker waltet, der zu seiner weltumspannenden Arbeit nichts anderes braucht, als seinen eigenen Kopf, allenfalls noch ein Blättchen Papier und einen Schreibstift. Was da draußen die Institute der Sternwarten bewegt, was zu großen wissenschaftlichen Expeditionen Anlaß gibt, ja, was in letztem Betracht die Beziehung der Menschheit zur Verfassung des Universums reguliert, die Revolution in der Erkenntnis der Dinge zwischen Himmel und Erde, all das vereinigt sich hier in der schlichten Erscheinung eines jugendlichen Gelehrten, der aus seines Gehirnes Rocken unendliche Fäden herausspinnt. Und ein Dichterwort steigt vor uns auf, das an alle gerichtet, unter den Lebenden von Einem im tiefsten Grunde erfüllt wurde:

> Wo du auch wandelst im Raum, es knüpft dein Zenith und Nadir
> An den Himmel dich an, dich an die Achse der Welt.
> Wie du auch handelst in dir, es berühre den Himmel der Wille,
> Durch die Achse der Welt gehe die Richtung der Tat!

Dieser eine hier hat es mitverwirklicht, dessen Gedankengang ich unterbreche, um mit der Frage anzuklopfen: Was ist und was bedeutet „Entdeckung"?

Eine durchaus begriffliche Frage, die manchem vielleicht als inhaltlich leer vorkommen mag. Der Herr Jedermann sagt sich, so gut er es vermag, die Liste der Entdeckungen her und meint: Entdeckung ist, wenn einer etwas Wichtiges findet, die Fallgesetze, oder die Entstehung des Regenbogens, oder die Abstammung der Arten; und etwas Allgemeines ließe sich höchstens darin finden, daß man der Entdeckung etwas Hochgeistiges, Schöpferisches zuschriebe.

Ich war nun zuerst geradezu verblüfft, als ich von Einstein die Worte hörte: „Der Ausdruck ‚Entdeckung' an sich muß bemängelt werden. Denn Entdeckung ist gleich dem Gewahrwerden einer Sache, die schon an sich fertig vorgebildet vorliegt: damit verknüpft ist der Beweis, der schon nicht mehr den Charakter der ‚Entdeckung' trägt, sondern eventuell des Mittels, das zur Entdeckung führt." Und hieraus erfloß bei Einstein die zuerst blank hingestellte, später am Beispiel genau erörterte Ansage: „Entdeckung ist eigentlich kein schöpferischer Akt!"

Für- und Gegenargumente schossen mir durch den Kopf, und ich mußte an einen Großmeister der Tonkunst denken, der einstmals auf die Frage „Was ist Genie?" antwortete: Genie ist, wenn einem etwas einfällt. Die Parallele wäre noch weiter durchführbar, denn ich habe tatsächlich von Einstein wiederholt als „Einfälle" bezeichnen hören, was wir andern als Denkwunder betrachten. Spricht doch auch der Philosoph Fritz Mauthner von der Entdeckung der Gravitation als von einem „Aperçu" des Newton; ja, von den „Aperçus" der altgriechischen Philosophie, worunter so ziemlich alles fallen soll, was Pythagoras, Heraklit usw. uns als Zeichen ihrer Genialität hinterlassen haben. Andrerseits steckt doch in uns allen das Bedürfnis nach reinlicher Scheidung zwischen dem Einfall und dem schöpferischen Denkakt, gemäß Grillparzers

Sinnspruch: „Einfälle sind keine Gedanken; der Gedanke kennt die Schranken, der Einfall setzt sich darüber weg — und kommt in der Ausführung nicht vom Fleck."

Da müssen wir also umlernen. Denn wie zum Beispiel Einsteins „Einfälle", von ihm selbst so empfunden und so bezeichnet, in der Ausführung vom Fleck gekommen sind, das wissen wir ja zur Genüge. Geben wir ihm das Wort zu einer kurz charakterisierenden Darstellung seines weltbewegenden „Einfalls":

„Der Grundgedanke der Relativität," so sagte er in diesem Zusammenhang, „ist der, daß es physikalisch keinen ‚ausgezeichneten' (bevorzugten) Bewegungszustand gibt. Oder noch genauer: es gibt unter allen Bewegungszuständen keinen in dem Sinne bevorzugten, daß man ihn zum Unterschied von anderen als den Zustand der Ruhe bezeichnen kann. Ruhe und Bewegung sind nicht nur nach formaler anschaulicher Definition, sondern auch in ihrer tiefsten physikalischen Bedeutung relative Begriffe."

Nun also, so warf ich ein, dies war doch wohl ein schöpferischer Gedanke! In Ihnen, Herr Professor, ist er doch aufgeblitzt, in ihm steckt doch Ihre Entdeckung, also können wir doch wohl das Wort in der uns ständig vorschwebenden Bedeutung bestehen lassen!

„Keineswegs," erwiderte Einstein. „Es trifft nämlich nicht zu, daß dieses Grundprinzip bei mir als primärer Gedanke auftrat. Wäre es so aufgetreten, dann läge vielleicht eine Berechtigung vor, ihn als ‚Entdeckung' zu bezeichnen. Aber die Plötzlichkeit, die Sie voraussetzen, muß eben geleugnet werden. Vielmehr wurde ich dazu schrittweise geführt durch die aus den Erfahrungen entnommenen einzelnen Gesetzmäßigkeiten."

Einstein ergänzte, indem er den Begriff der „Erfindung" betonte und dieser einen erheblichen Anteil zuwies: „Das Erfinden tritt hier als eine konstruierende Tätigkeit auf. Hierin also liegt nicht das, was die Originalität der Sache im wesentlichen ausmacht, sondern die Schaffung einer gedanklichen Methode, um zu einem logisch geschlossenen System zu gelangen. das eigentlich Wertvolle ist im Grunde die Intuition!"

Ich hatte über diese Thesen lange und eifrig nachgedacht, um möglichst genau zu ermitteln, was ihren Inhalt von der landläufigen Auffassung trennt. In den tiefliegenden Unterschieden offenbart sich eine Fülle von Anregungen, deren Wichtigkeit um so stärker einleuchtet, je mehr man sie an Beispielen zu erproben versucht. Und ich bin heute überzeugt, daß man sich mit jenen Worten Einsteins, die wie ein Bekenntnis auftreten, zu beschäftigen haben wird, wie mit dem berühmten „hypotheses non fingo", das Newton als den Leitgedanken seines Schaffens hingestellt hat.

Hier wie dort tritt etwas Negatives hervor, eine Leugnung. Bei Einstein anscheinend die Abwehr des eigentlichen schöpferischen Aktes in der Entdeckung; die Hervorhebung des Schrittweisen, Methodischen, Konstruierenden; daneben freilich auch die Betonung der Intuition. Es wird nichts übrig bleiben, als auf Umwegen eine Synthese dieser Begriffe zu versuchen, und das anscheinend Widersprechende in ihnen aufzulösen.

Ich halte das für möglich, wenn man sich entschließt, die Entdeckung in eine Folge von Einzelakten zu zerlegen, in denen das Nacheinander an die Stelle der summarischen Plötzlichkeit tritt. Dann kann das Schöpferische bestehen bleiben, ja, es gewinnt einen noch höheren Bedeutungsgrad, wenn man sich vorstellt, daß eine Reihe schöpferischer Ideen sich aneinander schließen müssen, um eine einzelne bedeutsame Entdeckung zu ermöglichen.

Niemals tritt der Urgedanke fertig gegürtet und gepanzert heraus, wie Minerva aus dem Haupt ihres Erzeugers. Und man wird gut tun, daran zu denken, daß selbst Jupiter in seinem Kopf eine Schwangerschaft mit sehr heftigen Geburtswehen zu überstehen hatte. Nur im nachträglichen Bilde tritt uns Pallas Athene mit dem Attribut der Plötzlichkeit entgegen. Es liegt im Wesen unserer mythenbildenden Phantasie, daß sie den eigentlichen Zeugungsakt überspringt, um das fertige Ergebnis desto leuchtender zu gestalten.

Es gefällt uns ausnehmend, wenn wir erfahren, wie der princeps mathematicorum Gauß im Zuge seiner bedeutenden Denkerakte erklärte: „Ich habe das Resultat, ich weiß nur noch nicht, auf welchem Wege ich es erreichen werde!" — Denn wir erblicken in dieser Äußerung zunächst das Hervorheben einer blitzhaften Intuition. Er hat den Besitz einer Sache, die doch noch nicht sein ist, die erst sein werden kann, wenn er den Weg zu ihr findet. Widerspruch? Elementar-logisch genommen allerdings, aber methodologisch keineswegs. Hier gilt: Erwirb es, um es zu besitzen! Eine Reihe weiterer Intuitionen werden hierzu erforderlich sein, auf dem Wege des Erfindens, des Konstruierens. Hier also setzt das ein, was Einstein als das „Schrittweise" bezeichnet. Die erste Intuition muß vorhanden sein, ist sie da, so verbürgt sie in der Regel die Angliederung weiterer Intuitionen.

Nicht immer. Wir besprachen im Vorbeigehen einige besondere Fälle, die zu besonderen Schlüssen Veranlassung geben mögen. Der gewaltige Mathematiker Pierre Fermat hat der Welt einen von ihm entdeckten, überaus einfach gestalteten Lehrsatz vermacht, dessen Beweis noch bis heute nach einem Vierteljahrtausend gesucht wird. Er lautet (leichtfaßlich umschrieben): Die Summe zweier Quadratzahlen kann wieder eine Quadratzahl ergeben, z. B. $5^2 + 12^2 = 13^2$, das ist $25 + 144 = 169$. Aber die Summe zweier Kubikzahlen ergibt niemals eine Kubikzahl, und ganz allgemein ausgedrückt: sobald der Exponent, der Potenzzeiger n, größer ist als 2, läßt sich die Gleichung $x^n + y^n = z^n$ niemals in ganzen Zahlen befriedigen; es ist unmöglich für x, y, z, drei ganze Zahlen zu finden, welche in die Gleichung eingesetzt, ein richtiges Ergebnis liefern.

Ganz sicherlich: ein intuitives Finden. Aber wenn Fermat behauptete, er habe einen „wunderbaren Beweis" in Händen, so darf man diese Behauptung aus sehr guten Gründen ernstlich bestreiten. Niemand zweifelt an der unbedingten Gültigkeit des Satzes. Aber die weitere Inspiration, die Fortsetzung der Intuition, hat sich weder seither noch bei Fermat selbst eingestellt. Ob bei ihm bezüglich des Beweises ein subjektiver Irrtum vorlag, oder eine haltlose Ansage, das läßt sich nicht entscheiden. Jedenfalls bleibt es wahrscheinlich, daß Fermat das Resultat per intuitionem besessen hat, ohne den Weg zum Resultate zu kennen. Sein schöpferischer Akt brach ab, war nur ein Anlauf, erfüllte nicht die Bedingung, die Einstein mit dem Begriff der logisch geschlossenen Methode verbindet.

Ja, man kann die Angelegenheit bei Fermat noch weiter verfolgen. Er hatte, wiederum per intuitionem, den Satz aufgestellt, man könne nach einer von ihm aufgestellten Formel Primzahlen in beliebiger Höhe konstruieren. Euler zeigte später an einem bestimmten Beispiel die Falschheit dieses Satzes. Der Satz, ausgesprochen in einem Brief an Pascal 1654, lautet: daß eine fortgesetzte Quadrierung von 2 bei Vermehrung der Potenzen um 1, also $2^{2^k} + 1$ immer Primzahl sei. Fermat fügte hinzu: „Es ist dies eine Eigenschaft, für deren Wahrheit ich einstehe."

Euler versuchte zufällig k=5, und fand $2^{32} + 1 = 4\,294\,967\,297$ welche Zahl das Produkt von 641 und 6 700 417 darstellt, mithin nicht prim ist.

Man kann sich vorstellen, daß kein Euler gelebt, daß kein anderer an seiner Stelle das Dementi gefunden hätte. Wie stand es dann um diese „Entdeckung" Fermats?

Man hätte ihr ganz gewiß bis heute das Schöpferische nicht abgestritten, denn man hätte gesagt: sie entspricht einer Tatsache, die an sich vorgebildet vorliegt, ohne erweislich zu sein. Nunmehr, da wir wissen, die Tatsache existiert gar nicht, sieht die Sache anders aus. Es war gar keine Entdeckung, vielmehr eine fehlerhafte Vermutung. Aber auch zu dieser Falschheit konnte einer nie gelangen ohne mathematisches Genie und ohne die Inspiration des Momentes. Und hieraus folgt wiederum, daß zu einer Entdeckung im Vollsinne des Wortes die Augenblicks-Intuition nicht ausreicht, daß sie durch einen Plural der Intuitionen gestützt werden muß, und deren Probe zu bestehen hat, um in den sicheren Bestand der Wahrheitserforschung einzugehen.

Wenn in Einsteins Erklärung sofort auf die Tätigkeit des „Erfindens" hingewiesen wird, so erblicke ich hierin einen Anhalt dafür, daß streng genommen das Entdecken und das Erfinden niemals abtrennbar gedacht werden sollen. Im Entdecken bleibt das Konstruierende bestehen, im Erfinden das Entdecken des Weges, auf dem das Gelingen liegt, sei es einer Methode, eines Beweises oder eines Werkes im allgemeinen. Wir sprachen von Kunstwerken, und ich bemerkte zu meiner Freude, daß Einstein durchaus nicht abgeneigt ist, gewisse rein gedankliche Arbeiten, die man sonst dem Gebiet der wissenschaftlichen Entdeckung einordnet, als Kunstwerke anzusprechen. Nun aber scheint bei diesen das reine Erfinden obenan zu stehen, denn in ihnen wird doch etwas dargestellt, was vordem noch gar nicht vorhanden war; was schon wiederholt dazu geführt hat, der künstlerischen Tat den höheren Rang, das eigentlich und ausschließlich Schöpferische zuzuweisen. Etwa mit dem Argument: die Infinitesimalrechnung wäre ganz sicher auch ohne Newton und Leibniz gekommen, aber ohne Beethoven hätten wir keine C-moll-Symphonie, und niemals in aller Zukunft könnte sie zutage treten, wenn sie nicht ihr Schöpfer als ein Einziges, Urerschaffenes hingestellt hätte.

Ich glaube, man kann dies zugeben und trotzdem die Ansicht vertreten, daß auch im Kunstwerk die Tätigkeit des Entdeckers anzutreffen ist. Nehmen wir das Grundmaterial des ersten Satzes jener fünften Symphonie, eines Kolossalsatzes von 500 Takten, das sich ganz präzise in vier Noten ausspricht, von denen die eine, das G, dreimal identisch auftritt. „So pocht das Schicksal an die Pforte" lautet Beethovens Motto, tonal ausgedrückt in einer Kombination, die längst, ja von Ewigkeit her, in den möglichen permutativen Anordnungen der Klänge vorhanden war.

Beethoven, so sagt man, hat sie erfunden. Aber es ist genau so richtig, zu sagen — ich benutze Einsteins Worte —: „er wurde gewahr, was schon an sich fertig vorgebildet vorlag" — also hat er das Grundthema „entdeckt", um es nachher in einer methodischen Durchführung von unerhörter Schönheit musiklogisch zu „beweisen". Ja, man kann noch weitergehn. Jenes viertonige

Motiv lag nicht nur als Abstraktum, als ein in mathematischer
Ordnung Eingelagertes vor, sondern als etwas Natürliches. Czerny,
Beethovens Schüler, dem der Meister mancherlei über seine Werkentstehung vertraut hat, berichtet, ein Goldammer hätte Beethoven im Walde dieses Motiv zugetragen. Aber auch der Singvogel hat es nicht erfunden, überhaupt kein Lebewesen, sondern
in einem klangempfindlichen Material hat sich objektiviert, was
nie zu erschaffen war, weil es schon von jeher existierte. Beethoven hat es ge-funden, es war res nullius, als er es fand, als er
zugleich mit der Tonfolge deren Eignung für eine gewaltige musikalische Darstellung des dröhnenden Schicksals entdeckte. Jedes
Thema, ob von Beethoven, Bach, Wagner oder sonst woher, läßt
sich graphisch in einer Kurve abbilden (für Bach'sche Fugenthemen hat man dies sogar zu besonderen Zwecken ausgeführt),
und so gewiß der Ellipsenbogen schon vor aller Geometrie existierte, so sicher läßt sich behaupten, alles Musikalische war vor
der Komposition vorhanden, wartete auf den Entdecker, den wir
als den Erfinder, als das schöpferische Ingenium bezeichnen.

Könnte aber von hier aus nicht etwas zurückstrahlen auf die
wissenschaftliche Entdeckung? Wenn wir im Höchstgrad der
Bewunderung von einem Schöpferakt sprechen als von einem
Göttlichen, das uns bemeistert, so dürfte man wohl auch dem
Wissenschafter zubilligen, was wir mit leiser Begriffsvermengung
dem Künstler gewähren. Und ich glaube auch, daß Einsteins
Definition in dieser Hinsicht für unsere Schwärmerei keine unüberfliegbare Schranke bietet. Diese will um jeden Preis hinüber,
mag nicht stehen bleiben vor der starren Tatsache, daß der Entdecker nur das Vorgebildete aufdeckt, und die Empfindung erweist sich als stärker, als der objektiv wertende Gedanke. Schließlich, so meinen wir, schafft doch auch der wissenschaftliche Entdecker etwas Neues, nämlich eine Erkenntnis, die zuvor nicht
da war. Und wir gehorchen dem Bedürfnis des Heroenkultus,
wenn wir einen bestimmten ersten Entdecker als einen Schöpfer
bezeichnen.

Womit freilich die Gegenrede sich nur zeitweilig bescheidet,
ohne darum aus der Welt zu gehen. Denn auch die Erkenntnis
lag schon parat, vor dem ersten Entdecker; er schuf nicht,
sondern er zog nur einen Schleier fort, der die Erkenntnis verhüllte. Es bleibt also im letzten Grunde bei der „Intuition",
wörtlich zu verstehen, bei der Anschauung, bei dem genauen Betrachten der Dinge, Zustände und Zusammenhänge, und dieses
eingehende, des Staunens volle Betrachten ist immer das Vorrecht sehr weniger Auserlesener gewesen.

Man könnte fragen: existierte denn schon irgendeine Erkenntnis des pythagoreischen Lehrsatzes vor dem pythagoreischen Beweise? Und man müßte antworten: zum mindesten im unbelichteten Sehfelde des Pythagoras, das sich eines Tages beleuchtete, als er das Zahlenverhältnis 3 — 4 — 5 so ins Auge faßte, daß ein „Intueri", ein genaues Anschauen zustande kommen konnte. Es ist irrig, anzunehmen, daß ihm ein Schöpferakt plötzlich die Figur mit den drei nach außen geklappten Quadraten vor die Seele zauberte. Er entwickelte vielmehr „schrittweite" (wie wir aus Vitruvius wissen), aus einem nach bestimmten Maßzahlen aufgebauten Dreieck; und der bekannte Beweis, der uns als unabtrennlich von seinem Akt vorschwebt, ist gar nicht von ihm, sondern von Euklid. Aber die Chronologie verblaßt, die Jahrhunderte werden übersprungen, und das Diplom mit dem Titel des Schöpfers verbleibt bei dem Mann, der zuerst solch ein Dreieck klar anzuschauen vermochte.

Es liegt nahe, das Entdeckertum am Experiment zu prüfen, und das erste, was sich dabei ergibt, ist das Auftreten eines sehr merkwürdigen Tempos in der Entwickelung des intuitiven Verfahrens. Die Intuition des Altertums hatte, wie es scheint, kaum das Bedürfnis, sich am Experiment zu bewahrheiten, das allermeiste, was Archimedes auf mechanischem, die Pythagoreer auf akustischem, Euklid auf optischem Gebiete fanden, läßt sich beinahe auf die Formel des „Heureka" zurückführen; und man übertreibt wohl nicht, wenn man aussagt, daß heutzutage in einer Woche mehr und fruchtbarer experimentiert wird, als in aller Vorzeit zusammengenommen.*) Das Experiment ist, wenn auch

---

*) Neuerdings versuchen gewisse Begriffsspalter, einen grundsätzlichen Unterschied zwischen Wirklichkeits-, Experimental-Physikern und „Kreide-Physikern" zu konstruieren. So nennen sie spöttisch die Theoretiker, weil diese ihrer Meinung nach die Natur ausschließlich durch Formeln, mit der Kreide an der Tafel, ergründen wollen. Die Geschichte der Wissenschaft kennt diesen Unterschied nicht, wenngleich es natürlich vorkommen könnte, daß ein Physiker fernab von jedem Experiment Bedeutsames erschlösse. Eher ließe sich behaupten, daß der große Theoretiker nicht notwendig ein großer Experimentator zu sein braucht, und umgekehrt. Aber ich wüßte kein Beispiel dafür, daß der Theoretiker sich einseitig auf die Kreide versteift und die Versuchsarbeit prinzipiell verleugnet.

Ich bemerke hierzu, daß Einstein selbst gern experimentiert und sich als erfahrener Experimentator erfolgreich betätigt hat. Zahlreich sind zudem die Anregungen und Ratschläge, die er anderen Arbeitern auf diesem Felde gegeben hat und dauernd erteilt. Er nimmt aber die eigentliche Routine nicht für sich in Anspruch und weist darauf hin, daß er sich für gewisse reale Ausführungen auf fremde Hilfe angewiesen sieht. Es gibt spezifische Experimentiergenies, deren Tätigkeit sich am schönsten und ersprießlichsten gestaltet, wenn sie die des Theoretikers sowohl ergänzt, wie befruchtet.

nicht zum alleinigen, so doch zum deutlichsten Prüfstein der Intuition geworden. Ich brauche nur an die Beobachtungen der Sonnenfinsternis von 1919 zu erinnern, welche experimentalen Charakter trugen, insofern sie die Natur mit Apparaten befragten. Für die Welt brachten sie die unwiderlegliche Bestätigung der Einstein'schen Gravitationslehre, nicht für Einstein selbst, dessen Intuition in ihrer Selbstgewißheit dem Experimente nichts anderes übrig gelassen hatte, als eben die blanke Bestätigung.

Aber das ist nicht der Normalfall. Und bei vielfachen Untersuchungen tritt die Intuition des Forschers an das Experiment wie an eine Instanz mit ausgedehnter Vollmacht, zu bewahrheiten, zu verwerfen oder zu berichtigen.

Greifen wir einige Beispiele heraus, um die Stärke und den Wert der Intuition am experimentellen Ergebnis zu messen. **Benjamin Franklins Drachenexperiment** möchte als ein klassischer Fall erscheinen. Da ist ein Mann, in dessen Kopf sich die Vorstellung gebiert: Gewitter und elektrischer Vorgang ist ein und dasselbe. Unzählige neben und vor ihm hätten auf denselben Gedanken verfallen können, der nun schon längst zu den Weisheiten der Kinderstube gehört. Aber nein, ein Einzelner mußte kommen, der die vorgebildete Sache gewahr wurde und der auch sofort die Methode ersann, die zum Beweise führen mußte. Er baute 1752 einen Drachen, ließ ihn bei Gewitterluft in die Wolken steigen, fing unten an metallener Handhabe die Funken auf, und, wie d'Alembert in der französischen Akademie so eindringlich sagte:

„Eripuit coelo fulmen..."

Er entriß dem Himmel den Blitz, Jupiter tonans beleuchtete eine große Entdeckung, eine gewaltige Intuition, die selbst blitzartig in den Hirnganglien eines Erforschers aufgetreten war.

Der Fall wäre allerdings klassisch, wenn er nicht zu neun Zehntel aus Legende bestünde. Franklin war gar nicht der erste Träger dieser Intuition, und sein Experimentalbeweis litt derart an Mängeln, daß er um ein Haar mißglückt wäre. Franklin benutzte eine trockene Hanfschnur, die er für einen Leiter hielt, die sich aber erst im nachfolgenden Regen in einen Leiter verwandelte. Bis dahin war das Funkenspiel nahe dem Erdboden kärglich genug ausgefallen, und es hatte wenig daran gefehlt, daß Franklin den Versuch aufgab, um einzugestehen, daß ihn nicht sowohl eine Intuition als eine Halluzination überfallen habe.

Aber wem gebührt denn nun der Ruhm dieser Entdeckung? Das ist schwer zu entscheiden. Schon 1746, sechs Jahre bevor zu Philadelphia Franklins Drache stieg, hatte der Leipziger Professor Winkler die Gleichheit der Erscheinungen in einer Abhandlung behauptet und theoretisch bewiesen; noch drei Jahre vorher erklärte der Abbé Nollet die Gewitterwolken als den Konduktor einer Elektrisiermaschine, und fast gleichzeitig mit Franklin vollführten Dalibard, Delor, Buffon, Le Monnier, Canton, Bevis, Wilson großangelegte Versuche, die an Ergebnissen den amerikanischen weitaus übertrafen. Wobei zu bemerken, daß das Experiment erst 1753 zu voller Evidenz gedieh, als de Romas zu Nerac in Südfrankreich einen wirklichen Leiter, feinen ausgeglühten Draht, in die Drachenschnur einwebte und dadurch ein richtiges Donnerwetter mit 10 Fuß langen Blitzen und betäubendem Krachen herabholte. Und dann erst verfolgte man die Spur der Inspiration nach rückwärts durch die Zeiten, um zunächst in den römischen Königen Numa Pompilius und Tullus Hostilius die ersten Gewitter-Experimentatoren zu ermitteln. Bis der Physiker Lichtenberg den Nachweis zu führen unternahm, daß schon die altjüdische Bundeslade samt der Stiftshütte nichts anderes gewesen waren, als großartige elektrische Apparate, mit intensiver Ladung aus Luftelektrizität, wonach die Grund-Intuition, die Priorität der Entdeckung, auf Moses oder auf Aaron zurückzuführen wäre. Und im Anschluß hieran ergab sich die mit umständlichem Beweismaterial belegte Tatsache, daß der Salomonische Tempel zu Jerusalem durch Blitzableiter geschützt war.

Ich darf nicht unterlassen, hinzuzufügen, daß Einstein diese ganze in die Vorzeit führende Beweiskette als durchaus nicht schlüssig erachtet, obschon sich außer Lichtenberg noch andere bedeutende Gelehrte, wie Bendavid in Berlin und Michaelis in Göttingen für deren Geltung eingesetzt haben. Und da es sich hier um elektrische Zusammenhänge handelt, so wird man sich nicht entschließen dürfen, Einsteins Zweifel zu vernachlässigen. Soweit ich mich entsinne, richtete sich dieser auch nicht gegen die grobsinnlichen Fakten an sich, als gegen die Deutung, die ihnen untergelegt werden soll. Das will sagen: man hat sowohl bei den altrömischen wie bei den alttestamentarischen Dingen den Begriff der Entdeckung auszuschalten, diesen vielmehr nur denjenigen Geistesakten aufzubewahren, die zur Schaffung einer gedanklichen Methode hinführen. Immerhin darf man dabei bleiben, daß in diesem vermeintlich klassischen Fall weder Franklin noch sonst einer als der Entdecker oder als Träger eines schöpferischen Aktes anzusprechen ist.

Ungleich einfacher und unbestreitbarer liegt der Experimental-

Fall bei der Spektralanalyse. Zweifellos eine Entdeckung von fundamentaler Bedeutung mit allen Kennzeichen der Erstmaligkeit und unbestritten ohne jede Vorläuferschaft. Was mich dabei stets ein wenig beunruhigt hat, ist die Tatsache, daß zwei Männer erforderlich waren, um sie zu erdenken, ein Duo von Geistern für einen Denkakt, der sich doch ganz einheitlich, elementar, unabtrennlich von der Intuition eines einzelnen vorstellt. Aber es scheint möglich, daß die historische Tradition hier nicht ganz getreu überliefert, und daß die beiden Männer aus freiem kollegialem Willen zusammengefaßt haben, was allerdings in der nachfolgenden Zusammenarbeit, nicht aber im ersten Entstehen als Dioskurenleistung auftrat. Diese Möglichkeit wurde mir klar aus einem Worte Einsteins, der mir ziemlich deutlich zu verstehen gab: Kirchhoff und Bunsen, das bedeutet: erst Kirchhoff, dann Atempause, und schließlich auch Bunsen. Schalten wir aber diese Frage nach Einheit oder Zweiheit aus, so bleibt bestehen: der Gedanke einer Spektralanalysis tauchte auf (als Folge vorangehender optischer Versuche an Frauenhofer-Linien) und wurde durch die nachfolgenden Experimente restlos bestätigt. Bloß restlos? Nein, die Klassizität dieses Falles offenbarte sich noch weit triumphaler: denn unmöglich konnte Kirchhoff-Bunsens Intuition die ganze Tragweite ihrer Entdeckung übersehen haben, als sie sie schon in Händen hatten.

Jede Entdeckung umschließt ein Hoffnungsquantum. Sei es bei Kirchhoff noch so groß gewesen, so konnte es nicht im entferntesten an den Grad der Erfüllung hinanreichen. Aus dem theoretischen Grundgedanken, „ein Dampf absorbiert aus dem ganzen Strahlenkomplex des weißen Lichts gerade nur jene Wellenlängen, die er auch auszusenden vermag", entwickelte sich ein Verfahren von einer Findigkeit, Feinheit und Sicherheit, die ans Unbegreifliche grenzen. In prismatisch zerlegten, von Dämpfen ausgehenden Lichtstrahlen, zeigten sich feine, gefärbte Linien, die das Unbekannte verrieten, und Schlag auf Schlag bewies das spektroskopische Experiment, daß der Urheber des Gedankens nicht nur eine, sondern eine Fülle von Entdeckungen gemacht hatte. Hier tauchte, um ein Beispiel zu nennen, beim Verbrennen winziger Rückstände von Mineralwasser eine zuvor noch nicht gesehene rote und eine blaue Linie im Spektralband auf. Und sofort wußte man: ein nie vordem ermittelter Urstoff kündigte sich an. So wurde in dichter Folge das Element Cäsium entdeckt, dann das Rubidium, das Thallium, Indium, Argon, Helium, Neon, Krypton, Xenon, — gewiß Dinge, die in der Natur schon vorgebildet waren, wie ja auch die Idee einer Brücke von der Optik zur Chemie schon in der Natur beschlossen vorlag; aber den erstaunten Zeitgenossen wird es nicht zu verwehren sein, wenn sie hier in der Grundentdeckung eine Geistestat von schöpferischer Kraft erblickten.

In jenem Hoffnungsquantum befand sich auch der Ausblick auf den Genauigkeitsgrad. In dieser Hinsicht bestätigte das Experiment unfaßbar mehr, als die verwegenste Phantasie des Entdeckers voraussehen konnte. Eine gelbe Linie zeigt sich im Spektralbild des Natriums. Und es ergab sich experimentell: der dreimillionste Teil eines tausendstel Gramm von Natronsalz reicht hin, um im Bunsenbrenner diese gelbe Linie hervorzurufen. Ein schwindelerregendes Spiel der Wahrscheinlichkeitsrechnung setzte ein. Wenn weiterhin spektralanalytisch ermittelt wurde: in der Sonnenatmosphäre gibt es Wasserstoff, Kohlenstoff, Eisen, Aluminium, Calcium, Natrium, Nickel, Chrom, Zink, Kupfer, so ließ sich hinzufügen, wie groß die Möglichkeit eines Irrtums in solcher Feststellung wäre. Kirchhoff hat es berechnet: Eine Trillion gegen eins läßt sich darauf wetten, daß diese Stoffe wirklich in der Sonne vorhanden sind!

Nie zuvor hat sich das Experiment in ähnlichem Ausmaß als Bewahrheiter eines entdeckerischen Gedankens erwiesen. Und hier erscheint es angezeigt, sich mit einer Lehre zu beschäftigen, die in die tiefsten Gründe der Beziehung zwischen Experiment und Entdeckungsakt hineinleuchten will. Es wird nämlich behauptet, daß ein restlos bewahrheitendes Experiment, „Experimentum crucis", in der Physik unmöglich sei. Das will sagen: in jedem Entdeckergedanken steckt eine Hypothese; und mag das nachfolgende Experiment ausfallen, wie es wolle, so bleibt die Möglichkeit, daß diese Hypothese falsch war und späterhin einer anderen, wesentlich widersprechenden, auch wiederum nur für beschränkte Zeit gültigen wird weichen müssen.

Der Haupt-Wortführer dieser Theorie ist der bedeutende Gelehrte Pierre Duhem, Membre de l'Institut. Er setzt das Experiment in Parallele mit dem mathematischen Beweis, besonders mit dem indirekten, apagogischen, der in der Euklidischen Geometrie sich so erfolgreich bewährt hat. Da wird methodologisch angenommen, eine Behauptung wäre falsch; diese Annahme, so wird gezeigt, führt zu einem offenkundigen Widersinn, folglich war die Behauptung richtig bis zur Ausschließung irgend eines Zweifels. Und damit ist auf mathematischem Felde ein wirkliches Experimentum crucis geliefert.

Hiernach prüft Duhem die Gültigkeit zweier physikalischer Theorien, die beide ihrerzeit mit dem Anspruch der Entdeckung auftraten. Newton hatte als das Wesen des Lichtes die „Emission" entdeckt; für ihn, für Laplace und Biot besteht das Licht aus Projektilen, die mit äußerster Geschwindigkeit abgeschleudert werden. Die Entdeckung von Huyghens, gestützt durch Young und Fresnel, setzt an Stelle der Ausschleuderung die Wellenbewegung. Also hier haben oder hatten wir, nach Duhem, zwei Hypothesen, als die einzigen, die überhaupt als möglich erscheinen. Das Experiment soll Antwort geben, und es entscheidet zunächst unwiderleglich für die Wellentheorie. Folglich besteht einzig die Erkenntnis des Huyghens zu Recht, die des Newton ist als Irrtum entlarvt, ein Drittes gibt es nicht, das Experimentum crucis steht in absoluter Sicherheit vor uns.

Der Ausdruck stammt aus Bacon's „Novum organon". Er enthält nicht, wie Duhem voraussetzt, den Hinweis auf ein Kreuz an der Straße, das die verschiedenen Wege anzeigt, ebensowenig hängt er mit „croix ou pile" (Kopf oder Schrift) zusammen. Vielmehr bedeutet Experimentum crucis eine Probe durch ein Gottesurteil am Kreuz, das heißt eine über jede Berufung erhabene, absolut entscheidende Erprobung. — Aber nein! ergänzt der nämliche Gelehrte: zwischen zwei kontradiktorischen Aussagen der Geometrie ist für ein drittes Urteil kein Platz, wohl aber zwischen zwei widersprechenden physikalischen Ansagen. Und tatsächlich ist dieses dritte hier aufgetreten in der Entdeckung Maxwells, der das Wesen des Lichts als in einem Vorgang periodischer elektromagnetischer Störungen begründet nachgewiesen hat. Mithin, so schließt Duhem, läßt sich aus dem Experiment niemals die Alleingültigkeit einer Theorie erschließen; der Physiker ist niemals sicher, alle denkbaren Vorstellungsmöglichkeiten erschöpft zu haben. Die Wahrheit einer physikalischen Aussage, der Rechtsgrund einer Entdeckung, ist durch kein Experimentum crucis zu erhärten.

Hiernach wäre es also auch möglich, daß die wissenschaftliche Voraussetzung der Spektralanalyse nicht der Wahrheit entspräche. Es könnte sogar eine kontradiktorische Hypothese auftreten, und die nämlichen Experimente, welche scheinbar die Kirchhoff'sche Entdeckung von Sieg zu Sieg geführt haben, würden dann in ganz anderem Sinne interpretiert werden müssen.

Ich gestehe offen, daß ich mich zu einer so extremen Möglichkeit nicht entschließen kann, und zwar deswegen nicht, weil gerade das von Duhem herangezogene Gleichnis aus der Mathematik diese Möglichkeit meines Erachtens ausschließt. Denn wenn die Sicherheit sich hier durch Trillion zu eins ausdrückt, so wage ich zu behaupten, daß auch bei irgend welcher mathematischer

Wahrheit die Sicherheit keinen größeren Grad erreicht. Aus der Geschichte der Mathematik kennen wir Sätze, die mit allem Rüstzeug des Beweises auftraten und sich trotzdem nicht zu behaupten vermochten, so daß wir es auch bei anscheinender Evidenz immer nur mit einem sehr hohen Wahrscheinlichkeitsgrad zu tun haben. Nehmen wir diesen nach unserer Denkgewohnheit für das absolut Gewisse, so dürfen wir auch die vereinigten Experimente im Gebiet der Spektralanalyse als ein großes Experimentum crucis für die unbedingte Richtigkeit der spektralanalytischen Lehre betrachten.

In weitem Abstand von ihr, aber doch mit ihr zusammenhängend, erscheint das „Periodische System der Elemente" als die Entdeckung von Mendelejew und Lothar Meyer. Auch sie umschloß prophetische Ausblicke in die Zukunft, sagte Unbekanntes voraus, deutete auf Dinge, die nur in der Vorstellung vorhanden waren, in einem Gedankenschema, das dem Unerforschten bestimmte Existenzstellen anwies.

Das Periodische System stellt sich dar als eine Tabelle mit Vertikal- und Horizontalreihen, in deren Linienfächern die Elemente nach gewissen, ihren Atomgewichten entsprechenden Regeln eingetragen werden. Die Entdeckung besagte theoretisch, daß die physikalischen und chemischen Eigenschaften, die das Element charakterisieren, genau das arithmetische Mittel zwischen den Eigenschaften der horizontalen und vertikalen Nachbarn darstellen. Und hieraus entwickelten sich Orakel, die in den vorläufig noch unbesetzten Linienfächern nisteten. Die leeren Kammern, die weißen Flecke auf der Tabelle fingen an, prophetisch zu reden: hier fehlen Elemente, die findbar sein müssen! Die Nachbarn werden sie verraten, die leere Stelle selbst zeigt den Weg zum Fund. Mendelejew vermochte mit detektivischem Scharfsinn anzusagen: es muß Elemente mit den Atomgewichten 44, 70 und 72 geben. Wir kennen sie noch nicht, aber wir sind in der Lage, diese Findlinge der Zukunft nach ihren Eigenschaften zu bestimmen, und mehr als das, nach den Eigenschaften ihrer Verbindungen mit andern Grundstoffen. Und die weitere Forschung hat tatsächlich in Auffindung der Elemente Scandium, Gallium und Germanium das Orakel mit allen vorhergesagten Eigenschaften bestätigt.

Das Metall Gallium wurde 1875 spektroskopisch entdeckt. Bezüglich seiner Eigenschaften steht es zwischen dem Aluminium und Indium, genau an der Stelle, wo es schon vor seiner eigentlichen Entdeckung schematisch im Periodischen System gestanden hatte. Auf Grund einer Lücke im System war es fünf Jahre vorher von Mendelejew angesagt worden, ohne daß er von seinen spektralanalytischen Zeichen — zwei schönen violetten Linien — etwas wußte. Auch das 1900 entdeckte Radium mit dem Atomgewicht 226 hat diese Probe vollkommen bestanden und fügte sich genau in die Stelle, die ihm die Zahl in der Tabelle vorbehielt. Also erwies sich hier Vorentdeckung und Nachentdeckung als durchaus kongruent, das Experiment heftete sich an die entdeckende Einsicht wie ein euklidischer Beweis an eine mathematische Behauptung, und mit allem Grund darf man es hinstellen, daß das System von Mendelejew-Lothar Meyer die Kreuzprobe ausgehalten hat. Zukünftige Hypothesen werden das System vielleicht ergänzen, in der Erkenntnis erweitern, aber gewiß nicht ad absurdum führen.

*   *   *

* Abseits davon stehen Entdeckungen, deren Urheber als glückliche Finder bezeichnet werden können, ohne daß sie sich als findende, oder gar als schöpferische Genies erwiesen hätten. Diesen Geistern hat der Physiker-Philosoph Ernst Mach einen Vortrag gewidmet, der mir schon wesentlich deshalb sehr wertvoll erscheint, weil er die Begriffe der Entdeckung und Erfindung auf denselben Erkenntnisgrund zurückführt und deren Verschiedenheit nur in den nachträglichen Gebrauch setzt, der von der Erkenntnis gemacht wird.

Aber wenn Ernst Mach in diesem Vortrag „Über den Einfluß zufälliger Umstände auf die Entwickelung von Erfindungen und Entdeckungen" das Spiel des Zufalls bis auf die zufälligen Umstände ausdehnt, die nur bei gespannter Aufmerksamkeit des Entdeckers mitwirken konnten, so erscheint da wohl eine gewisse Einschränkung angezeigt. Andernfalls könnte man im extremen Verfolg der Mach'schen Gedankenlinie dahin gelangen, jede Entdeckung als vom Zufall geleitet zu erklären, womit das Intuitiv-Schöpferische gänzlich verschwände. Schließlich bliebe in der Behauptung nur der Sinn, daß das Genie dem Zufall der molekularen Anordnung in den Gehirnzellen seine Leistung verdankt; was an sich ebenso richtig und ebenso falsch wäre, als das Schach für ein Zufallsspiel zu erklären, weil man verliert, wenn man zufällig an einen stärkeren Spieler gerät.

Huyghens, der große Entdecker und Erfinder, sagt in seinem Werk Dioptrica, er müßte den für einen übermenschlichen Genius halten, der das Fernrohr ohne die Begünstigung durch den Zufall erfunden hätte. Warum gerade das Fernrohr? Manchem wird die Erfindung der Differentialrechnung als großartiger und auf erhöhteren Scharfsinn gestellt erscheinen. Und da diese rein methodisch, mit Ausschluß des Zufalls entwickelt wurde, so mag man deren Urheber nach Huyghens getrost als übermenschliche Genies ausrufen.

*

Manche echte Inspiration wartet auf Außenhilfe. Wer hat den Elektromagnetismus entdeckt? Das Weltecho antwortet: Örsted. Mit der nämlichen Zuversicht, mit der es die Namen Amerika und Columbus aneinanderheftet. Seine ungeheure Bedeutung ist damit erwiesen. In allen Betrieben hat nächst der Dampfkraft nichts so revolutionierend gewirkt, als der Elektromagnetismus. Ohne ihn sähe die Welt heut anders aus. Ohne ihn besäße sie keine Dynamomaschinen, keine elektrischen Bahnen, keine Drahttelegraphie, keine elektrischen Kraftanlagen, die aus dem Wirken Aragos, Gay-Lussacs, Ampères, Faradays, Grammes, Siemens emporwuchsen. Ohne ihn auch nicht eine Fülle geistiger Erleuchtungen, die sich an die Namen Maxwell, Hertz und Einstein knüpfen. Wenn die Physik vordem in drei getrennte Teile zerfiel — Mechanik, Optik, Elektrodynamik —, wenn sich seitdem die Einheit des physikalischen Weltbildes entwickelte, so strahlt vom Hintergrund dieses Bildes die Figur des Hans Christian Örsted. Es darf indes dabei nicht übersehen werden, daß auch bei seiner großen Entdeckung der Zufall eine mitwirkende Rolle gespielt hat. Er trat zu Tage, als Örsted im Winter von 1819—1820 einen Vortrag hielt und eine nahe bei seiner Volta-Batterie stehende Magnetnadel in unregelmäßige Schwankungen geriet. In diesem unscheinbaren Erzittern einer Metallspitze lag zuerst eine Tatsache beschlossen, deren volle Tragweite dem ersten Beobachter vor hundert Jahren gewiß nicht ins Bewußtsein fallen konnte; bei aller Genialität des Dänen, für die seine Abhandlung vom Juli 1820 „Experimenta circa effectum conflictus electrici in Acum magneticam" das klassische und vielgefeierte Dokument bildet. Sie machte das Feld frei für Intuitionen, die für die Theorie in gleichem Maße befruchtend wurden, wie für die Praxis. Dreizehn Jahre nach jener ersten Entdeckung erlebte die Welt deren folgenschwere Ausgestaltung in Gauß' und Webers elektrischem Telegraphen, und bald darauf verkündete der bedeutende Forscher Fechner in Leipzig seine Überzeugung, binnen zwei Jahren würde der Elektromagnetismus alles Maschinenwesen gänzlich umgestalten, Dampf-

und Wasserkraft völlig verdrängen. Freilich, er maß viel zu kurz im Ausmaß der Zeiten. Erst der heutigen Generation ist es klar geworden, daß wir in einer elektromagnetischen Welt leben und theoretisch wie praktisch ein elektromagnetisches Dasein zu absolvieren haben. Der Anfang dieser Erkenntnis schwebte auf einer zitternden Nadelspitze, aus ihr erwuchs die elektromagnetische Notwendigkeit, die wir uns so gern als unsere Dienerin vorstellen, während sie in Wahrheit uns alle beherrscht.

*

Ein beträchtlicher Teil der Entdeckungsgeschichte wäre umzuredigieren. Die Archimedische Spirale ist nicht von Archimedes, das Mariotte'sche Gesetz nicht von Mariotte, die Cardanische Formel nicht von Cardano, die Crookes'sche Röhre nicht von Crookes, und der Galvanismus hängt mit Galvani eigentlich nur anekdotisch zusammen. Ein zufälliges Küchenerlebnis der Frau Galvani, — ein halbabgezogener Frosch, der zum Abendbrot geröstet werden sollte und zwischen Skalpell und Zinnteller nahe bei einer zufälligen Funkenentladung in Metallberührung zuckte — eine sehr naive Deutung des Vorgangs durch den Hausherrn —, das waren die Anzeichen, unter denen der Galvanismus in die Welt trat. Es wäre ein müssiges Beginnen, hier die Beziehungen zwischen Experiment und Grundgedanken aufspüren zu wollen, da dieser erst in Alexander Volta lebendig wurde. Was unter Galvanis Händen Froschballett geblieben war, gedieh nun durch einen denkenden Physiker, der die „Spannungsreihe" aufstellte, zum Range einer Entdeckung, die weiterhin durch Nicholson, Davy, Thomson, Helmholtz, Nernst Würde und Macht gewann. Das Wort Galvanismus müßte — zugunsten von Voltaismus — gänzlich verschwinden, wie so mancher Ausdruck, bei deren Entstehung Zufall und Mißverstand Pate gestanden haben.

Oft genug tritt das Experiment als berichtigende Tatsache neben den Grundgedanken, den es weder bestätigt, noch auch widerlegt, sondern sozusagen in Erziehung nimmt, um ihn zu stärken und von anhaftenden Fehlern zu befreien. Derartige Experimente, teilweise unter Mitwirkung des Zufalls, spielen in den Arbeiten von Dufay, Bradlay, Foucault, Fresnel, Fraunhofer, Röntgen eine gewichtige, mehrfach entscheidende Rolle. Faraday, der gar nicht anders beobachten konnte, als mit intensivem Vorausblick, mußte doch im Verfolg der Induktionserscheinungen seine Ausgangsvorstellung wesentlich verändern, und gerade diese Korrektur am Experiment stellt Faraday's eigentliche Entdeckung vor. Vielfach wird die Ausgangsvorstellung durch den Erfolg korrigiert, ja überwältigt. Kolumbus handelte methodisch, als er auf dem Westwege Ostindien erreichen wollte; was er entdeckte, war aber nicht die Bestätigung seiner nautischen Annahme, sondern etwas Gewaltigeres, das nicht in seiner Berechnung liegen konnte. So wurde er Vorbild aller Finder, die ihr Programm wesentlich anders dachten und aufstellten, als nachträglich durch den Fund bewahrheitet wurde. Zu ihnen gehören Priestley und Cavendish, die an der irrtümlichen Idee des Phlogiston noch festhielten, als sie schon in ihren eigenen Element-Entdeckungen, Sauerstoff und Wasserstoff, den Gegenbeweis in Händen hatten. Graham-Bell, der Erfinder, wollte etwas ganz anderes erfinden, als ihm später gelang: er suchte als Taubstummenlehrer die Klänge sichtbar darzustellen, um seinen Zöglingen die Lautbildung verständlich zu machen, hierbei kam er auf einen elektrischen Apparat, und dieser führte zum Telephon.

Den wirklichen, schärfsten Kontrast zum Experimentum crucis zeigt das Experiment, wenn es genau das Gegenteil dessen beweist, was der Forscher erwartet hatte. Da aber ein vollkommenes Nein auch ein sehr starkes Ja enthält — nämlich hier die Bejahung eines zuvor als unmöglich vorausgesetzten Zusammenhangs —, so wird ein solches Negativexperiment, wo es auch auftritt, sich als äußerst folgenschwer erweisen; und zwar um so folgenschwerer, je elementarer die Frage war, deren Bejahung der Physiker mit aller Sicherheit erwarten durfte.

Als die eigentlich klassischen Fälle dieser Experimente mit verblüffender Verneinung betrachten wir die Versuche von Michelson und Morley, die sich an die Existenz oder Nichtexistenz des Weltäthers knüpfen. Sie erzeugten zunächst eine Ratlosigkeit, einen Gedankenstillstand, ein Vakuum in den Möglichkeiten der Vorstellung. Und aus diesem Vakuum entstiegen neue Weltbilder, in denen wir heute die wahren Gedankenabbildungen des Universums erblicken. Die großen Namen Lorentz — Minkowski — Albert Einstein leuchten auf!

Wie alles oder fast alles Bedeutungsvolle seine Vorläufer hat, so auch das Contraexperimentum crucis des Amerikaners Michelson. Henri Poincaré, der berühmte Mathematiker, hatte schon als Schüler der Ecole Polytechnique mit seinem Studiengenossen Favé optische Experimente angestellt, die das gleiche Ziel verfolgten. Michelsons Versuch war zum mindesten auf die hundertfache Genauigkeit eingestellt. Das Ergebnis lautete in beiden Fällen, daß die Gesetze der Optik durch die Translation, durch die Bewegung der Erde im Weltenraume, nicht gestört werden. Das müßten sie aber, wenn die alten physikalischen Vorstellungen in Kraft bleiben sollten.

Setzen wir die Existenz eines raumerfüllenden Lichtäthers voraus, so hätte die Erde mit ihrer Eigengeschwindigkeit von 30 Kilometern in der Sekunde einen Äther-Orkan zu passieren, wie wir einen Luftorkan in einem offen dahinsausenden Kraftfahrzeug zu bestehen haben. Senden wir nun von irgend einem Punkt der Erdfläche gleichzeitig Lichtstrahlen nach allen Richtungen, so gehen einige direkt gegen den Äthersturm vor, andere erfahren nur einen Teil der vollen Sturmwucht, und wenn zwei Lichtstrahlen genau entgegengesetzt laufen, so müßte sich zwischen ihnen die Förderung und die Hemmung eigentlich ausgleichen. Nicht ganz, denn eine einfache Rechnungsüberlegung ergibt für jeden Fall ein Übergewicht der Hemmung.

Dies kann schon an einem leicht konstruierbaren Modell gezeigt werden, noch besser an der Vorstellung eines Schiffes, das gleichzeitig der treibenden gleichbleibenden Strom- und der Windkraft unterliegt. Ob der Wind in der Richtung des Stromes hilft oder entgegengesetzt hemmt, das ergibt im Hin und Her niemals die gleichen Beträge. Die Hemmung überwiegt, und das Übergewicht läßt sich bei gegebenen Triebstärken nach Stunden, Minuten und Sekunden bestimmen.

Für unseren, durch Spiegelvorrichtungen hin- und zurücklaufenden Lichtstrahl, müßte das wahrnehmbar gemacht werden können; an Interferenz-Streifen, die in der Feinheit ihrer Anzeige noch weitaus über die Anforderungen des Versuchs hinausgehen. Das Experimental-Orakel sollte sprechen, und es schwieg. In düsterem Schweigen enthüllte sich: kein Interferenz-Effekt, keine Wirkung des Ätherstroms, keine Wahrnehmbarkeit der Translation, — Nichts!

Und in diesem Nichts noch ein Befehl von besonderem Schrecknis. Denn jener Versuch stand zudem in schroffem Widerspruch zu einem anderen hochberühmten Experiment. Fizeau hatte bewiesen, daß der Äther ganz oder nahezu starr im Raum zwischen den Himmelskörpern unbewegt verharrt. Der Befehl lautete: du mußt dich für Fizeau oder für Michelson entscheiden. Das war unmöglich, denn beide hatten mit unübertrefflicher Exaktheit operiert. Und beide zusammenzubringen war ebenso unmöglich, denn sie gingen kontradiktorisch auseinander. Der Widerspruch bleibt unlösbar bestehen, selbst wenn man bei Fizeau eine andere Hypothese mit Fortdenkung des Äthers unterstellt. Unlösbar, wenn man nicht grundstürzende Neuerungen im ganzen physikalischen Denken vornimmt.

Diese Umwälzung war Einsteins Werk, und jener rätselhafte Widerspruch wurde in dieser Gedankenrevolution vernichtet. Einstein ersetzte den absoluten, durch den relativen Zeitbegriff und damit verschwand das abenteuerliche Rätsel. Zwei große Prinzipe erhoben sich zu Regulatoren des Denkens, und wo man sie ansetzte, da schafften sie erklärende Wunder: der neue Zeitbegriff, der die Erde aus ihrer Weltherrschaft betreffs der Zeit verdrängt, nach dem Satze, daß die Zeit in verschieden bewegten Systemen verschieden abläuft; und das Prinzip von der Konstanz der Lichtgeschwindigkeit. Fast fühlt man sich versucht, ein mythisches Gleichnis anzuwenden: Wie die Welt nach biblischer Vorstellung aus dem Nichts hervorging, so steigt aus dem „Nichts" jenes Versuches eine neue Welt empor, eine Erkenntniswelt, ein Kosmos der Gedanken, in dem eine vollendete, man könnte sagen künstlerische Harmonie waltet.

Seine Wahrheit trug er in sich, vor allem experimentellem Beweis. Aber auch diese Wahrheitserfüllung ist Tatsache geworden im Experimentum crucis, zu welchem Sonne und Sterne das Material lieferten. Davon wird an andern Stellen dieses Buches gesprochen.

„Das eigentlich Wertvolle ist im Grunde die Intuition!" hatte Einstein zu mir gesagt. An das Wort des Huyghens mußte ich denken, von dem Genius, der ohne Zufallshilfe das Fernrohr hätte erschaffen können. Saß er mir nicht gegenüber, dieser von Huyghens imaginierte Geist? Ich bejahte mir im Stillen diese Frage, denn Einsteins Gedankenbau erschien mir in diesem Moment wie ein aus reiner Anschauung erwachsenes, bis an die Weltgrenzen reichendes Teleskop für den menschlichen Intellekt!*

Aus verschiedenen Welten.

Gedankenexperiment mit „Lumen". — Unmöglichkeiten. — Eine zerstörte Illusion. — Ist die Welt unendlich? — Flächenwesen und Schattenwanderungen. — Was ist Jenseits. — Fernwirkung. — Mehrdimensionales. — Hypnotismus. — Erinnerungen an Zöllner. — Wissenschaft und Dogma. — Prozeß Galilei.

In einem Gespräche aus den Apriltagen 1920 wurde mir eine liebgewordene Illusion zerstört.

Es handelte sich um die phantastische Figur des „Lumen", als um ein körperlich, menschlich vorgestelltes Wesen, dem das Gedankenexperiment eine ganz außerordentliche Beweglichkeit und Scharfsichtigkeit beilegt. Dieser Herr Lumen gilt als die Erfindung des Astronomen Flammarion, der ihn in der Phantasieretorte wie einen Homunkulus erzeugte, um durch ihn höchst absonderliche Dinge zu beweisen; so besonders die Möglichkeit einer Zeitumkehrung.

Einstein erklärte von vornherein: Erstens stammt dieser Monsieur Lumen nicht von Flammarion, der ihn vielmehr aus anderen Quellen bezogen, nur popularisiert hat, und zweitens ist mit dem Lumen als Beweismittel gar nichts anzufangen.

Ich: Es ist doch zum mindesten sehr interessant, mit ihm zu operieren. Lumen soll Überlichtgeschwindigkeit besitzen. Nehmen wir diese Prämisse als gegeben, dann scheint sich doch das weitere ohne logischen Zwang anzugliedern. Er soll zum Beispiel die Erde am Tage eines großen Ereignisses, sagen wir der Schlacht von Waterloo, verlassen, und — — darf ich das Beispiel ausführen, auf die Gefahr hin, Ihnen damit auf die Nerven zu fallen?

Einstein: Wiederholen Sie nur und tun Sie so, als ob Sie etwas Nagelneues erzählten. Ihnen macht ja die Lumen-Geschichte ersichtlich enormen Spaß, also legen Sie sich keinen Zwang auf. Natürlich behalte ich mir vor, Ihnen nachher das ganze Abenteuer mit allen seinen Folgen kaputt zu machen.

Ich: Also die Person Lumen fliegt gegen Ende jener Schlacht von Waterloo ab, in den Weltraum hinein, und zwar mit einer

Geschwindigkeit von 400 000 Kilometern in der Sekunde. Er überholt also alle Lichtstrahlen, die in der nämlichen Sekunde vom irdischen Schlachtfelde ausgingen und nicht nur diese, sondern auch die der vorangehenden Sekunden. Nach einer Stunde besitzt er bereits einen Vorsprung von 20 Minuten; und dieser Vorsprung vergrößert sich dermaßen, daß er am zweiten Tage nicht mehr das Ende der Schlacht wahrnimmt, sondern deren Anfang. Was hat Lumen in der Zwischenzeit gesehen? Offenbar die Ereignisse in verkehrter Reihenfolge, wie in einem umgekehrt gekurbelten Kinematographen. Er sah die Projektile, wie sie vom Ziel rückwärts in die Kanonenrohre hineinflogen. Er sah die Toten lebendig werden, aufstehen, und sich in die Truppenkörper einordnen. Er muß daher zu einer der unsrigen schnurstracks entgegengesetzten Metronomisierung der Zeit gelangen, denn das, was er wahrnimmt, ist sein Erlebnis, so wie unser Erlebnis ist, was wir sehen. Hätte er alle Schlachten der Weltgeschichte und überhaupt alle Vorgänge niemals anders gesehen, als im umgekehrten Ablauf, so müßte sich in seiner Erkenntnis alles Vorher und Nachher prinzipiell vertauschen. Das heißt, er erlebt die Zeit in umgekehrter Richtung, unsere Ursache wird seine Wirkung, unsere Wirkung wird seine Ursache, Grund und Folge wechseln für ihn die Rollen, er gelangt zu einer anderen, der unseren entgegengesetzten Kausalität, und er wäre infolge seiner Erfahrungen zu seiner Auffassung von dem Ablauf der Dinge und von ihrer ursächlichen Verknüpfung genau so berechtigt, wie wir von der unsrigen.

Einstein: Und die ganze Geschichte ist der reine Humbug, abgeschmackt und unhaltbar in seiner Prämisse, wie in allen Folgerungen.

Ich: Aber, es soll doch auch nur ein Gedankenexperiment sein, das phantastisch mit einer Unmöglichkeit wirtschaftet, um an einem krassen Beispiel unsere Vorstellung auf die Relativität der Zeit zu lenken. Hat doch sogar Henri Poincaré dieses Beispiel herbeigezogen, um im Zusammenhange mit diesem Extrem von der „Umkehrung" der Zeitfolge zu reden.

Einstein: Seien Sie überzeugt, daß Poincaré, obschon er den Fall als eine unterhaltsame Arabeske seiner Vorträge verwendete, den ganzen Lumen genau so auffaßte, wie ich. Er ist kein Gedankenexperiment, sondern eine Farce. Sagen wir noch deutlicher: der pure Schwindel! Mit der Zeitrelativität, wie sie aus den Lehren der neuen Mechanik erfließt, haben diese Erlebnisse und verkehrten Wahrnehmungen gar nichts zu schaffen, ebensowenig oder weniger als die subjektiven Empfindungen eines Menschen, dem ja nach Lust und Schmerz, nach Vergnügen und Langeweile die Zeit kurz oder lang vorkommt. Denn in diesem Falle ist wenigstens noch die subjektive Empfindung eine Realität, während Lumen dergleichen gar nicht haben kann, weil seine Existenz auf einem Unsinn beruht. Lumen soll Überlichtgeschwindigkeit besitzen. Das ist nicht nur eine unmögliche, sondern eine törichte Annahme, weil ja durch die Relativitätstheorie die Lichtgeschwindigkeit als das Maximum nachgewiesen wird. Wie groß auch die beschleunigende Kraft sei und wie lange sie auch einwirken möge, niemals kann sie diese Schranke überwinden. Lumen wird mit Organen ausgerüstet, mithin körperlich vorgestellt. Aber die Masse eines Körpers wird bei Lichtgeschwindigkeit unendlich groß, und wenn man noch gar darüber hinaus will, so gerät man ins Absurde. In Gedanken mit Unmöglichkeiten zu operieren, ist gestattet, das heißt, mit Dingen, die unserer praktischen Erfahrung widersprechen, nicht aber mit vollendetem Nonsens. Deshalb gehört auch das andere Lumenabenteuer mit dem Sprung nach dem Mond zu den Unsinnigkeiten. Wiederum soll er diesen Sprung mit Überlichtgeschwindigkeit ausführen, sich dabei umdrehen und nun sich selbst erblicken, wie er rückwärts vom Mond zur Erde springt. Der Sprung ist gedanklich sinnlos, und wenn man aus einer sinnlosen Voraussetzung optische Folgerungen ableitet, so beschwindelt man sich selbst.

Ich: Noch immer möchte ich für den Fall auf mildernde Umstände plädieren, und zwar dadurch, daß ich beim Begriff des Unmöglichen einhake. Für einen Menschen oder Homunkulus ist auch eine Reise mit bloß 1000 Kilometern pro Sekunde unmöglich.

Einstein: Tatsächlich genommen, nach Maßgabe unserer Erfahrungen. Aber damit können Sie operieren, so viel Sie wollen. Eine absolute Unmöglichkeit für eine Reise ins Weltall mit ungeheurer, wiewohl begrenzter Geschwindigkeit, ist nicht anzuerkennen. Und innerhalb der bezeichneten Grenze mag jedes korrekt durchgeführte Gedankenspiel erlaubt sein.

Ich: Und nun entkleide ich den Lumen aller körperlichen Organe, nehme ihn ganz unsubstantiell als reines Gedankenwesen. Die Überlichtgeschwindigkeit ist doch, wenn auch physikalisch nicht zu realisieren, etwas an sich Vorstellbares. Wenn man zum Beispiel an einen Leuchtturm mit Drehfeuer denkt und ihm einen Lichtbalken von 1000 Kilometern Länge zuschreibt, der 200 mal in der Sekunde rotiert. Dann würde, so kann man sich vorstellen, das Leuchtfeuer auf der äußersten Peripherie mit einer Geschwindigkeit von über 600 000 Sekundenkilometern dahineilen.

Einstein: Da will ich Ihnen sogar ein weit sinnigeres Beispiel sagen: Man braucht sich bloß vorzustellen, was physikalisch allenfalls zulässig, daß die Erde unbeweglich und drehungslos im Raume schwebte. Dann würden die entferntesten Sterne von uns aus beurteilt, ihre Bahnen mit nahezu unbegrenzter Geschwindigkeit beschreiben. Aber damit sind wir eben aus aller Wirklichkeit hinaus, in einer reinen Gedankenspielerei, die in ihrem Verfolg zur schlimmsten Entartung der Vorstellung, nämlich zum Solipsismus führt. Und in solchem Gedankenkreise ereignen sich allerdings Perversitäten wie Zeit- und Kausalitätenumkehrung.

Ich: Auch der Traum ist etwas solipsistisches. Die Wirklichkeit verweist alle Menschen auf einunddieselbe Welt, im Traum lebt jeder einzelne in einer besonderen, und zwar in einer Welt mit anderer Kausalität. Nichtsdestoweniger bleibt der Traum ein positives Erlebnis, bedeutet also für den träumenden Menschen eine Realität. Selbst für die wache Wirklichkeit wären Fälle mit erschüttertem Kausalzusammenhang zu konstruieren: Ein in abgeschlossenem Verließ Aufgewachsener, wie Kaspar Hauser, soll zum erstenmal in einen Spiegel blicken. Da er nichts von optischen Reflexvorgängen weiß, sieht er da eine neue, gegenständliche Welt, die seine eigene Kausalitätsempfindung, soweit sich solche in ihm entwickelt hat, erschüttert oder gänzlich umwirft. Lumen sieht sich selbst verkehrt springen — dieser Kaspar Hauser sieht sich selbst verkehrt hantieren, jener ist unmöglich, dieser ist möglich, sollte es nicht angängig sein, die beiden Fälle in irgend eine sinnige Parallele zu bringen?

Einstein: Vollkommen ausgeschlossen. Sie mögen es wie immer anstellen, mit Ihrem Lumen scheitern Sie unbedingt am Zeitbegriff. Die Zeit, in den physikalischen Ausdrücken als „t" bezeichnet, kann zwar in den Gleichungen als negativ eingesetzt werden; dergestalt, daß danach ein Vorgang nach rückwärts berechnet werden kann. Aber dann handelt es sich eben um etwas rein **Rechnungsmäßiges**, was nimmermehr zu dem Irrglauben verführen darf, die Zeit selbst könne in ihrem Ablauf negativ werden. Hier sitzt die Wurzel des Mißverstandes, in der Verwechslung des rechnungsmäßig zulässigen, ja, notwendigen, mit den Denkbarkeiten der Wirklichkeit*). Wer aus

---

*) Zur Erläuterung kann vielleicht ein Analogon dienen: Von irgendeiner Ware entfällt ein gewisses Quantum auf $1/10$ Kopf der Bevölkerung. Der falsche Schluß würde also lauten: Es ist eine Bevölkerung möglich mit Personen, die $1/10$ Kopf besitzen. Ebenso kann die Statistik ganz korrekt zu der Feststellung von $1/5$ Selbstmörder gelangen. Entfernt man sich aber vom Boden der **Rechnung**, so verliert der einfünftel Selbstmörder jeden Sinn.

der Weltfahrt eines Lumen neue Erkenntnisse gewinnen will, der verwechselt die Zeit eines Erlebens mit der Zeit des objektiven Ereignisses; diese aber kann nur auf Grund einer genügenden raumzeitlichen Kausalordnung einen bestimmten Sinn erhalten. In jenem Gedankenexperiment ist die zeitliche Ordnung der Erlebnisse die umgekehrte, als die zeitliche Ordnung der Ereignisse. Und was die Kausalität anlangt, so ist diese ein naturwissenschaftlicher Begriff, der sich nur auf raumzeitlich geordnete Ereignisse, nicht auf Erlebnisse, bezieht. Summa summarum: die Operation mit Lumen ist ein Schwindel.

Ich: Also muß man wohl von dieser Illusion Abschied nehmen. Schweren Herzens, wie ich offen bekenne, denn es liegt eine mächtige Verlockung in solchen gedankenbildnerischen Phantasien. Ich war schon nahe daran, den Lumen noch zu übertrumpfen, durch Annahme eines Über-Lumen, der alle Welten auf einmal mit unendlicher Geschwindigkeit durchstreifen sollte. Der würde dann die ganze Weltgeschichte mit einem einzigen Blick umfassen. Vom nächsten Fixstern aus — der heißt doch wohl Alpha Centauri — sähe er die Erde, wie sie vor 4 Jahren, vom Polarstern aus, wie sie vor 40 Jahren, von den Grenzen der Milchstraße, wie sie vor 4000 Jahren war. Er könnte in dem nämlichen Augenblick einen Standort wählen zur Betrachtung des ersten Kreuzzugs, der Belagerung Trojas, der Sintflut und der Ereignisse des heutigen Tages.

Einstein: Und dieses, übrigens wiederholt exerzierte Gedankenspiel wäre weit sinnvoller als das vorige. Nämlich deswegen, weil Sie dabei von jeder Geschwindigkeit abstrahieren können. Es wäre nur ein Grenzfall der Betrachtung.

Ich: Ich möchte noch andere Grenzfälle berühren, besonders zwei, mit deren Deutung ich mir gar keinen Rat weiß. Lotze erwähnt sie in seiner Logik. Da wäre zuerst der unendlich lange Hebel, dessen Drehpunkt am Ende des Universums liegt. Nach dem Hebelgesetz reicht da die Masse Null hin, um am andern Hebelarm jedes beliebige Gewicht, und wäre es millionenfach schwerer als die Erde, im Gleichgewicht zu halten. Mit der Vorstellung ist da gar nicht heranzukommen. Immerhin kann ich mich da noch mit der Erklärung abspeisen lassen, daß hier ein formeller Sonderfall vorliegt, in Ausdehnung eines allgemeinen Satzes auf einen Fall, der die Bedingung seiner Anwendbarkeit nicht mehr enthält. Aber die zweite Angelegenheit liegt schwieriger, weil ich mich da gar nicht in andere Welten zu begeben brauche, sondern schon hier auf der Erde an etwas Unvorstellbares gerate. Lotze hält den zweiten Grenzfall für leichter, mir kommt er schwerer vor. Also die Kraft, die ein Keil ausübt, steht doch im umgekehrten Verhältnis zur Breite seines Rückens. Verschwindet diese gänzlich, so ergibt die Formel eine unendliche Wirkung, während sie tatsächlich Null ist. Der verdünnte, in eine geometrische Ebene verwandelte Keil müßte jeden Holzklotz, jeden Stahlblock direkt spalten können. Und nun stelle ich mir den Keil noch in einer besonderen Konstruktion vor, nämlich unten unendlich fein, unendlich scharf, nach oben sich verbreiternd zu einer mit einem Gewicht beschwerten Tragfläche. Da ergibt sich als Unglaublichkeit die Folge, daß dieser gegenständlich doch vorstellbare Keil, wenn ich ihn auf eine Unterlage aufsetze, die ganze Erde durchschneiden müßte. Wo liegt da der Denkfehler?

Einstein: In der Unzulänglichkeit der mechanischen Betrachtung. — Er versinnlichte das weitere durch einige Federstriche und bewies mir an dieser Konstruktionszeichnung, daß ein so geformter Keil das Vorausgesetzte nur dann zu leisten vermöchte, wenn die Unterlage aus einzelnen Lamellen bestünde. Andernfalls wäre die Annahme einer unendlichen Kraft fehlerhaft.

* * *

Nach dieser Abschweifung auf einen irdischen Grenzfall kehrten wir zu Universalerem zurück, und die Frage nach der **Unendlichkeit oder Endlichkeit der Welt** tauchte auf. Einstein hatte kurz zuvor in der Akademie darüber gesprochen, in sehr schwierigen Ausführungen, für die ich eine leichtfaßliche Erklärung wenigstens in losen Grundzügen erhoffte.

Es ist ein Urproblem, und wer von den Grenzen der Welt spricht, versucht auch die Grenzen des Verstandes abzuschreiten. Dieser entscheidet sich beim normal Denkenden im ersten Anlauf fast durchgängig für die „Un"endlichkeit, denn, so argumentiert er, eine endliche Welt ist unvorstellbar. Deshalb, weil man beim ersten Gedanken an eine Begrenztheit auf die Frage stoßen wird: Ja, was liegt denn „jenseits" der Grenze? irgend etwas muß doch vorhanden sein, und wäre es auch nur der leere Raum. Man gerät da unweigerlich an die erste der Kantischen „Antinomieen", mit Thesis und Antithesis, aus denen es kein Entweichen gibt. Denn was bedeutet es, daß der geängstigte Verstand zur „Unendlichkeit" flieht? Gar nichts anderes, als daß er sich einem Negativbegriff preisgibt, der ihm an sich nicht das geringste sagt und erklärt, vielmehr nur das eine, daß die erste Annahme, die von der Endlichkeit, nicht auszudenken ist.

Außerdem meldet sich aber eine zweite Angstfrage: Ist die Anzahl der **Weltkörper** im Raume endlich oder unendlich? Wird diese Frage auf den unvorstellbaren, aber trotzdem vorausgesetzten Unendlichkeitsraum bezogen, so ist allerdings eine zweifache Beantwortung möglich. Denn eine endliche Anzahl von Körpern ist nicht geradezu undenkbar, selbst wenn man für den Raum an keiner Grenze halt zu machen vermag.

Während die allgemeine Weltfrage, die Raumfrage, gänzlich der spekulativen Philosophie angehört, besitzt die Körperfrage nicht durchaus einen metaphysischen Charakter, sondern auch einen naturwissenschaftlichen, und ist auch demzufolge naturwissenschaftlich behandelt worden. Der große Astronom Herschel glaubte sie aus optischen Prinzipien lösen zu können und gelangte zu der Behauptung, die Anzahl der Weltkörper müsse endlich sein, da sonst der Anblick des gestirnten Firmaments, nach Helligkeitsgrad betrachtet, ein ganz anderer sein würde. Aber dieser Beweis hat sich in der Wissenschaftswelt nicht durchgesetzt; denn die Zahl der sonnenartigen Fixsterne könnte endlich sein, bei gleichzeitigem Bestehen einer Unendlichkeit dunkler Weltkörper.

Eine weitere Frage tauchte auf: Wäre es möglich, daß nur ein gewisser Teil des Himmels (etwa nördlich der Ekliptik) die Weltkörper in Unendlichkeit enthielte, ein anderer aber nicht? Das hört sich zunächst sehr abenteuerlich an, ist aber durchaus nicht unsinnig, wie man an einem begreiflichen Beispiel erkennt: Zählt man auf der Temperaturskala von irgendeinem Punkt aus die Wärmegrade, so sind diese aufwärts gemessen unendlich, während sie abwärts nur bis minus 273 Grad, bis zum absoluten Nullpunkt der Temperatur reichen. Sonach ist eine Anordnung vorstellbar, in der die Unendlichkeit nur einseitig auftritt.

Um an die bald zu erörternden Ausführungen von Einstein herankönnen, muß man sich erst von einer gewissen Sprachwillkür losmachen, die darin besteht, daß wir in der Regel die Ausdrücke unendlich, unermeßlich, grenzenlos durcheinanderwerfen. Denken wir uns auf einem Globus von 1 Fuß Durchmesser äußerst winzige, ultramikroskopisch kleine, freibewegliche und denkende Wesen, die wir Mikromenschen nennen wollen. Die Oberfläche der Kugel ist die Welt des Mikromenschen, und er hat allen Grund, sie als unendlich aufzufassen, da er, wie immer er sich auch bewegt, niemals an eine Schranke gerät. Wir aber, die wir im Raume stehend auf die zweidimensionale

Kugelfläche blicken, wir erkennen die Mangelhaftigkeit seines Urteils. Seine Kugelwelt ist von uns aus gesehen, sehr endlich, vollkommen ausmeßbar, obschon sie keinen bestimmnaren Anfang und kein Ende besitzt, sich also dem Mikromenschen als grenzenlos darstellen muß. Ja, wir dürfen sie selbst als grenzenlos ansehen, wenn wir von ihrer Begrenztheit dem Raume gegenüber abstrahieren.

Nun könnte ein besonders intelligenter Mikromensch auf den Gedanken verfallen, auf Grund einer Reise Messungen zu veranstalten. Er markiert sich genau den Ausgangspunkt, wandert geradeaus, beschreibt dabei einen Kreis auf seiner Kugel — einen Kreis, den er notwendig für eine gerade Linie erachtet — marschiert immer weiter, vorläufig in der festen Überzeugung, sich immer mehr vom Ausgangspunkt zu entfernen. Und plötzlich macht er die Entdeckung, daß er wieder zu ihm zurückgelangt ist. Er erkennt am Markierungssignal, daß er keine gerade, sondern eine in sich zurücklaufende Linie beschrieben hat.

Der Mikro-Professor hätte zu erklären: Diese unsere Welt, die einzige mir bekannte, ist nicht unendlich, wiewohl in einem gewissen Sinne grenzenlos. Sie ist ferner nicht unermeßlich, da sie nach Maßgabe der von mir zurückgelegten Schritte wenigstens in einer Richtung ausgemessen werden kann. Daraus läßt sich schließen, daß unsere frühere geometrische Auffassung entweder falsch oder unvollkommen war, und daß wir versuchen müssen, um unsere Welt richtig zu begreifen, eine neue Geometrie aufzubauen.

Man darf annehmen, daß die Mehrzahl der anderen Mikromenschen anfangs dagegen scharf protestieren wird. Die Idee, eine gerade Erstreckung könne gekrümmt sein, erscheint ihnen unfaßbar und absurd. Nur ganz allmählich könnten die Denkwiderstände überwunden werden, im Fortschreiten einer neuen Geometrie, die ihnen zum erstenmal den Begriff einer „Kugel" hinstellt.

In unserer Raumwelt, die alle Gestirne umfaßt, sind wir die Mikromenschen. Uns ist die Vorstellung der geraden, immer weiter fortführenden Erstreckung im Raume angeboren oder angeerbt; und wir erstaunen maßlos, wenn uns die Ansicht zugemutet wird, bei einer direkten Reise ins Universum hinaus, über den Sirius hinweg und millionenfach weiter, könne man am Ende wieder zum Anfang zurückkehren, ohne die Richtung geändert zu haben. Aber der Ultra-Mensch, der einem weiter dimensionierten Universum angehört, und der auf unsere Raumwelt blickt wie wir auf jene Globuswelt von 1 Fuß Durchmesser, überschaut die Enge unserer Anschauung. Diese Enge ist auch für uns durchbrechbar, kraft einer auf Erfahrung gestützten Theorie; wie ja auch jener Mikro-Professor auf Grund seiner erweiterten Erfahrung zu der Theorie eines Kreises, zum Begriff einer Kugel, zu einer erweiterten Weltgeometrie gelangen konnte.

Nach dieser tastenden Vorbereitung wollen wir versuchen, uns den Einsteinschen Ausführungen zu nähern; nicht in ihrer Originalfassung (Sitzungsbericht der Akademie der Wissenschaften vom 8. Februar 1917), sondern in einer möglichst leichtfaßlichen Darstellung, die mir auf dem Wege der Unterhaltung zufloß. Ich will mich auch hier, soweit ich es vermag, an den Sinn seiner Worte halten, ohne auf das Recht der Paraphrasierung zu verzichten. Denn wenn er auch als Sprecher in dankenswerter Weise bestrebt war, die Sache von Schwierigkeiten freizuhalten, so liegt es doch in der Absicht dieses Buches, alles noch um einige Grade zu erleichtern. Diese letzte Erleichterung also, mit ihrem eventuellen Genauigkeitsopfer, kommt auf mich; die ganze, neue, ebenso bedeutende wie interessante Darstellung an sich selbstverständlich auf Einstein.

Um das Schlußergebnis vorauszustellen, so sagte Einstein: das Universum ist sowohl nach Ausdehnung als nach Masse endlich begrenzt und einer Ausmessung zugänglich. Wenn jemand die Frage aufstellt, ob hierfür eine Anschaulichkeit gewonnen werden kann, so will ich ihm die Hoffnung hierauf nicht benehmen. Vorausgesetzt wird eine Einbildungskraft, die lebhaft genug ist, um einer bildhaften Darstellung zu folgen und sich auf deren gleichnisartige Gegenständlichkeit richtig einzustellen.

Wir denken also wiederum an einen Globus von bescheidenem Ausmaß und an dessen zweidimensionale Kugeloberfläche. Nur diese kommt in Betracht, nicht der kubische Inhalt. Dieser Globus wird auf eine ebene, nach allen Seiten beliebig weit sich erstreckende Unterlage gestellt, auf eine weiße, unbegrenzte, ideal ebene, endlose Tischfläche. Der Globus berührt diese Fläche in einem einzigen Punkte, den wir als seinen Südpol auffassen. Ihm gegenüber befindet sich oben der Nordpol des Globus. Man kann sich zur Nachhilfe das Ganze in einem Querschnitt auf Papier aufzeichnen. In diesem Profilbild wird der Globus zu einem Kreis, die weiße Unterlage zu einer unten berührenden geraden Linie; die Verbindungslinie von Nord- und Südpol wird mithin die Achse des Globus, der Kreis selbst ein Meridian.

Auf diesem Meridian wandert ein Geschöpf, dem wir Länge und Breite, aber keine Dicke zusprechen; etwas lausartiges, wanzenartiges, von runder Figur. Und obschon es keine Dicke besitzt, wollen wir ihm doch eine körperhafte Eigenschaft insofern beilegen, als es nicht durchsichtig sein soll, vielmehr in geeigneter Beleuchtung einen Schatten wirft. Den Globus selbst aber denken wir uns als transparent. Oben am Nordpol befinde sich eine höchst intensive Lichtquelle, eine Lampe, die nach allen Richtungen frei ausstrahlt.

Die Wanze beginnt am Südpol ihre Wanderung, die sie rechts über den halben Meridian hinweg bis zum Nordpol des Globus führen soll. Auf dem ganzen Wege wird sie von der Lampe beleuchtet, so daß sie beständig einen Schatten auf die weiße Unterlage wirft. Der Schatten wandert also auf der Tischplatte, indem er sich, wie sie selbst, immer weiter vom Ausgangspunkte entfernt. Nur mit dem Unterschiede, daß die Wanze auf dem Meridian einen Kreisbogen beschreibt, während sich ihr Schatten geradlinig weiter und weiter entfernt. Der Ort des Schattens ist in jedem Augenblick sicher bestimmbar, durch die Verbindungslinien, die von der Wanze zur Lampe führen und in Projektion die Unterlage treffen.

Im Anfang der Wanderung, am Südpol, ist der Schatten genau so groß, wie die flache Wanze selbst; wenn wir annehmen, daß deren geringe Dimensionen gegen die Globusgröße nicht in Betracht kommen. Denn ihre eigene Figur fällt mit dem Schatten zusammen. Aber wenn sie rechts emporklettert, dann wächst der Schatten, weil sie sich ja der Lampe nähert, und weil die Strahlenprojektionen sich auf der Unterlage um so mehr ausbreiten, je mehr Raum sich zwischen dem erreichten Meridianpunkt und der Projektionsstelle unten öffnet. Es findet also ein zweifaches Wachstum statt. Der Schatten rückt immer weiter hinaus und nimmt dabei beständig an Größe zu.

Befindet sich die flache Kreatur schon sehr nahe am Nordpol, so liegt ihr Schatten, ungeheuer an Größe, in sehr weiter Entfernung; und wenn sie endlich den leuchtenden Nordpol berührt, dann müssen wir feststellen: der Schatten ist unendlich groß geworden und erstreckt sich in die Unendlichkeit.

Die Wanze soll aber weiter wandern, über den Nordpol hinweg, auf der linken Seite des Meridians abwärts. Dann springt in dem Moment, da sie den Leuchtpol passiert, der unendliche Schatten von rechts nach links. Er kommt links in unendlicher Ferne und in unendlicher Größe zum Vorschein, er verkürzt und nähert sich bei der Weiterwanderung, kurzum, das Bild wiederholt sich mit entgegengesetztem Ablauf.

[Wenn man den kritischen Moment des Überschlagens von

rechts nach links, also von positiv Unendlich nach negativ Unendlich, ins Auge faßt, so könnte für den Betrachter eine Schwierigkeit entstehen. Denn das Flachwesen verfolgt doch seinen Weg lückenlos, kontinuierlich, und wir spüren die Notwendigkeit, ihm durchweg auch einen ununterbrochenen, stetigen Schattenweg zuzuordnen. Dies kann aber wohl nur dann gelingen, wenn man annimmt: die beiden Unendlichkeitspunkte hängen zusammen, sie sind eigentlich nur ein einziger. Diese Annahme wird durch folgende Betrachtung erleichtert: in unserm Profilbild stellt sich die untergelegte Ebene, auf der sich die Schattenwanderung abspielt, als eine gerade Linie dar. Eine solche kann aber auch als ein unendlich großer Kreis aufgefaßt werden. Denn der unendlich große Kreis besitzt die Krümmung Null, ebenso wie die Gerade, ist also von dieser ununterscheidbar. Der unendliche Kreis hat aber nur einen in äußerster Ferne gelegenen Unendlichkeitspunkt, das heißt, er verknüpft die beiden scheinbaren Unendlichkeitspunkte der mit ihm identischen graden Linie zur Einheit. Mithin bleibt auch für die Schattenwanderung die Kontinuität gewahrt. Einstein stellt frei zu sagen, daß sich der Schatten rechts wie links als je $\frac{1}{2}$ Unendlich projiziert, wonach sich bei Zusammenfassung beider Extremschatten das volle Unendlich ergibt.]

Nun schwingen wir uns zu einem Denkakt auf, bei dem die anschauliche Einbildung sehr kräftig mithelfen muß. Erstens lassen wir statt des einen Flachwesens auf dem Globus mehrere auf verschiedenen Meridianen wandern, das ergibt also auf der weißen ebenen Unterlage eine Reihe von Schattenwanderungen nach verschiedenen strahlenförmigen Ausbreitungen. Und dann erhöhen wir in Gedanken die ganze Vorstellung mit allen wahrgenommenen Erscheinungen um eine Dimension. wir verwandeln also in Gedanken das Ebenenbild mit dem Wanderschatten in ein Raumbild. Die Phänomene sollen dieselben bleiben, nur, wie gesagt, um eine Dimension verstärkt, das heißt, aus dem Flächigen ins Körperliche übertragen.

Das, was wir nunmehr erblicken, sind (um an den vorigen Ausdruck anzuschließen) Kugel-Wanzen, und da über deren Ausdehnung keine Voraussetzung besteht — (die Schatten haben ja alle erdenklichen Größen angenommen) — so sagen wir nunmehr: irgendwelche Kugelkörper überhaupt, Weltkörper, Gestirne, oder sogar Sternsysteme. Deren Bewegungen vollziehen sich ebenso, wie wir sie vorher an den Flachschatten beobachteten.

Dies besagt: so ein Sternkörper bewegt sich nunmehr, immer

größer werdend, bis an die Kugelperipherie des Raumes, hier wird er unendlich groß, zugleich schlägt er von positiv Unendlich nach negativ Unendlich um, das heißt, er tritt von der entgegengesetzten Seite wieder ins Universum hinein, verkleinert sich bei Fortsetzung der Wanderung, und gerät mit ursprünglicher Größe in seine ursprüngliche Stellung. Stellen wir uns den Sternkörper als empfindend vor, so könnte er selbst von seinem Größer- und Kleinerwerden nichts merken, da ja alles, woran er messen könnte, die Größenveränderung in der gleichen Proportion mitmacht. Dieser ganze Erscheinungskomplex würde sich immer noch in einer unendlichen Raumwelt abspielen. Allein in dieser Welt gilt nach der Allgemeinen Relativitätstheorie nicht die Euklidische Geometrie, vielmehr bestehen hier Gesetze, die sich aus der Physik als einer geometrischen Notwendigkeit ergeben. In dieser Geometrie wird ein Kreis mit einer Streckeneinheit geschlagen, etwas kleiner als nach Euklid, und dies bewirkt, daß auch der größte in dieser Welt denkbare Kreis nicht den Unendlichkeitswert annehmen kann.

Wir haben uns also vorzustellen, daß unsere Kugelkörper, Sternkörper, auf ihrer Wanderung an einen Punkt gelangen, den wir nur als „ungeheuer weit" ansetzen dürfen. Bezeichnen wir die Richtungen statt mit positiv und negativ einfach mit Rechts und Links, so gestaltet sich der Vorgang nunmehr folgendermaßen: Der wandernde Körper erreicht den Punkt: Rechts-Ungeheuerweit; dieser aber verschmilzt wie zuvor mit dem Punkt: Links-Ungeheuerweit, was nur ein anderer Ausdruck ist für den Vorgang, daß der Körper aus dem Raumkontinuum dieser Welt niemals heraustritt, sondern in scheinbar geradliniger Vorwärtswanderung zu seiner Ausgangsstellung zurückkehrt. Er bewegt sich in einem gekrümmten Raum.

Es ist Einstein gelungen, die Maße dieses nicht-unendlichen Universums approximativ festzustellen; nämlich daraus, daß in der Welt eine bestimmbare Gravitationskonstante vorhanden ist. Sie bedeutet in der Konstitution der Welt für die Massenbeziehungen des Universums sachlich dasselbe (wiewohl im Größenwert verschieden) wie für uns die Erdgravitationskonstante, aus der man für einen frei fallenden Körper auf der Erdoberfläche die in der Zeiteinheit erlangte Endgeschwindigkeit berechnen kann. Er setzt ferner eine Wahrscheinlichkeitshypothese für die Verteilung der Materie dergestalt, daß die durchschnittliche Dichtigkeit der Gesamtmasse etwa die der Milchstraße ist. Hieraus ergeben sich für Einstein folgende rechnungsmäßig bestimmte Maße:

Das gesamte Universum besitzt einen Durchmesser von rund 100 Millionen Lichtjahren. Das sind 1000 Trillionen Kilometer.

Ich: Folgt dies aus der soeben gegebenen Darstellung?

Einstein: Es folgt aus den mathematisch-physikalischen Entwicklungen, die ich in den „Kosmologischen Betrachtungen zur Allgemeinen Relativitätstheorie" aufgestellt habe, wo übrigens das zahlenmäßige Ergebnis, das ich Ihnen heute mitteile, nicht zu finden ist. Ob die Zahlen so oder so ausfallen, ist unerheblich, wichtig ist vielmehr nur die allgemeine Erkenntnis, daß die Welt als ein nach seinen räumlichen Erstreckungen geschlossenes Kontinuum angesehen werden kann. Und dann ist auch das eine nicht zu vergessen. Wenn ich Ihrem Wunsche nach einer leichtfaßlichen Anschaulichkeit nachgab, so konnte es sich nur um eine Notbrücke für die Phantasie handeln.

Ich: Die aber zahlreichen Menschen hochwillkommen sein wird, all denen, die an Ihre schwierigen Kosmologischen Betrachtungen nicht herankönnen. Obendrein hat die von Ihnen soeben genannte Zahl etwas Überwältigendes. Ja, ich möchte sagen: in einem gewissen Betracht kommt mir ein Durchmesser von 100 Millionen Lichtjahren unendlicher vor als das einfache per definitionem aufgestellte „Unendlich", bei dem sich Unsereiner so gar nichts vorzustellen vermag. Man wird da förmlich zu Gedankenschwelgereien angeregt, besonders einer, dem schon die immense Zahl an sich einen Genuß gewährt. Aber Sie wollten mir doch noch das Ergebnis betreffs der Masse mitteilen?

Und da erfuhr ich: die Schwere der gesamten Welt, des Einstein-Universums beträgt, in Gramm ausgedrückt, 10 in der 54sten Potenz. Das wirkt zunächst wie eine Enttäuschung. Aber die Sache hört sich doch anders an, wenn man sich vergegenwärtigt, was diese bescheidene 54 als Potenzgröße zu bedeuten hat. Sie besagt nämlich, daß die Weltschwere nach Kilogramm stark in die Größenordnung der Oktillionen hineingeht. Nun wiegt unser Erdball sechs Quatrillionen Kilogramm. Mithin verhält sich das Gewicht des Einstein-Universums zu dem der Erde, ungefähr so, wie der ganze Erdplanet zu einem Kilogramm. Die Erde wiederum verhält sich zur Sonnenmasse wie 1 zu 324 000. Man müßte also mindestens eine Trillion — Milliarde mal Milliarde — von Sonnen zusammentun, um die Schwere des Einstein-Universums zu erreichen. Und was die Längenausdehnung betrifft, so denke man an die Milchstraße mit ihren äußersten Sternen, die sich in der unfaßbaren Entfernung von Lichtjahrtausenden befinden. Solche Milchstraßen, der Länge nach 10 000 mal aneinandergelegt, erreichen erst den Durchmesser dieses Universums, das sonach an kubischem Inhalt die astronomisch erforschbare Welt um das tausendmilliardenfache übertrifft. Also ein sehr geräumiges Universum. Und doch nicht geräumig genug, um allen Anforderungen standzuhalten, mit denen es auf kombinatorischem Wege bestürmt werden könnte. Eine dieser Kombinationen richtet sich auf das sogenannte „Universalbuch", das auf ein Gedankenexperiment von Leibniz zurückgeht. Stellt man sich sämtliche druckbaren Bücher vor, von denen sich jedes irgendwie, sei es auch nur in einem einzigen Zeichen, von allen anderen unterscheidet, so müßten sie zusammen die Summe alles in Sinn und Unsinn Ausdrückbaren enthalten, alles jemals im Wach- und Traumdenken Realisierbare; also unter anderem den Inbegriff aller Weltgeschichte, aller Literatur, der Wissenschaft seit Beginn bis zum Ende der Welt. Trifft man die Voraussetzung, daß mit 100 verschiedenen Druckerzeichen (Buchstaben, Ziffern, Interpunktionen, Spatien usw.) operiert werden soll, und daß jedes Buch eine Million Zeichenstellen besitzt, so würde sich jedes Einzelbuch noch im ganz handlichen Format halten. Und die Anzahl sämtlicher Bücher wäre, mathematisch genau, 10 zur 2 Millionten Potenz.

Diese höchst instruktive und vollendet erschöpfende Universalbibliothek ist so bändereich, daß sie in einer Kiste vom Ausmaß der gesamten Fixsternwelt nicht untergebracht werden kann. Und man muß leider hinzufügen: auch das soeben mit Einsteins Hilfe beschriebene Total-Universum mit seinem Durchmesser von 100 Millionen Lichtjahren wäre viel zu klein, um jene Bücherei aufzunehmen.

Immerhin, sagte ich, bietet Ihr Universum etwas unfaßbar Großes, man könnte sagen: eine in Zahlen gefaßte Unendlichkeit. Denn ein Symptom der Unendlichkeit, die Grenzenlosigkeit jeder möglichen Bewegung gegenüber, bleibt doch auch in Ihrer Welt bestehen. Andererseits verkünden die Zahlen wiederum ein, wenn auch noch so ungeheures, so doch in mathematischem Sinne begrenztes Ausmaß. Und da meldet sich die alte Unruhe des Denkens, mit der niemals zu betäubenden Frage: Was liegt jenseits? Das absolute Nichts? oder doch noch ein leerräumliches Etwas? Descartes und mit ihm so viele andere Große sind niemals über diese Denkschwierigkeit hinweggekommen, sie haben dauernd die Unmöglichkeit eines geschlossenen Weltkontinuums behauptet. Wie soll sich da Unsereiner mit den von Ihnen etablierten Maßen abfinden?

Und an diesem Punkt vernahm ich von Einstein ein Wort,

das dem geängstigten Bewußtsein einen letzten Ausweg zu öffnen schien: Es ist möglich, so sagte er, daß andere Universen außer Zusammenhang mit diesem existieren. Das will sagen: außer einem jemals erforschbaren Zusammenhang. Selbst wenn Beobachtung, Rechnung, theoretische Ergründung eine Ewigkeit vor sich hätten, wird und kann niemals irgend etwas aus solcher Ultra-Welt in unser Bewußtsein fallen. Stellen Sie sich vor, fügte er hinzu, die Menschen wären zweidimensionale Flächenwesen, die auf einer Ebene von beliebiger Ausdehnung lebten; mit Organen, Instrumenten und Denkvorrichtungen, die streng auf diese Zweidimensionalität eingestellt sind. Dann könnten sie äußersten Falles alle Erscheinungen und Zusammenhänge erforschen, die sich auf dieser Ebene objektivieren. Sie besäßen dann eine absolut vollendete zweidimensionale Wissenschaft, die vollkommenste Kenntnis ihres Kosmos. Unabhängig davon könnte eine andere kosmische Ebene mit anderen Erscheinungen und Zusammenhängen existieren, ein anderes parallel verlaufendes Universum; dann existiert kein Mittel, zwischen diesen beiden Welten irgendwelchen Zusammenhang zu konstruieren, oder auch nur zu ahnen. In der nämlichen Lage wie jene Ebenenbewohner befinden wir uns, um eine Dimension erhöht. Es ist möglich, bis zu einem gewissen Grade wahrscheinlich, daß wir astronomisch neue Sternwelten entdecken, weit über die Grenze des bisher Erforschten hinaus. Aber keine Entdeckung könnte uns jemals über das zuvor etablierte Kontinuum hinausführen, ebensowenig wie ein Erforscher jener Ebenenwelt seine Ebene entdeckerisch zu durchbrechen vermöchte. Somit muß es bei der Endlichkeit unseres Universums verbleiben, und die Frage nach dessen Jenseits ist nicht weiter erörterungsfähig; denn sie führt nur zu einer gedanklichen Möglichkeit, mit der wissenschaftlich nicht das geringste anzufangen ist. —

* * *

Einstein überließ mich eine Zeitlang dem Tumult der durch ihn entzündeten Gedanken. Nachdem ich den ersten Aufruhr überwunden, suchte ich bei der Vorstellung Halt zu gewinnen, die sich aus der ersten Schattenbetrachtung ergab; wo die Kugelkörper auftraten, die am Rechts-Unendlich oder Fast-Unendlich der geschlossenen Welt hinauswollen und zugleich vom Linkspunkt her wieder hineinwandern. Gibt es hierfür Vorahnungen?

In den Büchern der früheren Wissenschaft? Ich wüßte nicht, wo. Doch halt! da fällt mir die Schrift eines Dichters ein. Ich schlage einen Band auf von Heinrich von Kleist, einen Band höchst irdischen Inhalts, ohne den leisesten Anflug von Astronomie. Man denke: die Schrift handelt vom Marionettentheater, — und mitten drin ein Vorklang von Einsteins Universum! Kleist kommt von ungefähr auf den „Durchschnitt zweier Linien, der sich nach dem Durchgang durch das Unendliche plötzlich wieder auf der anderen Seite einfindet, und auf das Bild des Hohlspiegels, das sich ins Unendliche entfernt und plötzlich wieder dicht vor uns tritt"; und er erklärt ganz im Sinne neuester Kosmologie: „das Paradies ist verriegelt und der Cherub hinter uns, wir müssen die Reise um die Welt machen und sehen, ob es vielleicht hinten irgendwo wieder offen ist." —

Vielleicht wird sich auch der Dichter der Zukunft mit diesem Universum beschäftigen, nicht der Lyriker, sondern der Nachfahr eines Hesiod, Lukrez oder Rückert. Und der kleidet dann in Verse, daß in Einsteins Welt auch eine Quelle des Trostes sprudelt, zum Labsal für gequälte Gehirne, die sich an den Kantischen Antinomieen krank gedacht haben. Denn in dieser immer noch reichlich unermeßlichen Welt wird der fatale Begriff Unendlich zum erstenmal mit einem Erträglichkeits-Koeffizienten versehen. Der befreit in gewisser Art von dem gänzlich Unvorstellbaren, in das wir sonst immer wieder hineingetrieben werden, er schlägt eine Brücke zwischen der Thesis Endlich und der Antithesis Unendlich. Wir gelangen an eine Beruhigungsgrenze, wo die beiden Begriffe ineinanderfließen. Davon war allerdings in unserem Gespräch nicht die Rede, denn ich hatte guten Grund, mich vor einer Ausfolgerung des Themas nach dieser Richtung in Acht zu nehmen. Ich darf darüber gar keinen Zweifel aufkommen lassen: Einstein persönlich hält in der Unbeirrbarkeit seines Denkens an dem streng mathematisch definierten Begriff des Unendlichen fest und läßt sich hierin kein Kompromiß mit etwas Nichtunendlichem gefallen. Als ich bei einem früheren Anlaß einmal versuchte, auf ein solches Kompromiß mit Vertauschungsgrenze hinzusteuern, half es mir nichts, daß ich mich für die Möglichkeit solcher Operation auf Helmholtz berief; ich wurde kurz zur Ordnung gerufen.

*   *
*

Im Verfolg jener Weltbetrachtungen gelangten wir an Dinge, die im vulgären Sprachgebrauch vielfach als „Okkult" bezeichnet werden. „Ich bin natürlich weit entfernt davon, zwischen der Vierdimensionalität, wie Sie, Herr Professor Einstein, sie etablieren, und der Vierdimensionalität gewisser spiritistischer Pseudophilosophen irgendwelche Beziehung herauszuspüren; allein die Vermutung liegt doch nahe, daß man in diesen Kreisen sich anstrengen wird, aus der Gleichheit des Wortes für okkulte Zwecke Kapital zu schlagen. Und mehr als die bloße Vermutung. Im Felde Ignoranz gibt es kein Bedenken, und so hat man tatsächlich angefangen, Einstein zu zitieren, wo es sich um mediumistische Experimente mit dem Beigeschmack des Vierdimensionalen handelt.

Man wird es mir nicht zumuten, sagte Einstein, mich überhaupt in Auseinandersetzung mit Nichtswissern und Falschverstehern einzulassen. Lassen wir also diese beiseit und beschränken wir uns auf eine kurze Erörterung des Begriffes „Okkult", da dieser auch in der ernsten Wissenschaft eine Rolle gespielt hat. Das geschichtlich hervorstechendste Hauptbeispiel ist die Gravitation. Huyghens und Leibniz lehnten sie ab, denn sie sagten: so wie Newton sie versteht und vertritt, ist sie eine Fernwirkung, und eine solche gehört ins Bereich des Okkultismus. Sie widerspricht, wie alles Okkulte, der kausalen Ordnung in der Natur. Den Widerspruch Huyghens und Leibnizens darf man nicht etwa auf mangelnde Denkschärfe zurückführen, vielmehr sträubten sie sich aus Gründen, zu denen sie sich als Forscher sehr wohl bekennen durften. Denn soweit die Alltagserfahrung reicht, ist jede gegenseitige Beeinflussung der Naturdinge an eine unmittelbare Berührung gebunden; so in Druck und Stoß, dann auch in chemischer Wirkung, zum Beispiel im Entzünden einer Flamme. Daß der Schall scheinbar eine Ausnahme bildet, ebenso das Sehen, wird in der Regel als Widerspruch gegen die Forderung der Unmittelbarkeit nicht empfunden. Weit auffälliger erscheint ein Magnet, weil dessen Effekt als eine direkte Kraftentfaltung in die Sinne fällt. Ich will dabei erwähnen, daß für mich selbst, in meiner allerfrühesten Jugend, die allererste Bekanntschaft mit einem Kompaß, der mir gezeigt wurde, bevor ich noch einen Magneten gesehen, eine Sensation war, die ich noch heut fürs ganze Leben als maßgebend bezeichnen möchte. Es liegt aber auch wirklich ein prinzipieller Unterschied vor, schon in den Dingen der Alltagserfahrung, zwischen Druck und Stoß einerseits, und dem, was man hört und sieht anderseits. Bei Licht und Schall muß dauernd etwas „geschehen", damit die Wirkung eintritt und sich fortsetzt...

Hier scheint doch aber noch ein anderer Unterschied obzuwalten, warf ich ein. Läßt sich denn, wenn von Gravitation die Rede ist, mit den Begriffen von Druck und Stoß auskommen? Ein Fern-Druck wäre den Zeitgenossen Newtons vielleicht noch gar nicht so unverständlich gewesen, wie ein Fern-Zug; und ich meine, daß die bloße Vorstellung des Ziehens, des Hingezogenwerdens zu einem fernen Körper, eine ganz besondere Denkschwierigkeit verursacht.

Einstein hält diesen Unterschied für nicht sehr erheblich, und jedenfalls für überwindbar, sogar in direkter Anschaulichkeit. Wird die Kraft, so erläuterte er, durch eine korpuskulare Fortpflanzung ausgeübt, so kann man sich einen „Kraft-Schatten" vorstellen, in den die ausgeschleuderten Korpuskeln nicht zu dringen vermögen. Schiebt sich also zwischen den Körper A und den Körper B ein Hindernis, das den Kraftschatten bedingt, so wird B auf der dem A zugewendeten Seite einen geringern Druck, d. h. von der andern Seite einem um so stärkeren Korpuskulardruck ausgesetzt, mit der Wirkung, daß B in der Richtung A gedrückt wird; und der Beobachter gewänne dadurch den Eindruck eines Hingezogenwerdens. Heute, wo die Lehre vom „Kraft-Feld" alle physikalische Anschauung beherrscht, braucht man sich freilich um die korpuskularen Stöße und Drücke im Erklärungssinne ebensowenig zu bemühen als um die Wirbel, in denen einst Descartes die letzten mechanischen Gründe für die Bewegungen der Weltkörper zu finden vermeinte. Und die Anstrengungen gewisser Neuerer, diese Wirbel und Strudel für die Erkenntnis wieder aufleben zu lassen, müssen aussichtslos erscheinen.

Immerhin, meinte ich, dürfte man wohl behaupten, daß auf dem Grunde jeder physikalischen Erklärung irgend etwas Okkultes zurückbleibt; ein allerletztes, allereinfachstes, das wir als Prinzip anerkennen, ohne uns zu verhehlen, daß wir da eben mit aller Erklärungsmöglichkeit zu Ende sind und am Vakuum der Erkenntnis stehen. Und hier gelange ich an eine weitere Frage, deren Diskussion, wie ich sehr wohl spüre, eine Gefahr einschließt.

Einstein: Gestehen Sie nur ruhig, was Sie bedrückt; ich sehe noch gar nicht, worauf Sie hinauswollen.

Ich: Auf gewisse Erscheinungen, die man gleichfalls als „okkult" bezeichnet, in der Absicht, sie dadurch zu bemakeln. Sie mögen ja teilweis auf Hokuspokus hinauslaufen und in das

Gebiet unsauberer Künste fallen. Nur meine ich, daß die ernsten Wissenschaftler hier die Grenze nicht immer mit der nötigen Sorgfalt gezogen haben, und daß sie geneigt sind, alles, was sich als Unerklärbarkeit in Form einer Schaustellung hervorwagt, ohne weiteres als Humbug zu verwerfen.

Einstein: In der Regel werden sie recht haben; denn man kann den Forschern nicht zumuten, sich mit reklamehaft aufgestutzten Dingen zu beschäftigen, die mit irgendwelchen fabelhaften, okkulten Welten zusammenhängen sollen.

Ich: Trotzdem bin ich der Meinung, daß selbst in solchen Schaustellungen bisweilen Erscheinungen auftreten, an denen Forscher nicht mit bloßer Verachtung vorübergehen dürften. Ich selbst habe dergleichen erlebt und mir dabei gesagt: Hier gehen Dinge vor, von denen — — —

Einstein: Von denen sich unsere Schulweisheit nichts träumen läßt, wollen Sie sagen.

Ich: Allerdings: Dinge, die unter der Marke der Sensation einen sehr studierenswerten physikalischen Kern verbergen.

Einstein: Sie dürfen nur nicht übersehen, daß Sie sich in solchen Fällen stets in der Rolle eines Zuschauers befanden und mithin allen erdenklichen Täuschungen ausgesetzt waren. Sie sind da von zahllosen unentdeckbaren Tricks umgeben, von anderen Zuschauern, deren mitwirkende Verabredung Sie nicht ahnen. Ein objektives Urteil ist da unmöglich.

Ich: Immer vorausgesetzt, daß der Schausteller selbst nicht vollkommen isoliert wird. Es lassen sich doch Bedingungen schaffen, die alle Tricks von vornherein radikal ausschalten.

Einstein: Wenn Sie derartiges erlebt haben, so erzählen Sie meinetwegen.

Ich: Ich will mich kurz fassen und nur Tatsachen berichten...

Einstein: Korrekter gesagt: Dinge, die Ihnen heut in der Erinnerung als Tatsachen vorschweben. Also Sie glauben dafür einstehen zu können, daß Sie damals in eine geheimnisvolle Welt geblickt haben.

Ich: Lang freilich ist es her, weit über drei Jahrzehnte. Damals zeigte der Wundermann Hansen, als einer der ersten in seinem Fach, hypnotische und telepathische Experimente, teilweis übereinstimmend mit Versuchen, die der berühmte Pariser Forscher Charcot fast gleichzeitig zu pathologischen Zwecken veranstaltete.

Einstein: Also was wollen Sie? Diese Experimente fallen doch in den Umkreis der Wissenschaft und brauchen gar nicht das okkulte Mäntelchen, um sich sehen zu lassen?

Ich: Da sind wir gerade beim Hauptpunkt. Hansen ging nicht von der Wissenschaft aus, er wollte in der Hauptsache Geld verdienen, aber gleichviel, er hatte doch auf seine Weise mirakulöses Material gewonnen, das späterhin wissenschaftlich verwertbar wurde. Nur daß im ersten Anlauf die Sache, weil sie okkult auftrat, von der Gelehrtenwelt eine scharfe Zurückweisung erfuhr. Mit der Wirkung, daß Hansen in Dresden zu langer Gefängnisstrafe verurteilt wurde, nach dem Gutachten von Wissenschaftlern, welche erklärten: diese Experimente sind nur auf der Betrugsbasis möglich, folglich ist Hansen ein Betrüger, der eingesperrt und unschädlich gemacht werden muß.

Einstein: Und Sie selbst, wie wollten Sie damals feststellen, daß er reell experimentierte?

Ich: Sehr einfach und sicher. Einer meiner Bekannten, der reiche Rennstallbesitzer von Oelschläger, hatte ihn gegen hohes Honorar veranlaßt, auf seinem Landgut zu experimentieren, ziemlich entfernt von Berlin, in einem Kreis von Personen, von denen er nicht eine einzige kannte, und bei denen von irgendwelcher versteckter Mitwirkung absolut nicht die Rede sein konnte. Und ich versichere Ihnen, es glückte ihm alles ohne Ausnahme; eine Sekunde genügte ihm, um seinen Willen auf jede Versuchsperson zu übertragen, er operierte mit den Anwesenden wie ein überlegener Dämon.

Einstein: Ich möchte Beispiele hören.

Ich: Herr von Oelschläger präsentierte vier junge Jockeys und schlug vor, ein Wettrennen im großen Salon zu veranstalten. Hansen setzte sie rittlings auf Stühle, hypnotisierte sie augenblicklich, beschrieb ihnen das Laufgelände geometrisch nach Erstreckung in Kilometern, Kurvenlage und Preishöhe, gab das Startkommando, und sofort behandelten die Jockeys ihre Stühle genau wie Rennpferde mit allen Merkmalen intensivster Reitanstrengung.

Einstein: Das ist noch nicht beweiskräftig. Die Versuchspersonen können das Bewußtsein behalten haben, daß sie einer exzentrischen Schaustellung dienen sollten. Ihre Gefügigkeit in einer vorgeschriebenen Rolle brauchte durchaus noch nicht zu bedeuten, daß sie subjektiv von der Wirklichkeit der Aktion überzeugt waren.

Ich: Hierin bestand eben nicht der geringste Zweifel. Nach wenigen Sekunden floß ihnen der Rennschweiß in Strömen über die ganze Figur, und ein solches Symptom tritt nur auf, wenn die Teilnehmer von dem absoluten Ernst ihrer Tätigkeit durchdrungen sind. Wer diesen verblüffenden Ritt erblickte, der erlebte eine groteske Wirklichkeit, der sah in eine fremde Traumwelt, welche die hölzernen Stühle in lebendige Renner verwandelte. In Fortsetzung seiner Willensdiktate experimentierte Hansen mit einer damals sehr berühmten Schauspielerin, die ihm wie alle Eingeladenen persönlich ganz fern stand. Wiederum akute Hypnose, mit der Ansage: Ich werde Ihnen etliche Fragen vorlegen, die Sie sämtlich richtig beantworten können, mit einer Ausnahme: Sie werden Ihren Namen vergessen haben. Und so geschah es; die Schauspielerin gab in Trance korrekte Antworten, aber auf die Frage „Wie heißen Sie?" war ihr der eigene Name — Helene Odilon — entschwunden. Und sie selbst sagte mir unmittelbar darauf, sie wäre trotz der Betäubung bei vollem Bewußtsein geblieben, hätte alles verstanden, alle Erinnerung gegenwärtig gehabt bis auf den einen kritischen Fall, da sie mit aller Anstrengung nicht auf die Worte Helene Odilon zu kommen vermochte. Aber Hansen blieb nicht beim Gedankendiktat stehen, er transformierte auch Körperlichkeiten. Einen Stallburschen verwandelte er durch einmaligen Strich mit der Hand in einen fühllosen, starren Klotz. Nie hätte ich einen so intensiven Starrkrampf überhaupt für möglich gehalten. Er legte den Menschen mit Kopf- und Fußende über zwei Unterstützungspunkte, so daß der Körper frei in der Luft schwebte, Rücken nach unten, stellte sich ihm in seiner ganzen Mannesschwere mitten auf den Leib, ohne daß der Starrkörper des Burschen sich auch nur um einen Zoll gebogen hätte.

Einstein: Und wie stellte er in allen Fällen den normalen Zustand wieder her?

Ich: Immer nur mit einer einzigen Handbewegung, die wie alles bei ihm, blitzartig wirkte. Man muß zugeben, daß seine Vorführungen, auf die Dauer gesehen, etwas eintönig ausfielen, und im Programm nicht allzuviel Variationen zuließen. Anders verhielt es sich aber mit einem Manne, der einige Jahre vorher als Träger okkulter Erscheinungen durch die Welt zog, und dessen sich die Gelehrten vielleicht einmal in Zukunft mit einem gewissen Bedauern erinnern werden. Als er auftrat, nahmen die meisten großen Akademiker nur insoweit von ihm Notiz, als sie ihn verwarfen, ohne ihn geprüft zu haben. Es war der Amerikaner Henry Slade, nicht zu verwechseln mit anderen Slades, die sich den Namen aneigneten, um kuriositätslüsterne Zuschauer zu betölpeln.

Einstein: Man sollte annehmen, daß Ihr echter Henry Slade Ihnen darin als Vorbild gedient hat.

Ich: Das halte ich aus bestimmten Gründen für. ausgeschlossen. Wesentlich deshalb, weil dieser echte Slade wohl nur gelegentlich „Vorstellungen" gab, während er in der Hauptsache darauf ausging, die Gelehrten zu interessieren. Er selbst behauptete dauernd, daß er seine eigenen Leistungen nicht verstünde, und er verlangte unausgesetzt die Kontrolle wirklicher Physiker und Physiologen, denen die Seltsamkeiten seiner Natur als Studienobjekte dienen sollten. Mit dem Ergebnis, daß Männer wie Dubois-Reymond, Helmholtz, Virchow sich weigerten, ihn zu sehen, geschweige denn, mit ihm zu experimentieren.

Einstein: Hieraus erwächst den genannten Männern kein Vorwurf. Slade galt als Vertreter einer vierdimensionalen Welt im spiritistischen Sinne, und von solchem Humbug haben sich ernste Forscher fernzuhalten, da schon die bloße Berührung damit bei der unverständigen Menge zu Mißdeutungen führen kann.

Ich: Diese Scheu vor der Kompromittierung war doch nicht durchweg vorhanden. Nachdem Slade in Berlin an verschlossene Türen geklopft hatte, begab er sich nach Leipzig, und hier wurde er allerdings von einem bedeutenden Fachmanne studiert.

Einstein: Sie meinen, von Friedrich Zöllner, der unbestreitbar als Astrophysiker einen Namen zu vertreten hatte. Aber er würde seinen Ruhm besser gewahrt haben, wenn er sich auf das Abenteuer mit jenem Amerikaner nicht eingelassen hätte.

Ich: Vielleicht wird man die Akten darüber einmal revidieren. Das Material liegt ja vor, wenn es auch heute, ziemlich vergessen, in den Bibliotheken schlummert. Eine erneute Durchsicht der Zöllnerschen „Wissenschaftlichen Abhandlungen" von 1878 bis 1891 könnte folgendes ergeben: seine spukhaften Deutungen sind als okkult im übelsten Wortsinne preiszugeben; aber in welcher Erkenntnisnot muß sich Zöllner befunden haben, wenn er, ein großer Forscher, zu solchen Abstrusitäten griff, um sich aus der Verwirrung zu retten, in die Slade ihn versetzt hatte!

Einstein: Das zeigt lediglich, daß Slade als schlauer Praktiker ihm überlegen war, und daß Zöllner dessen Machinationen nicht zu durchschauen vermochte.

Ich: Dazu müßte man annehmen, daß Slade mehr von Physik verstanden hat als der Leipziger Magister. Denn bei einem großen Teil der Experimente hatte Zöllner selbst die Bedingungen vorgeschrieben, mit allen Kautelen, die einen Betrug um so stärker ausschlossen, als Slade gar nicht verstehen konnte, was Zöllner beabsichtigte. Es handelte sich dabei um Elektrizität, um Magnetismus, um Optik mit vorbereiteten Bedingungen der Polarisation, um verwickelte Mechanik, kurz, um Dinge, die Zöllner als Fachmann beherrschte, und die zudem von anderen Fachmännern kontrolliert wurden. Einer von diesen war der berühmte Elektriker Wilhelm Weber, der genau wie Zöllner vor lauter Unbegreiflichkeiten stand. Es würde sich wohl verlohnen, jene Abhandlungen wieder aus dem Dunkel hervorzuziehen, man würde leicht erkennen, daß die dort beschriebenen Dinge tatsächlich wissenschaftliche Rätsel behandeln und nicht im Entferntesten Zauberkunststücke. So zum Beispiel eine physiologisch-anatomische Ungeheuerlichkeit. Auf einer vorbereiteten Schale mit Weizenmehl erschien plötzlich der Abdruck eines nackten Menschenfußes, während der Amerikaner in gewisser Entfernung, vollkommen bekleidet und scharf beobachtet, anwesend war. Der Abdruck zeigte, wie die Fachautoritäten feststellten, alle Strukturfeinheiten der Haut, wie sie eben nur ein wirklicher linker Fuß hervorzubringen vermag, nicht aber irgend eine Atrappe.

Einstein: Und daraus schloß Zöllner auf geisterhafte Mitwirkung übersinnlicher Wesen? Er hätte lieber die Fußdimensionen nachmessen sollen.

Ich: Das geschah sofort; es ergab sich eine Längendifferenz von vier Zentimetern zwischen Slades Fuß und dem Abdruck. Dieses Rätsel blieb, wie so viele andere, unaufgeklärt. Ich wiederhole, daß ich nicht die geringste Neigung hege, mich für die Wirklichkeit okkulter Phänomene einzusetzen, vielmehr nur dafür, daß sie von Sachkundigen mit aller Sorgfalt untersucht werden.

Einstein: Das haben doch nach Ihren Andeutungen die Leipziger Gelehrten damals ganz gründlich besorgt, ohne irgendwelches andere Resultat zu erzielen, als eine gesteigerte Verwirrung bei Zöllner.

Ich: Zu vermuten bliebe, daß die Leipziger Versuche trotz ihrer Reichhaltigkeit nicht ausreichten. Gestatten Sie mir eine präzisierte Frage, Herr Professor: gesetzt, es träte wieder so ein unheimlicher Mirakelmann auf, würden Sie selbst Veranlassung nehmen, ihn experimentell zu prüfen?

Einstein: Ihre Frage zielt ins Leere. Ich habe bereits erklärt, daß ich den Standpunkt teile, den vormals Dubois-Reymond und seine Kollegen vertreten haben.

Ich: Denkbar wäre doch Folgendes: Es könnte plötzlich ein Mann X. Y. auf die Bildfläche treten, der sich im Besitze einer noch gänzlich unerforschten Naturkraft befände; wie einer, der etwa mit Elektrizität umzugehen wüßte, bevor noch die anderen Menschen irgend ein elektrisches Phänomen erfahren hätten. Der könnte uns hundert Schaustellungen vormachen, die für uns sämtlich ins Gebiet unerklärbarer Magie fielen. Wir würden zum Beispiel sehr erstaunen, wenn er aus einer lebendigen Person Funken herauszöge. Nun äußern sich zwei Gelehrte gutachtlich. Professor A. erklärt die ganze Angelegenheit für Firlefanz und lehnt jede Beobachtung prinzipiell ab. Professor B. will die Leistungen des X. Y. untersuchen, falls dieser sich von vornherein allen vorher festzulegenden physikalischen Bedingungen unterwirft; und er faßt die Bedingungen derart, daß sie dem Auftreten elektrischer Pänomene widersprechen. Gesetzt nun, sämtliche Gelehrte verhielten sich wie A. und B., so wäre die Folge sehr betrübsam. Denn hier lag ein wichtiges Forschungsgebiet klar vor Augen, und dieses Gebiet verschloß sich durch das Mißtrauen oder den Starrsinn der Gelehrten, die es eigentlich hätten öffnen müssen. Ob jener X. Y. von Charakter ein Scharlatan war, ist in diesem Betracht ganz belanglos. Denn hinter seiner Scharlatanerie steckten doch sehr erforschenswerte Tatsachen.

Einstein: Ich will als Äußerstes zugeben, daß Ihre Konstruktion nicht außerhalb aller logischen Möglichkeit liegt. Allein die Wahrscheinlichkeit für solchen Fall einer noch unentdeckten, für uns also „geheimen" Naturkraft ist so verschwindend gering, daß man sie der Unmöglichkeit ungefähr gleichzusetzen hat. Ich würde mich also weigern, an irgendwelchen auf Sensation zurechtgestutzten Übungen teilzunehmen, schon aus dem einfachen Grunde, weil mir meine Zeit leid täte, da ich besseres zu tun habe. Anders liegt die Sache, wenn mich einmal die Laune treibt, ein Varieté zu besuchen, um mich durch Unbegreiflichkeiten amüsieren zu lassen. So war ich gestern in einem Spezialitätentheater, wo sich eine gedankenlesende Dame produzierte. Sie erriet auch wirklich die von mir gedachten Zahlen 61 und 59. Aber man soll mir da mit telepathischen Fernwirkungen oder mit drahtloser Telegraphie von Gehirn zu Gehirn fernbleiben. Denn es war eine Mittelsperson vorhanden, ein Manager, dem ich die Zahlen leise zuflüstern mußte. Die Distanz der Bühne war freilich viel zu groß, als daß eine direkte akustische Übertragung möglich gewesen wäre. Folglich bestand eine andere, höchst verschmitzt angelegte Signalgebung, die der Parkettbesucher nicht zu ergründen vermag. Was dabei tatsächlich vorliegt, ist eine außerordentliche Trainierung der Aufmerksamkeit, die mir aber nicht wunderbarer erscheint als die Trainierung eines Rechners, der schwierige Kubikwurzeln im Kopfe auszieht, oder als die koordiniert eingeübten Muskeln eines Gauklers, der gleichzeitig mit zwölf geworfenen Tellern jongliert.

Ich: Herr Professor, ich bin schon zufrieden, daß Sie mir zuvor eine gewisse enge Möglichkeit konzediert haben, in der das Okkulte noch eine letzte Zuflucht finden könnte. Und wenn Sie selbst auch als Vertreter der strengsten Wirklichkeitsforschung jede Berührung damit ablehnen, so bleibt doch für viele andere der Zug zum Geheimnisvollen eine unüberwindliche Tatsache. Muß man sich dessen schämen? Ich glaube, wir rühren da an innere Bekenntnisse, die von der Geisteshöhe oder Geistestiefe ihrer Träger gänzlich unabhängig bleiben. Wenn Newton den Schlüssel der Welt in einem persönlichen Gott erblickte, Laplace dagegen ausrief: Dieu — je n'avais pas besoin de cette hypothèse, so läßt sich aus diesem Kontrast ein Rückschluß auf die Denkschärfe beider nicht erzielen. Und ähnlich steht es wohl mit dem Gedanken, ob außer der von uns erlebbaren Welt noch andere verschleierte existieren mögen; jedenfalls können sich diejenigen, die solchen Schwärmereien nachhängen, auf gute Stützen aus der Gelehrtenwelt berufen. Immanuel Kant hat sich ernst und tiefgründig mit den Wundern Swedenborgs beschäftigt, Kepler trieb aus Überzeugung Astrologie, Roger Bacon, Cardanus, Agrippa, Nostradamus, van Helmont, Pascal, von den Neueren Fechner, Wallace, Crookes, gehören zu den Mystikern. Gleichviel, ob ihre Meinungen theosophisch, okkult, vierdimensional-geisterhaft oder sonstwie abergläubisch betont waren; sie bekundeten, daß ihnen das Kleid des streng Erweislichen zu eng geworden war. Sie woben sich aus Ahnungen Luftgewänder, um in ein Reich extra naturam zu fliegen. So kam es auch, daß das Volk viele außergewöhnliche Leistungen nicht mehr in der Wissenschaft unterzubringen vermochte und deren Vollbringer unter die Magier versetzte; Paracelsus, Albertus Magnus, Raimundus Lullus, Sylvester II. wurden als Zauberer angesprochen, und noch heute ist solche Taxe im Schwange; an den ganz modernen Edison hat sich die Bezeichnung „der Zauberer von Menlo-Park" geheftet. Im Horizont des Volkes verschwimmt Entdeckung und Erfindung, Geniales und Supranaturalistisches, und Ihnen selbst, Herr Professor Einstein, kann es begegnen, daß Ihre Forschungen von der Legende umrankt werden. Ich will gar nicht ausdenken, was Ihnen geblüht hätte, wenn Ihre Relativitätstheorie etwa zur Zeit der Inquisition aufgekommen wäre. Denn das, was Giordano Bruno bekannte, war doch nur Kinderspiel gegen Ihre Weltkonstruktion im geschlossenen quasisphärischen, hypereuklidisch zu ermessenden Raum. Das Inquisitionstribunal hätte Ihre Differentialgleichungen Gravitationspotentiale, Tensoren und Äquivalenzen nicht verstanden, vielmehr kurzerhand die ganze Lehre auf die Formel der Zauberei, des Teufelsspuks gebracht und in die Feuerwerksbeleuchtung seiner Scheiterhaufen gerückt.

Einstein: Sie übertreiben ersichtlich. Das mathematisch-physikalische und rein astronomische an sich ist von der Kurie eigentlich nie angegriffen worden, hat vielmehr bis in die Neuzeit rege Förderung von ihr erfahren. Wie sich schon daraus zeigt, daß man eine ganze Liste von Ordensbrüdern, besonders Jesuiten, aufstellen kann, die in den exakten Naturwissenschaften Vorzügliches geleistet haben. Aber wie ich Sie kenne, werden Sie einmal einen phantastischen Prozeß entwerfen, in dem sich das neue Weltsystem gegen das Sanctum Officium zu verteidigen hat.

Ich: Das wäre, schriftstellerisch genommen, eine recht lohnende Aufgabe. Was ließen sich da für Register ziehen, wenn man die beiden Welten gegeneinander ins Treffen führte, die relativierte Welt gegen die absolute, wie sie in Tradition und Dogma festgelegt ist. Aber man braucht die historische Phantasie gar nicht zu bemühen, denn im Grunde genommen steht die Lehre vom Weltenbau auch heute noch im Kampfe gegen ererbte Vorstellungen, die mit dogmatischer Gewalt fortwirken. Leugnen wir es nicht: im Kopfe jedes Gebildeten, der sich zum erstenmal den Einsichten Lorentz', Minkowskis, Einsteins öffnet, bäumen sich Widerstände, ereignen sich Tumulte pro und contra, und jeder erlebt in sich die Aufregungen eines Inquisitionstribunals. Der Triumph der neuen Lehre geht über Begriffsleichen, die auf der Wahlstatt unseres Denkens liegen und lange genug ein spukhaftes Dasein fortführen. Noch wissen die wenigsten, welche weitere innere Revolution uns auf Grund der Einsteinschen Erkenntnisse bevorstehen, nur im Unterbewußtsein regen sich Ahnungen, die uns das Ende scheinbar unerschütterlicher Denkformen prophezeien. Wird erst das Kausalitätsprinzip relativiert, jede „Eigenschaft" in Vorgänge aufgelöst, alles Dreidimensionale als eine Abstraktion aus der allein gültigen vierdimensionalen Wirklichkeit begriffen, dann wird es Zeit, der gesamten Philosophie, die uns vordem als Geistesstütze diente, den Sarg zu bestellen.

* Ein Rückblick auf die Prozesse des Giordano Bruno und Galileo Galilei bietet in der Tat Vergleichspunkte, freilich auch andere, als die landläufige Schulweisheit gewinnen könnte. Und wenn wir heut Einstein als den Galilei des zwanzigsten Jahrhunderts ausrufen, so muß ergänzt werden: Im Charakter ist er ein Bruno, und glücklicherweise kein Galilei. Es ist nämlich gar nicht wahr, daß dieser mit einem „eppur si muove" als moralischer Sieger aus der Verfolgung schritt, vielmehr hat er, obschon er von einflußreichen Prälaten bis zum Papst empor beschirmt, sich feige geduckt, seine Wissenschaft verraten und sich selbst samt dem Kopernikus verleugnet. Soll man sichs ausmalen, wie Einstein in ähnlicher, unwiederholbarer Lage handeln würde?

Wer seines Wesens einen Hauch verspürt hat, dem wird es klar sein: damals, vor dreihundert Jahren lag das Szenarium vor für eines der größten und schönsten Dramen, „Welt gegen Welt". Fehlte bloß die eine Bedingung, die sittliche Energie des Helden. Durch diese Verfehlung hat sich die Weltgeschichte damals den Schlußakt verdorben. Und eine schönfärberische Legende mußte später nachhelfen, um das Stück für das sittliche Empfinden der Nachwelt zu retten. *

Probleme.

Zukunftsfragen. — Drei-Körper-Problem. — Begriff der Annäherung. — Die Aufgabe der Mechanik. — Einfachheit der Beschreibung. — Grenzen der Erweislichkeit. — Betrachtungen über den Kreis. — Aus der Geschichte der Irrtümer. — Kausalitäten. — Relativität auf physiologischer Grundlage. — Der Physiker als Philosoph.

Wir sprachen von Zielen und Aufgaben der Wissenschaft im allgemeinen und berührten gewisse Umfragen, wie sie von Zeit zu Zeit an die Berühmtheiten ausgeschickt werden, um deren Meinungen über die näheren und weiteren Ziele, über das Erstrebenswerte und Erreichbare zu erfahren.

Derartige Anregungen, so meinte Einstein, können ganz interessant sein, insofern sie die Aufmerksamkeit des Publikums für die Arbeiten der Forscher schärfen und diesen selbst Gelegenheit geben, weitere Kreise mit ihren Plänen bekanntzumachen. Indes darf man auch den Wert dieser Anregungen nicht überschätzen, wenn sie darauf gerichtet sind, ganz allgemein über die zukünftigen Wege der Wissenschaft etwas Zuverlässiges zu ermitteln. Jeder Gelehrte gerät in Verfolg seiner Untersuchungen an besondere Punkte der Peripherie, wo sich das Bekannte mit dem Unbekannten berührt, und ist geneigt, von diesen Punkten aus seine besonderen Perspektiven zu eröffnen. Man kann aber nicht erwarten, daß sich diese einzelnen Ausblicke zu einem Gesamtbild zusammenschließen und uns eindeutig die Wege bezeichnen, welche die Wissenschaft einschlagen soll oder einschlagen wird.

Herr Professor, entgegnete ich, dürfte ich vorschlagen, einige bestimmte Antworten, die auf solche Umfragen ergangen sind, herauszugreifen und zu erörtern? Ich habe hier eine ganze Reihe mitgebracht, und es wäre wertvoll, zu erkunden, wie Sie selbst zu einzelnen dieser auf die Zukunft eingestellten Aussprüche Stellung nehmen.

Einstein erklärte sich hierzu bereit, und ich las etliche Kundgebungen vor, die von bedeutenden Fachautoritäten, zumal Naturforschern und Mathematikern herrührten und sich unter dem gemeinsamen Titel „Die zukünftige Revolution der Wissenschaft" vereinigt hatten. Gleich zu Anfang gerieten wir an Ausführungen von Herrn Bailhaud, dem Leiter der Pariser Sternwarte, der sich mit dem sogenannten „Drei-Körper-Problem" und mit der Frage „Endlichkeit oder Unendlichkeit des Universums" beschäftigt.

Einstein erläuterte hierzu: Das berühmte Drei-Körper-Problem ist ein Sonderfall des allgemeinen Viel-Körper-Problems, dessen Wesen darauf gerichtet ist, die genaueren Bahnen der Himmelskörper zu ermitteln. Stellt man sich vor, daß die Planeten und Kometen lediglich der Anziehung des Zentralkörpers, der Sonne, unterworfen wären, so würden ihre Bahnen die ideellen Verwirklichungen der Keplerschen Gesetze ergeben, das heißt, sie würden sich um den Zentralkörper, noch präziser gesagt: um den gemeinsamen Schwerpunkt in reinen Kegelschnitten bewegen. Dasselbe würde sich ergeben, wenn man die Bahn eines Mondes als ausschließlich von seinem zugehörigen Planeten bestimmt betrachten wollte. Aber diese Annahme entspricht nicht der Wirklichkeit, da ja sämtliche Körper unseres Systems auch ihrer wechselseitigen Anziehung nach Maßgabe ihrer Massen und Entfernungen unterworfen sind. Hieraus folgen die sogenannten Störungen, Perturbationen, die Abweichungen von den ideell gedachten Bahnen, und die Aufgabe, diese Störungen zu ermitteln, fällt im wesentlichen mit dem „Drei-Körper-Problem" zusammen. Stellt man sich auf den Standpunkt der reinen Mechanik, so kann man dieses Problem als so weit gelöst betrachten, als wir imstande sind, die Bewegungsgleichungen hinzuschreiben. Allein an diese rein mechanische Aufgabe schließt sich eine mathematische, die bis heute noch nicht restlos bewältigt ist. So zu verstehen, daß die hierbei auftretenden Integral-Ausdrücke nur in Annäherung berechnet werden können. Für die praktische Ausrechnung macht dies keinen Unterschied, da die Annäherung nach den vorhandenen Methoden so weit getrieben werden kann, als man irgend will. Der Fehler läßt sich bis zu jeder beliebigen Grenze verkleinern, so daß es sich wohl erübrigt, in dieser Hinsicht von den zukünftigen Revolutionen der Wissenschaft ungeahnte Aufschlüsse zu erwarten.

Wir lasen weiter und bemerkten, daß einige der erwähnten Gelehrten nicht dabei stehen blieben, allen Fortschritt der Zukunft von der reinen Theorie zu erhoffen. Ihnen schwebte vielmehr ein Optimum des Glückes vor, zu dessen Gewinnung die Steigerung der Erkenntnisse allein nicht ausreicht. So hatte der berühmte schwedische Astrophysiker Svante Arrhenius sein Gutachten in die wenigen Zeilen zusammengefaßt: „Nach den ungeheuren Fortschritten, die in letzter Zeit durch die physikalisch-chemischen Wissenschaften vollbracht worden sind, scheint mir der Moment gekommen, mit vollem Erfolg die wichtigsten Probleme der Menschheitszukunft anzugreifen; nämlich die der Biologie und besonders der Heilkunde mit den Waffen, die dem Arsenal der exakten Wissenschaften zu entnehmen sind." Und der Mathematiker Emile Picard, Mitglied der Akademie, präzisierte noch hoffnungsvoller: „Es ist mir nicht zweifelhaft, daß die von der Menschheit mit Ungeduld erwarteten Entdeckungen diejenigen sind, die der Krankheit und den Alterserscheinungen beikommen wollen. Impfstoffe gegen sämtliche Krankheiten, ein Verjüngungswasser (une eau de Jouvence) für Personen, deren Alter vorschreitet, das sind die von allen ersehnten Entdeckungen. Es gibt auch die als „sittlich" zu bezeichnenden Wissenschaften, von denen wir mit Ungeduld die Anweisungen erhoffen, um den Haß zu vermindern, der sich in jedem Lande und von Volk zu Volk täglich zu vergrößern scheint. Das wäre eine schöne Entdeckung!"

Nun, Herr Professor Einstein, sagte ich, sind das nicht sehr erbauliche Worte? Wie tief muß das Bedürfnis nach ethischen Werten in der Menschennatur begründet sein, wenn sogar ein Mathematiker, dessen geistige Interessen durchaus nach dem Exakten gerichtet sind, die Entdeckungen auf sittlichem Gebiete allen andern überordnet.

Einstein entgegnete: „Wir müssen hier streng unterscheiden, was wir im allgemeinen ersehnen, und was wir im Sinne der Erkenntnis an sich zu erforschen haben. Die hier gestellte Frage war nicht gefühlsmäßig und wunschhaft umschrieben, sondern richtete sich unzweideutig auf die Fortschritte und Revolutionen im Gebiete der Wissenschaft. Nun denn: zu moralischen Entdeckungen ist die Wissenschaft überhaupt nicht da! Deren einziges Ziel ist vielmehr die Wahrheit. Die Ethik ist eine Wissenschaft über moralische Werte, nicht aber eine Wissenschaft zur Feststellung moralischer „Wahrheiten". Die Ethik, wie man sie gewöhnlich als Wissenschaft auffaßt, kann daher nur indirekt zu einer Findung oder Förderung der Wahrheit dienen. Ich will Ihnen zur Illustration meiner Ansicht ein Beispiel nennen, das einem ganz anderen Felde entnommen ist, und nur als Vergleichsanalogie dienen soll; nehmen wir also einmal das Schachspiel. Dessen Sinn und Bedeutung liegen nicht im Wissenschaftlichen, sondern ganz anderswo, in einem nach bestimmten Regeln zu erprobenden Kampf. Aber auch das Schach, insofern es den Geist schärft, kann für Wahrheiten einen Wert indirekt aufweisen. Es kann z. B. Permutationsaufgaben anregen, auf deren Grunde mathematische, also rein wissenschaftliche Wahrheiten anzutreffen sind. Was ich durchaus nicht leugne, ist die Tatsache, daß in allen echten Wissenschaften das ethische Moment steckt. Denn die Beschäftigung mit Dingen, nur um der Wahrheit willen, hat eine befreiende und veredelnde Wirkung."

Diese befreiende, veredelnde Wirkung, so schaltete ich ein, hätte sich doch auch in der Dämpfung der Leidenschaften zu äußern, von denen im vorgenannten Gutachten die Rede war; also vor allen Dingen, um mit Picard zu reden, in der Verminderung des Hasses von Volk zu Volk, dessen unheilvolle Folgen wir so schmerzlich erlebt haben.

Einstein lächelte und äußerte sarkastisch: „Der Haß ist vermutlich ein Reservat der ‚Gebildeten‘, die dafür Zeit und Kraft übrig haben und die nicht von der Sorge absolut in Anspruch genommen werden. Aus seinem ironischen Ton war deutlich herauszuhören, daß er unter dem Sammelnamen der „Gebildeten" die Bildungsphilister, die snobistischen Mitläufer der Bildung begriff, nicht aber diejenigen, deren angestrengte Arbeit sich auf Vermehrung und Vertiefung des Bildungsmaterials richtet. Im wesentlichen blieb er dabei, daß irgendwelche „Entdeckungen" auf sittlichem Gebiete zu erwarten recht illusionär wäre; da jede wirkliche „Entdeckung" eben einzig und allein der Wahrheitssphäre angehöre, in der nur die Orientierung nach Richtig und Falsch, nicht aber nach Gut und Böse Sinn und Geltung habe.

Und damit gelangten wir an die alte Frage des Pilatus: Was ist Wahrheit?

In der Beantwortung betonte Einstein zunächst den Begriff der „Annäherung", der in der Erforschung tatsächlicher Wahrheit eine große Rolle spielt, insofern jede physikalische nach Maß und Zahl feststellbare Wahrheit immer noch einen Rest offen läßt, der sie von der niemals erreichbaren Wirklichkeitswahrheit trennt. Dieser Begriff, der in Einsteins eigenen Forschungen, namentlich in deren Verhältnis zur älteren, der sogenannten klassischen Mechanik so bedeutsam hervortritt, möge hier nach den Erörterungen entwickelt werden, wie sie mir nach mehrfachen Gesprächen im Bewußtsein geblieben sind.

Stellen wir uns vor, wir hörten zwei Menschen über die Form der Erdoberfläche streiten. Der eine behauptete, sie wäre eine unbegrenzte Ebene, der andere definierte sie als Kugel; so würden wir nicht einen Augenblick zögern, den ersten als den Vertreter des Irrtums, den zweiten als den der Wahrheit zu bezeichnen; und so lange sich die Frage in der Alternative „Ebene oder Kugel" erschöpft, wäre in der Beantwortung „Kugel" die restlose, absolute Wahrheit gegeben. Trotzdem wäre diese Wahrheit nur eine relative, denn jene zwei Behauptungen sind nur unter sich kontradiktorisch; und zwar nur so lange, als nicht eine dritte Behauptung auftritt, die der Behauptung „Kugel" eine neue Kontradiktion entgegenstellt.

Wenn jetzt der Streit zwischen jenem zweiten und einem dritten Debatter weitergeht, so hätte dieser dritte alles Recht zu der Ansage: die Erklärung Kugel ist falsch. Denn der Begriff Kugel bedingt die Gleichheit aller Durchmesser, während wir bei der Erde die Ungleichheit genau kennen, und die Entfernung von Pol zu Pol erweislich kleiner finden. als die von einem Äquatorpunkt zum gegenüberliegenden. Die Erde ist ein Rotationsellipsoid, und diese Wahrheit ist eine absolute, gemessen an den Irrtümern, die sich in den Stichworten Ebene und Kugel ausdrücken.

Und wiederum wäre hinzuzufügen, daß dieses Absolutum nur so lange gilt, als die Kontradiktion zwischen einer bestimmten Kugel und einen bestimmten Ellipsoid ins Auge gefaßt wird. Bestehen da wirklich, wie bei der Erde, ganz verschiedene Ausmaße, so waltet zwischen beiden Aussagen ein vollkommener Widerspruch, und wenn der Ellipsoid-Anwalt recht hat, so muß der Kugel-Anwalt, der eben noch gegen den Vertreter der Ebene gesiegt hatte, nunmehr kapitulieren. Der Kugel-Behaupter hatte die Wahrheit inne gegen den ersten Streiter, und diese Wahrheit erweist sich gegen den dritten als ein Irrtum.

Die elementare Logik wird dadurch nicht außer Kraft gesetzt. Diese lehrt in einem Satz, der nicht ganz zutreffend als „Satz des Widerspruchs" bezeichnet wird: Zwei kontradiktorisch entgegengesetzte Urteile, — z. B. diese Figur ist ein Kreis — diese Figur ist kein Kreis — können unmöglich beide wahr sein, aus der Wahrheit des einen folgt mit zwingender Notwendigkeit die Falschheit des anderen. Da hieran nicht zu rütteln ist, so folgt für unseren Fall: es können in Beurteilung des Erdkörpers oder der Erdfläche kontradiktorische Urteile überhaupt gar nicht vorgelegen haben.

Nämlich rein geometrisch aufgefaßt. Die Kugel widerspricht nicht durchaus dem Ellipsoid, da sie einen Grenzfall des Ellipsoids vorstellt; und die Ebene bedeutet ebenfalls einen Grenzfall der Kugel, wie auch der Ellipsoidfläche.

Allein hier handelt es sich nicht um rein geometrische Betrachtung, denn die Erde ist doch ein bestimmter Körper, kein in Abstraktion gewonnenes Grenzgebilde. Hier handelt es sich um meßbare Größen von erweislicher Verschiedenheit, und hiernach müßte von zwei kontradiktorischen Streitern der eine die unbedingte Wahrheit, der andere die unbedingte Unwahrheit verkünden. Was wiederum nicht zu vereinigen ist mit unserem Ergebnis, daß der mittlere Streiter das eine Mal recht behält und das andere Mal ins Unrecht gerät.

Der logische „Satz des Widerspruchs" löst das Dilemma in der einfachsten Weise: die Wahrheit ist bei keinem, mithin kann aus keinem jener Urteile die Falschheit der anderen erschlossen werden. Wahr ist vielmehr nur das eine, daß in jedem der Urteile die Wahrheit in einer gewissen Dosis vorhanden ist. Auf die Erdfläche bezogen bietet uns die Ebene die Wahrheit in erster, die Kugel in zweiter, das Drehungsellipsoid in dritter Annäherung; vorbehaltlich weiterer Annäherungen, von denen jede folgende zu einem höheren Richtigkeitsgrad aufsteigt, ohne daß es irgend einer gelingen könnte, die wirkliche Wahrheit zu erreichen.

Diese auf den Einzelfall eingestellte Betrachtung läßt sich verallgemeinern und bleibt bestehen, wenn wir sie auf unsere Erfassung der Zustände, Veränderungen, Vorgänge in der Natur ausdehnen. Wenn wir von Naturgesetzen sprechen, so müssen wir uns dessen bewußt bleiben, daß es sich hier um menschliche Denkprozesse handelt, die einem Instanzenzuge unterliegen, mit Ausschluß einer allerletzten Instanz, über die hinaus eine Berufung nicht mehr möglich ist. Jede neue Erfahrung im Ablauf der Naturgeschehnisse kann die Notwendigkeit einer neuen Verhandlung vor einer höheren Instanz begründen, der dann die Aufgabe zufällt, das von uns formulierte Gesetz anders oder schärfer zu fassen, mit einem höheren Grad der Annäherung an die Wirklichkeit.

Man vergegenwärtige sich einige der wertvollsten Aussprüche, die von modernen Forschern über das Wesen der Naturgesetze erflossen sind, und man wird erkennen, daß sie alle durch ein einheitliches Gedankenband verknüpft sind, nämlich durch das Zugeständnis, daß auch im sichersten Gesetz ein ungelöster Rest bleibt, der uns verpflichtet, eine erhöhte Annäherung an die Wahrheit, wenn auch nicht für stets erreichbar, so doch als denkmöglich zu erachten.

Die Mechanik liefert uns den Ausdruck der Gesetze in Gleichungen, deren Bedeutung Robert Kirchhoff 1874 durch eine auf der ganzen Linie der Naturforscher als zutreffend erkannte Definition erläutert hat. Danach ist es die Aufgabe der Mechanik: die in der Natur auftretenden Bewegungen vollständig und in der einfachsten Weise (nicht zu erklären, sondern) zu beschreiben.

Die Forderung nach Einfachheit leitet sich her aus der Grundauffassung der Wissenschaft überhaupt, als einer Ökonomie des

Denkens. In ihr spricht sich der Denkwille des Menschen aus, mit dem Aufwande des geringsten Kraftmaßes das Maximum von Ergebnissen zu erreichen und mit dem kleinsten Aufgebot von darstellenden Zeichen die größte Summe von Erfahrungen zu umspannen. Nehmen wir, nach Mach, zwei einfache Beispiele: Kein menschliches Gehirn ist der Aufgabe gewachsen, sich alle möglichen Geschehnisse des freien Falls vorzustellen, und man darf sogar bezweifeln, ob selbst ein Übergeist, wie der von Laplace imaginierte, dazu imstande wäre. Merkt man sich aber das Galileische Fallgesetz und den Wert der Schwerbeschleunigung, was ganz leicht und einfach ist, so ist man für alle Fälle gerüstet und besitzt eine auch der bescheidenen Auffassungskraft zugängliche kompendiöse Anweisung, alle vorkommenden Fallbewegungen in Gedanken nachzubilden. Ebenso könnte kein Gedächtnis der Welt alle verschiedenen Fälle der Lichtbrechung fassen. Statt uns auf diese unendliche Überfülle aussichtslos einzurichten, merken wir uns bloß das Sinusgesetz und die Brechungsexponenten für die vorkommenden Paare von Medien; so können wir jeden beliebigen Fall der Brechung ohne Schwierigkeit nachbilden oder ergänzen, zumal es uns freisteht, das Gedächtnis durch schriftliche Aufbewahrung der Konstanten vollständig zu entlasten. Hier haben wir also Naturgesetze, die uns einen umfassenden, abgekürzten Bericht über Tatsachen erstatten, und der Forderung nach Einfachheit im hohen Grade genügen.

Aber diese Tatsachen bauen sich aus Erfahrungen auf, und es ist nicht ausgeschlossen, daß irgend eine neue unvermutete Erfahrung eine neue Tatsache entschleiert, über die das Gesetz nicht erschöpfend mitberichtet. Dann wären wir gezwungen, die Fassung des Gesetzes zu berichtigen und eine weitere Annäherung an den vergrößerten Tatsachenkreis zu versuchen.

Der Trägheitssatz steht nach menschlichem Ermessen in seiner Einfachheit und Vollständigkeit als unübertrefflich da, er erscheint uns ganz elementar. Aber dieser Satz, der nach dem Erlöschen der bewegenden Kräfte dem Körper eine gleichförmige, gradlinige Bewegung zuschreibt, hebt doch aus unendlich viel Denkmöglichkeiten nur eine einzige als maßgebend für unsere Vorstellung hervor. Einem denkenden Kinde leuchtet er nicht ein, und man könnte sich einen in anderem Fach sehr tüchtigen Gelehrten vorstellen, dem er ebenfalls nicht einleuchtet. Denn a priori ist es durchaus nicht feststehend, daß sich ein Körper nach Erlöschen der Kräfte überhaupt fortbewegt. Wäre der Satz an sich evident, so hätte er nicht erst entdeckt zu werden brauchen, von Galilei im Jahre 1638. Nichtsdestoweniger, für uns ist er voll und ganz mit Selbstverständlichkeit umkleidet, und wir vermögen uns nicht vorzustellen, daß er diese jemals verlieren könnte. Weil wir eben an den derzeitigen Vorstellungskreis gebunden sind, der nicht weiter reichen kann, als bis zur Summe der in Vererbung und Anpassung aufgearbeiteten Sinneswahrnehmungen oder Erfahrungen. In einem sehr fernen Menschengeschlecht könnte der Durchschnittskopf einen Galilei so weit überragen, wie Galilei einen Kindskopf oder den Intellekt eines Papuanegers. Und in einem fernen Zukunfts-Galilei könnte aus den unendlichen Denkmöglichkeiten eine besondere aufsteigen, die als Gesetz formuliert, zur Beschreibung der Bewegungen besser dient, als unser Trägheitsgesetz von 1638.

Das sind keine leeren Halluzinationen, sondern diese Betrachtungen knüpfen an wissenschaftliche Geschehnisse an, die wir im zwanzigsten Jahrhundert erlebt haben. Die Newton'sche Gleichung, welche das Gesetz der Attraktion darstellt, ist zweifellos ein Muster der Einfachheit, und an seiner Genauigkeit zu zweifeln, wäre vor einem Menschenalter keinem Denkenden eingefallen. Mit dem faßlichen Ausdruck $k \frac{m \cdot m^1}{r^2}$ wird ein anscheinend für alle Ewigkeit gültige Gesetzeswahrheit hingestellt. In diesem Ausdruck bedeutet k die Gravitationskonstante, also eine im ganzen Universum unveränderliche Größe, m und m^1 zwei durch Anziehung aufeinander wirkende Massen und r deren Abstand. Aber über Newton kam Einstein, der nachwies, daß jener Ausdruck nur einen Näherungswert darstellt, der unter allerschärfster Prüfung einen feststellbaren Fehlerrest einschließt. Die von Einstein aufgestellten Gleichungen stellen die vorläufig letzte, vielleicht auf Jahrtausende gültige Annäherung dar. Freilich sind sie sehr kompliziert, in einem System erschreckend langer Differentialgleichungen aufgebaut, und man könnte den fragenden Einwand erheben: wie vertragen sie sich mit Kirchhoffs Forderung, daß die allereinfachste Beschreibung der Bewegungen angestrebt werden muß? Aber der Einwand hält nicht stand, wenn man der Sache auf den Grund geht. Denn die Einfachheit spricht sich keineswegs in der Kürze oder Unschwierigkeit einer Formel aus, vielmehr darin, daß sie die einfachste Beziehung zum Weltganzen behauptet, daß sie unabhängig werde von irgend welchem Bezugssystem. Wenn diese Unabhängigkeit nachgewiesen wird — und für die Einstein'schen Gleichungen ist sie gesichert —, dann verschwindet die Kompliziertheit der Formel gänzlich gegen die übergeordnete Einfachheit und Einheit des vor uns aufsteigenden Weltsystems, das im Lauf der Elektronen wie der fernsten Gestirne von dem einen Grundgesetz der allgemeinen Relativität dirigiert wird. Was aber die andere Forderung betrifft, die nach Vollständigkeit, das heißt nach erschöpfender Genauigkeit, so sind uns hierfür Beweise erbracht worden, die mit Recht das Staunen der Mitwelt erregt haben. Aber wie denn? Sollen wir uns zum Annäherungs-Prinzip allem und jedem gegenüber bekennen? Gibt es denn nicht streng Erweisliches, unbedingt Gültiges in Erkenntnissen, die sich mit der Wahrheit restlos decken?

Man denkt an die mathematischen Lehrsätze, welche, einmal bewiesen, dieselbe Evidenz besitzen wie die Axiome, aus denen sie abgeleitet werden, kraft unmittelbar einleuchtender Logik; weil bei ihnen jeder Zweifel zum blanken Widersinn führen müßte. Die Mathematik, ist gesagt worden: est scientia eorum, qui per se clara sunt, ist die Wissenschaft von dem, was sich von selbst versteht.

Aber auch hier darf sich der Zweifel melden. Wenn uns auch nur ein einziger Fall bekannt würde, in dem die Selbstverständlichkeit zu Schaden kam, so öffnet sich das Tor für weitere Zweifel. Solch ein Fall sollte erörtert werden.

Eine Tagente ist bekanntlich eine gerade Berührungslinie, die an eine Kurve gelegt wird, dergestalt, daß sie mit dieser einen Punkt (besser: zwei unendlich benachbarte Punkte) gemeinsam hat, ohne die Kurve zu schneiden. Einfachster Fall: die Senkrechte auf dem Endpunkt eines Kreis-Radius. Und es stimmt vollkommen mit menschlicher Anschauung, wenn gesagt wird: Jede gebogene Linie, die einen „stetigen" Verlauf zeigt, die sich von Punkt zu Punkt in lückenloser, nirgends sprunghafter Krümmung fortsetzt, besitzt in jedem Punkt eine Tangente. Die Analysis, welche die ebenen Kurven als Gleichungen mit zwei Veränderlichen behandelt, findet den Ausdruck für die Richtung der Tangente im Differentialquotienten und erklärt demgemäß: Jede stetige Funktion ist in jedem Punkte differentiierbar. Das eine besagt genau dasselbe, wie das andere, da für jeden Funktionsausdruck ein äquivalentes graphisches Abbild in Kurvenfigur vorhanden sein muß.

Aber in diesem anscheinend elementaren Satz steckt ein Fehler, und dieser Fehler ist erst im Jahre 1875 entdeckt worden. Hunderte von Jahren hat die Kurvenlehre existiert, ohne daß es jemandem eingefallen wäre, die Allgemeingültigkeit jener Tangentenansage zu bezweifeln. Sie verstand sich eben von selbst, als eine mathematische Erkenntnis. Und sicherlich hat weder Newton, noch Leibniz, noch ein Bernoulli, — von den alten Mathematikern ganz zu schweigen — daran gedacht, daß jemals eine stetige Kurve ohne Tangente oder eine stetige Funktion ohne Differentialquotienten auftreten könnte.

Zudem hatte man doch einen Beweis in der Hand, und dieser Beweis wurde in Lehrbüchern gedruckt, in Hörsälen oft vorgetragen, ohne daß gegen ihn der Schimmer eines Verdachtes aufgestiegen wäre. Denn es handelte sich nicht nur um eine demonstratio ad oculos, sondern um die Anrufung des uns eingepflanzten Anschauungsvermögens. Und man darf getrost behaupten, daß bis zum heutigen Tag kein Mensch auf der Welt existiert, der imstande wäre, sich eine stetig gekrümmte Linie ohne die Möglichkeit einer Tangente wirklich vorzustellen. Er vermöchte dies nicht einmal für einen einzelnen Punkt.

Trotzdem fanden sich Forscher, die zu zweifeln begannen. Bei Riemann und Schwarz verdichtete sich der Zweifel bis zu dem Nachweis, daß gewisse Funktionen in gewissen Punkten ihre Bereitwilligkeit versagten. Aber erst Weierstraß schlug offene Bresche in die alte felsenfeste Überzeugung. Er stellte eine Funktion hin, die in jedem Punkte stetig ist, in keinem einzigen differentiierbar. Das graphische Abbild müßte eine stetige Kurve ohne irgendwelche Tangente sein.

Wie sieht ein derartiges Gebilde aus? Wir wissen es nicht und werden es vermutlich niemals erfahren. Als im Gespräch diese Weierstraß-Frage auftauchte, sagte mir Einstein, daß solche Kurve außerhalb aller Vorstellungsmöglichkeit läge. Wobei noch zu bemerken, daß die Weierstraß-Funktion in ihren mathematischen Zeichen zwar nicht gerade den Anblick der Einfachheit gewährt, aber doch nicht den einer unfaßbaren Verwickelung. Und ferner: wo eine solche Funktion (oder Kurve) existiert, da werden sich andere hinzufinden (Poincaré erwähnt, daß Darboux tatsächlich bereits im selben Jahre andere Beispiele geliefert hat); und nicht bloß andere, sondern viele, unendlich viele. Ja noch mehr: man darf annehmen, daß auf je eine stetige Kurve mit Tangenten, unendlich viele ohne Tangenten entfallen, so daß jene die Ausnahme, diese die Regel darstellen. Ein erschütterndes Bekenntnis, das an die Grundfesten der mathematischen Überzeugung rührt, dem aber nicht auszuweichen ist.

Wie können wir nun das Prinzip der „Annäherung" auf diese Betrachtungen anwenden? Dürfen wir sagen: jener vormalig geglaubte, vormals bewiesene Lehrsatz bietet eine Annäherung an die mathematische Wahrheit.

Nur sehr bedingungsweise, in einem gewissen, äußerst enggegriffenem Sinne. Wenn wir uns nämlich in der Entwickelung der Wissenschaft etwa den Zeitpunkt vorstellen, da man eben erst anfängt, den Begriff und die Eigenschaften der Tangenten in Untersuchung zu ziehen. An diesem Wissenschaftsstand gemessen, bedeutet jener Lehrsatz trotz seiner Unrichtigkeit einen Fortschritt, eine erste Annäherung an die Wahrheit; denn er berichtet über eine Fülle — für uns sehr wichtiger — Kurven, die überall Tangenten aufweisen, und mit dieser Erkenntnis nähern wir uns bereits der erhöhten Wahrheit, die sich in dem Weierstraß-Beispiel darbietet. In fernerer Zeit wird der Studienbeflissene jenen Satz nur als ein anekdotisches Kuriosum erfahren, so wie wir von gewissen astrologischen und alchimistischen Irrlehren Kenntnis erhalten, und er wird daneben andere Sätze kennen, die uns Heutigen als bewiesen gelten, obschon sie in Wirklichkeit nur näherungsweise bewiesen waren. Denn was bedeutet es schließlich, daß z. B. Gauß gewisse Beweise früherer Algebraisten als „nicht streng genug" verworfen und durch „strengere" ersetzt hat? Nichts anderes, als daß auch in der Mathematik dem einen Forscher etwas lückenlos, stringent und evident erscheint, worin der andere Risse und Löcher erblickt. Vollendete Richtigkeit besitzen nur die Identitäten, Tautologieen, die zwar in sich absolut wahr aber nicht zeugungsfähig sind. Somit sitzt im Grunde jedes Satzes und jedes Beweises ein Rest von Dogma und in allen zusammen das niemals zu erweisende Dogma von der Unfehlbarkeit.

Als äußerst interessant muß es erscheinen, daß jene, auf den ersten Blick so rätselhafte Tangentenangelegenheit, in der Natur selbst ein physikalisches Gegenbild findet; und zwar in Molekularbewegungen, zu deren Ergründung wiederum unser Einstein mächtig beigetragen hat. Wie man ja von ihm nicht loskommt, wo immer man Dinge berührt, deren vorläufig letzte Erkenntnis durch Annäherung gewonnen werden.

Jean Perrin, der Verfasser des berühmten Buches „Die Atome", beschreibt in seiner Einleitung den Zusammenhang jener mathematischen Abenteuerlichkeit mit sichtbaren, durch das Experiment darzustellenden Ergebnissen, zu denen das Studium gewisser milchig-trüber (kolloidaler) Flüssigkeiten geführt hat.

Man beobachtet z. B. eine jener weißen Flocken, die man erhält, wenn man Seifenwasser mit Kochsalz versetzt. Deren Oberfläche erscheint zunächst scharf begrenzt, allein, je mehr man sich nähert, desto mehr verschwindet die Umrißschärfe. Das Auge ist nicht mehr imstande, eine Tangente an einen Oberflächenpunkt zu legen: eine Gerade, die bei oberflächlicher Betrachtung tangential zu verlaufen scheint, könnte bei näherer Prüfung ebensogut schräg oder senkrecht zur Oberfläche stehen. Kein Mikroskop beseitigt diese Unsicherheit. Im Gegenteil, jedesmal, wenn man die Vergrößerung steigert, sieht man neue Unebenheiten hervortreten, ohne daß man jemals zum Anblick irgendwelcher Stetigkeit gelangt. Solch eine Flocke gibt uns die Vorstellung von dem allgemeinen Begriff der Funktion ohne Differentialquotienten. Wenn wir mit Hilfe des Mikroskops die sogenannte „Brown'sche Bewegung" verfolgen, die auf einem molekularen Vorgang beruht, so verliert sich der Begriff einer Kurve mit Tangente, und für den Beobachter bleibt nur die Vorstellung der Funktion ohne Differentialquotienten... Schließlich muß man die Hoffnung aufgeben, beim Studium der Materie überhaupt Homogenität zu entdecken; sie zeigt sich, je tiefer man in ihre Natur dringt, als schwammartig, unendlich zusammengesetzt, und alle Wahrscheinlichkeit spricht dafür, daß jede noch schärfere Beobachtung nur noch mehr Diskontinuitäten enthüllen wird.

Mir selbst ist bis heute nicht die Gelegenheit geworden, jene „Brown'schen Bewegungen" unter dem Mikroskop zu sehen. Ich möchte aber erwähnen, daß mir Einstein wiederholt mit einer wahren Begeisterung von ihnen erzählt hat, mit einer sozusagen objektiven Begeisterung, denn er verriet dabei nicht mit einem Blick und einer Silbe, daß gerade er Arbeiten geliefert hat, die in der Geschichte der Molekulartheorie Gesetzeskraft erlangt haben.

Sobald wir uns aber an die molekularen Unstetigkeiten heranwagen, erkennen wir, daß wir uns zuvor bei der Besprechung der „Annäherung" in Bestimmung der Erdfigur noch sehr weit von der vorstellbaren Grenze entfernt hielten. Wir hatten die drei Stufen aufgestellt: Ebene — Kugel — Rotationsellipsoid, als relative geometrische Fortschritte, jenseits deren noch weitere geometrische Annäherungen liegen müssen. Denkt man sich selbst alle Niveauunterschiede in Gebirg und Tal als getilgt, stellt man sich die Erdoberfläche als Flüssigkeit vor, die von keinem Windhauch gekräuselt wird, so bedeutet das Ellipsoid durchaus noch nicht die letzte Beschreibung. Denn nunmehr beginnen die Diskontinuitäten von Molekül zu Molekül, die Unendlichkeiten der Gebilde ohne Tangente, die Erscheinungen im Großen, die uns jene weiße Flocke im Seifenwasser mikroskopisch zeigt, und keine jemals denkbare Geometrie wird ausreichen, um sie zu erfassen. Eine Unvollendbarkeit von Funktionen, die sich weder in Worten noch in symbolischen Ausdrücken der Analysis wird beschreiben lassen.

Wenn sich aber auch die letzte geometrische Wahrheit hinter den Schleiern der Maja verbirgt, so verbleibt uns doch der Trost daß die Methode der Annäherung selbst bei relativ bescheidenem Ausmaß in Zahlen Erstaunliches zu leisten vermag. Betrachten wir zu diesem Zweck einmal die einfache Figur des Kreises in seinem Verhältnis von Umring zum Durchmesser.

Dieses Verhältnis ist bekanntlich konstant und wird nach dem ersten zuverlässigen Berechner die Ludolf'sche Zahl, π (pi), benannt. Es ist also gänzlich gleichgültig, ob man einen Kreis ins Auge faßt von der Größe eines Fingerrings, oder einer Zirkusarena, oder vom Radius einer Siriusweite. Und ebenso gleichgültig ist es, was mit dem Kreis vorgeht, während man ihn mißt. Die Verhältnisgröße muß immer stimmen.

Aber schon hier meldet sich aus einer Ecke der neuesten Wissenschaft ein Widerspruch, und man dürfte an den Ausspruch Dove's zurückdenken: wenn wir Professoren einer Sache nicht ganz sicher sind, so beginnen wir den Satz mit dem Worte „bekanntlich". Man könnte erweitern: der Ausdruck sollte überhaupt vermieden werden. Auch wenn man der Sache ganz sicher ist, lauert hinter jedem „Bekanntlich" immer noch ein Unbekanntlich.

Der Satz: Alle Kreise ohne Ausnahme unterliegen der gleichen Größenbestimmung, gehört zu den synthetischen Urteilen a priori. Nun sind Gedankengänge erschlossen worden, auf denen das a priori nicht mehr mitkommen will. Die Mathematik — vormals ein Inbegriff synthetischer Sätze a priori, wird in Abhängigkeit von physikalischen Zuständen gedacht. Physikalische Zustände aber sind erfahrbar und unterliegen dem Wechsel. Da aber das a priori keinem Wechsel unterliegt, so gerät man an eine Unstimmigkeit. Sie führt zu der Frage: Ist die uns geläufige Euklidische Geometrie die einzig mögliche? Im Spezialfall: Gibt die Größe π die einzig mögliche Maßbestimmung?

Einstein verneint die Frage. Nicht nur so, daß er die Möglichkeit einer anderen Geometrie eröffnet, sondern er zeigt das vormals Unfaßbare auf: Wenn man die Natur aufs Genaueste durch einfache Gesetze beschreiben will, so ist es nicht nur unmöglich, mit den Euklidischen Maßbestimmungen auszukommen, sondern man hat an jedem Ort der Welt eine andere Geometrie zu benutzen, die von dem physikalischen Zustand abhängt.

Einstein entwickelt aus dem relativ einfachen Beispiel zweier zueinander in Drehung befindlichen Systeme, daß für einen rotierenden Kreis, vom andern System beurteilt, in der Umfangsmessung eine Besonderheit auftritt, der die Radiusmmessung nicht unterliegt. Nach der Relativitätstheorie ist nämlich die Länge eines Maßstabes als von seiner Orientierung abhängig anzusehen;

im vorliegenden Fall erleidet der Stab eine Verkürzung, wonach er zur Ermittelung des Umfangs öfter aneinandergelegt werden muß, als bei Nicht-Rotation. Hieraus ergibt sich für das Verhältnis ein größerer Wert von π, wir befinden uns somit nicht in der Euklidischen Geometrie.

Allein, vormals, als an derartige Betrachtungen noch nicht im allerentferntesten gedacht werden konnte, war dieses π etwas Feststehendes, absolut Unveränderliches, und die Betrachter gaben sich natürlich alle Mühe, um seinen Größenwert mit aller Genauigkeit zu ermitteln.

Da lebte zu Byzanz im elften und zwölften Jahrhundert ein Gelehrter Michael Psellus, dessen Ruhm unter dem Titel „Erster der Philosophen" weit in die Lande strahlte und dessen mathematische Untersuchungen als bewundernswert galten. Dieser Großmeister hatte analytisch und synthetisch herausgebracht, daß ein Kreis als das geometrische Mittel zwischen dem umschriebenen und dem eingeschriebenen Quadrat aufzufassen wäre, wonach sich, wie leicht nachzurechnen, jene Größe als die Quadratwurzel aus 8, gleich 2,8284271... ergibt. Anders ausgedrückt: die Länge des Umrings übertrifft den Kreisdurchmesser noch nicht einmal um das Dreifache.

Man hat hier die Wahl, das Ergebnis des Psellus als eine „Annäherung" aufzufassen, oder als einen Blödsinn. Jeder Schuljunge, der einen kreisrunden Gegenstand, einen Brummkreisel etwa, spielerisch mit einem Faden nachmißt, kann von der Schnur ein besseres Resultat ablesen; allein die Zeitgenossen des Psellus nahmen jene grundfalsche Zahl mit gläubiger Ehrerbietung hin und fuhren fort, den berühmten Magister zu beweihräuchern. Wir haben heut gut reden: er war ein Esel. Ebensogut kann man erklären, daß irgendwelche Mathematiker in ihren Hirnfunktionen sich nur dem Grade nach, aber nicht im Wesen unterscheiden. Konnte ein Psellus derart vorbeitapern, so kann auch ein Fermat oder Lagrange gelegentlich oder zeitlebens danebengehauen haben.

Kein Gott verbürgt uns das Gegenteil, und wir alle können die von uns anerkannten Geistesgrößen so schief beurteilen, wie die Byzantiner vor achthundert Jahren ihren Psellus.

Hatte dieser „weniger als 3" ermittelt, so sind uns auch aus ungefähr der nämlichen Zeit gelehrte Abhandlungen aufbewahrt, nach denen die Größe π ganz exakt als 4 herauskommt. Gegen solche grandiose Stümpereien gehalten, waren schon die altbiblischen Festellungen Muster der Feinheit. Denn schon vor fast dreitausend Jahren war an dem gewaltigen Waschgefäß im Salomonischen Tempel festgestellt worden (Erstes Buch Könige

7. Kapitel): „Und er machte das Meer gegossen, zehn Ellen von einem Rande bis zum andern, gerundet ringsum ... und ein Faden von 30 Ellen umfing es ringsum." Danach stellte sich π auf 3, eine Annäherung, die den Nachfahren nicht mehr genügte. Die Talmud-Weisen ergänzten: 3 und noch ein klein bißchen darüber; was sich ja in roher Abkürzung mit dem wahren Sachverhalt deckt.

Mehr und mehr befestigte sich die Einsicht, daß in diesem π ein Grundpfeiler mathematischer Anschauung und Rechnung gegeben sei. Und je stärker das Problem der Quadratur des Zirkels die Geister beschäftigte, desto eifriger wurden die Bemühungen, jenem talmudischen „noch ein bißchen darüber" restlos beizukommen. Wir wissen seit 1770, daß dies nicht möglich ist, denn π ist nicht rational, das heißt, nur durch einen unendlichen, in sich unregelmäßigen (nicht periodischen) Dezimalausdruck zu erfassen; es behauptet sogar darüber hinaus noch einen Sonderrang als Transzendente, was erst Lindemann 1882 dem lebenden Geschlechte bewiesen hat. Doch selbst heut gibt es noch unheilbare Quadrierbolde, die der Problemlösung nachjagen, weil sie von dem Wahne nicht loskommen, ein so einfaches Gebilde wie der Kreis müsse schließlich irgend einem Konstruktionsverfahren erliegen.

Der korrekte Weg führt zur immer genaueren Feststellung der Dezimalstellen. Jener Ludolf van Ceulen war bis zur 35. Dezimale vorgedrungen, an der Wende des 18. Jahrhunderts gab es für π das Jubiläum der 100. Dezimale, seit 1844 besitzen wir es durch den Kopfrechner Dase bis zur 200. Dezimale genau, und selbst die verwegensten Ansprüche werden sich dabei bescheiden dürfen. Denn diese Kreisgröße zeigt in geradezu klassischer Weise, daß schon eine in winzigen Ziffern ausdrückbare Annäherung Genauigkeitsgrade erwirkt, die nur mit phantastischen Mitteln beschrieben werden können.

Wir nehmen einen Kreis von der Größe des Erdäquators, multiplizieren den Erddurchmesser mit einem bestimmten π, und wissen im voraus: die Multiplikation wird nicht ganz genau die Größe des Äquators erreichen, ein kleiner Fehlerrest wird immer zurückbleiben. Hält sich dieser Fehler, sagen wir etwa unter einem Meter, so wäre die Genauigkeit schon außerordentlich groß, denn ein Meter bedeutet auf einem Kolossalkreis wie dem Erdumfang so gut wie nichts.

Die Forderung soll sich aber zuspitzen. Wir verlangen, daß der Fehler auf alle Fälle noch lange nicht die Dicke eines allerfeinsten Damenhaares erreiche. Und wir ermitteln: das hierfür aufzuwendende π braucht höchstens bis zur 15. Dezimale genau zu sein. Operieren wir also mit $\pi = 3{,}1415926535897932$, so gebrauchen wir ein Rechnungsinstrument, das für jede irdische Kreismessung den möglichen Fehler unter alle sinnliche Wahrnehmung herabdrückt.

Schreiten wir über die Erde hinaus in den Weltenraum bis zu Kreisen vom Ausmaß einer Planetenbahn, der Milchstraße, ja, der gesamten sichtbaren Sternenwelt; und wir wollen selbst bei diesen Ungeheuerlichkeiten so genau verfahren, daß der Restfehler kleiner wird, als die kleinste durch irgend ein Mikroskop bemerkbare Länge: so leistet die ausgewachsene Ludolf-Zahl das Verlangte, wiewohl immer noch mit dem Vorbehalt: semper aliquid haeret, etwas Ungelöstes bleibt im Exempel haften.

Derartige zahlenmäßige Annäherungen, so lehrreich sie auch erscheinen mögen, bewahren doch vergleichsweise spielerischen Charakter und zeigen nur eine oberflächliche Analogie zu den wichtigeren Annäherungen in der Erkenntnis der Naturgesetze selbst. Diese sind es vornehmlich, die sich uns in Einsteins Lebenswerk so bedeutsam offenbaren, und sie verhalten sich zu jenen, wie die Wahrheit zur Richtigkeit. Die Wahrheit umspannt den größtdenkbaren Ideenkreis und strebt weit hinaus über die Sphäre der Richtigkeit, welche nur Maßverhältnisse betrifft, nicht die Dinge an sich. Wenn Einstein, wie wir erfahren, die Wahrheit als das alleinige Ziel der Wissenschaft erklärt und fordert, so meint er tatsächlich die aus der Natur zu erforschende, streng objektive Wahrheit, den wirklichen Zusammenhang der Erscheinungen und Geschehnisse, unabhängig davon, ob die grübelnde Philosophie hinter diese letzte Objektivität etwa noch ein Fragezeichen setzt. Ein großer Naturforscher kann und darf gar nicht anders verfahren; für ihn sitzt hinter den Maja-Schleiern nicht ein Phantom, das sich schließlich verflüchtigt, sondern etwas Erkennbares, das immer deutlicher, realer hervortritt, je mehr Schleier er in fortgesetzter Annäherung entfernt.

Als in jenem Gespräch von der „Zukunft der Wissenschaften" die Rede war, entwickelte mir Einstein weit hinausstreifend über die Ansichten und Prognosen der vorerwähnten Gelehrten:

„Bis jetzt betrachten wir die Naturgesetze nur unter dem Gesichtspunkt der **Kausalität**, indem wir stets von einem zu einer bestimmten Zeit bekannten Zustand ausgehen, also indem wir durch die Weltvorgänge einen Zeitschnitt legen, etwa den Gegenwarts-Schnitt. Allein, ich glaube, so ergänzte er mit feierlichem Nachdruck, „daß die Naturgesetze, das Geschehen in der Natur, einen viel höheren Grad von gesetzlicher **Gebundenheit** zu zeigen scheinen, als in der so ausgesprochenen Kausalität liegt!

Zur Aufstellung dieser Möglichkeit liegen für mich mehrere Anlässe vor, besonders gewisse Betrachtungen, die sich an die Planck'sche Quantentheorie knüpfen. Möglich wäre folgendes: Das zu einem bestimmten Zeitschnitt Gehörende könnte an sich noch ganz gesetzlos sein; das will sagen: es könnten darin alle physikalischen Denkbarkeiten verwirklicht sein, auch solche" (so verstand ich), „die wir im üblichen physikalischen Denken für nicht verwirklichbar halten; zum Beispiel: Elektronen von beliebiger Größe, von beliebigen Ladungen, Eisen von beliebigem spezifischem Gewicht usw. Durch die Kausalität haben wir unser Denken eingestellt auf eine geringere Stufe der gesetzlichen Beschränkungen, als sie in der Natur verwirklicht erscheinen. Die wirkliche Natur ist viel beschränkter, als unsere Gesetze es zulassen. Um ein Gleichnis zu gebrauchen: wenn wir die Natur wie ein Gedicht auffassen, so ähneln wir etwa einem Kinde, das wohl den Reim entdeckt, aber nicht die Prosodie, den Rhythmus."
Ich verstehe: es ahnt nicht die Zwänge, denen das Gedicht unterworfen ist, und ebensowenig ahnen wir — am Leitseil der Kausalität — die Zwänge, denen die Natur die Vorgänge und Zustände unterwirft, selbst wenn wir sie schon als naturgesetzlich geregelt ansehen.

Sonach würde eine Hauptaufgabe zukünftiger Wissenschaft darin bestehen: die Bindungen der Natur gegenüber der scheinbar naturgesetzlichen Kausalität aufzufinden.

Wir haben hier ein Beispiel für die transzendenten Perspektiven, die sich erschließen, wenn man sich mit Einstein auf die Wanderung begibt. Tatsächlich handelt es sich hier um letzte Dinge, um ein Gebiet vorläufig unausdenklicher Entdeckungen, und es mag fraglich erscheinen, ob die hier verborgenen Probleme der exakten Naturforschung allein, oder vielmehr auch der spekulativen Erkenntnistheorie zuzuweisen sind.

Zunächst scheint Einsteins Ansage auf nichts geringeres hinzuzielen, als auf eine Revision des Kausalitätsbegriffes überhaupt. Soviel auch schon geschehen ist, um diesen Bedriff zu filtrieren, zu läutern, — vielleicht öffnet sich hier die Möglichkeit einer neuen Läuterungsprobe durch eine Synthese naturwissenschaftlicher und abstrakt philosophischer Einsichten. Nur andeutungsweise und in losester Annäherung an irgendwelche Wahrheitserschließung möge hier die Möglichkeit solcher Synthese gestreift werden. Wer jene Worte Einsteins erlebt hat, der fühlt eben das Bedürfnis, in den wildflutenden, durch sie ausgelösten Gedankenstrom wenigstens auf Sekunden einen Halt zu gewinnen.

Was ist Kausalität? Man könnte auf physiologisch sagen:

das ist der unzähmbare, animalische, in Gehirnzellen eingelagerte Trieb, die erlebten und vorgestellten Geschehnisse miteinander zu verknüpfen. Wenn der Dichter den Hunger und die Liebe als die Grundfaktoren des Weltgetriebes definiert, so braucht man jenen nur noch auf den Kausalitätshunger auszudehnen, um das Register der Urtriebe zu vervollständigen. Denn dieser Hunger tritt nicht minder stürmisch auf, als der leibliche, und übertrifft ihn dadurch, daß er uns nicht einen Augenblick losläßt. Der Körper kann eher das Atemziehen einhalten, als die Seele die Frage nach dem Warum und Weil, nach Ursache und Wirkung, nach Grund und Folge.

Dies unablässige Suchen nach einer Verknüpfung der Geschehnisse hat sich in uns zu einer festen, absolut unerschütterlichen Denkform organisiert, die mysteriös bleibt, selbst wenn wir vermeinen, alles Mysteriöse aus ihr ausgeschaltet zu haben. Der Natur selbst sind die von uns gesuchten und vermeintlich elementar begriffenen Beziehungen gänzlich fremd. David Hume, der erste wirkliche und allertiefste Erforscher dieser Denkform, hat gesagt, daß in der gesamten Natur nicht ein einziger Fall von Verknüpfung erscheint, den wir zu erfassen vermögen. Alle Geschehnisse treten in der Wirklichkeit lose und getrennt auf. Eines „folgt" nur immer auf das andre, niemals aber können wir irgend ein Band zwischen ihnen beobachten. Sie erscheinen „zusammen" (cojoined), aber niemals verknüpft (connected). Und da man keinerlei Vorstellung von etwas haben kann, was niemals unserer sinnlichen oder inneren Wahrnehmung sich darstellte, so scheint die notwendige Folgerung die zu sein, daß wir ganz und gar keine Vorstellung von kausalen Verknüpfungen oder bewirkenden Kräften besitzen, und daß diese Worte durchaus ohne Sinn sind, mögen sie in philosophischen Erörterungen oder im gewöhnlichen Leben gebraucht werden. Diese resignierende „Untersuchung über den menschlichen Verstand" hat zahlreiche Ausbauten erfahren, zumal durch Kant und alle Kantianer, wie es ja unmöglich ist, irgend einen philosophischen Faden zu spinnen, ohne sich mit der Grundfrage nach der Existenz einer Kausalität außerhalb unseres Kausalitätsbedürfnisses auseinanderzusetzen. Und es ist unvermeidlich, bei jedem Anlauf in dieser Richtung an die weitere Frage zu geraten: Was ist Zeit? Denn die Kausalität richtet sich auf das Nacheinander, auf die Folge der Wahrnehmungen und Erscheinungen, mithin sind die beiden Fragen nicht nur aufs engste ineinander verflochten, sondern eigentlich nur verschiedene Ausdrücke einer und derselben Frage. Die Zeit, nach Cartesius und Spinoza ein Modus cogitandi, nicht

Affectio rerum, nach Kant eine Denkform a priori, beherrscht unsere Intelligenz mit derselben Souveränität, wie der vorgestellte Ablauf der Dinge, den wir in dem nämlichen nicht weiter zerlegbaren Denkakt als zeitlich und als kausal empfinden.

Nun ist der Zeitbegriff durch Einstein selbst aufs äußerste revolutioniert worden. Und es ist zu erwarten, daß auch der Kausalitätsbegriff, — dem wir nach alter Gepflogenheit wenigstens dem Worte nach noch eine gesonderte Existenz vorbehalten — von den Folgen dieser Revolution mitbetroffen wird.

Wir nähern uns damit einer Relativierung der Ursächlichkeit, und wir können dieser einen Schritt näherkommen, wenn wir uns vergegenwärtigen, für welche Verschiedenheiten in der Zeitwahrnehmung die Natur selbst Spielraum offen läßt. Wohlverstanden: es handelt sich hier nicht um die physiktheoretische Zeit, im Sinne der Einsteinschen Lehre, sondern um etwas Physiologisches, das aber letzten Endes ebenfalls auf eine Relativierung der Zeit und damit der ursächlichen Zusammenhänge innerhalb der Zeit hinausläuft.

Wir haben dabei die Gedankengänge des berühmten Petersburger Akademikers K. E. von Baer einzuschlagen, und wir brauchen diese nur wenig zu verlängern, um aus seiner Rede von 1860 „Welche Auffassung der lebenden Natur ist die richtige?" bis in den Kern der Kausalität vorzustoßen. Weil nämlich das Menschenhirn zur lebenden Natur gehört, mithin auch die Denkvorgänge selbst als Äußerungen des Lebens begriffen werden können.

* Den Ausgangspunkt bildet eine Fiktion, deren fiktiver Charakter dahinschmilzt, sobald wir uns dem Ergebnis nähern. Die Denkbrücke kann nachträglich abgebrochen werden, es genügt, wenn sie uns interimistisch trägt, wenn wir nur jenseits auf einer Sicherheit landen.

Die Schnelligkeit des Empfindens, der willkürlichen Bewegungen, des geistigen Lebens scheint bei verschiedenen Tieren annähernd der Schnelligkeit ihres Pulsschlages proportional zu sein. Da nun z. B. beim Kaninchen der Puls viermal so schnell schlägt, als beim Stier, so wird auch jenes in derselben Zeit viermal so schnell empfinden, viermal soviel Willensakte ausführen können, überhaupt viermal soviel erleben, wie der Stier. Allgemein gesagt: In demselben astronomischen Zeitraum verläuft das innere Leben, das Erleben, in verschiedenen Tieren einschließlich des Menschen mit verschiedenen spezifischen Geschwindigkeiten, und hiernach richtet sich in jedem Lebewesen das subjektive Grundmaß der Zeit. Nur an unserem eigenen Grundmaß gemessen, erscheint uns ein organisches Individuum, etwa eine Pflanze, an Größe und Gestalt als etwas Beharrendes, zum mindesten in engen Zeitspannen als etwas Unveränderliches. Denn wir können sie in der Minute hundertmal und öfter sehen, ohne äußerlich eine Veränderung zu bemerken. Denkt man sich nun aber den Pulsschlag, die Wahrnehmungsfähigkeit, den äußeren Lebenslauf und den geistigen Prozeß des Menschen sehr beträchtlich beschleunigt oder verzögert, so ändert sich das gründlich, und Erscheinungen treten alsdann auf, die wir im Banne unsrer gegebenen physiologischen Struktur als märchenhaft, übernatürlich, außernatürlich ablehnen müßten, obschon sie unter Voraussetzung einer andern Struktur durchaus folgerecht und notwendig wären. Gesetzt etwa, der menschliche Lebenslauf von Kindheit bis zum Greisenalter würde auf seinen tausendsten Teil in Schrumpfung reduziert, auf einen einzigen Monat, und der Pulsschlag ginge tausendmal so schnell, als ihn unsere Eigenerfahrung aufzeigt, so würden wir eine fliegende Flintenkugel sehr genau von Punkt zu Punkt mit den Blicken verfolgen können, gemächlicher, als wir heut einen Schmetterlingsflug beobachten; weil die Sekunden-Bewegung des Geschosses sich jetzt auf mindestens 1000 Pulsschläge, auf 1000 Wahrnehmungen verteilt, mithin sich an unserer Empfindung gemessen um das 1000fache verlangsamt. Würde dieses Leben nochmals auf den tausendstel Teil, auf etwa 40 Minuten verkürzt, dann würden uns Blumen und Gräser ebenso starr und unveränderlich erscheinen, wie Felsen und Gebirge, deren Verwitterungen von uns nur erschlossen, nicht aber direkt bemerkt werden; vom Wachstum und Verwelken einer Knospe und Blüte würde man zeitlebens nicht viel mehr gewahren, als von den geologischen Umgestaltungen der Erdrinde. Die willkürlichen Bewegungen der Tiere würde man als viel zu langsam gar nicht sehen; höchstens könnte man sie erschließen, wie die Bewegungen der Gestirne. Und bei noch weiterer Verkürzung des Lebens könnte das Licht für uns aufhören ein optischer Vorgang zu sein. An Stelle seiner Sichtbarkeit könnte seine Hörbarkeit treten, während alles, was wir Töne und Geräusche nennen, längst aufgehört hätte, dem Ohr wahrnehmbar zu werden.

Schlägt aber die Phantasie den umgekehrten Weg ein, läßt sie das Menschenleben, anstatt es zu verdichten, sich vielmehr enorm erweitern, — welch anderes Weltbild wird dann erlebt! Verlangsamte sich z. B. der Pulsschlag und damit die Wahrnehmungsfähigkeit um das 1000fache, in einem auf etwa 80 000 Jahre angesetzten Menschenleben, erlebten wir also in einem Jahre nur so viel, wie jetzt im Drittel eines Tages, dann würden wir in je vier Stunden den Winter hinwegschmelzen, die Vegetation aufsprießen und wieder abwelken sehen. Manche Entwickelung könnte wegen ihrer relativen Schnelligkeit, im Verhältnis zum Pulsschlag gar nicht wahrgenommen werden. Ein Pilz stünde z. B. plötzlich aufgeschossen da, wie ein Springbrunnen. Wie eine helle und dunkle Minute wechselten Tag und Nacht, und die Sonne flöge wie ein Projektil über den Himmelsbogen. Würde aber solches Menschenleben abermals um das 1000fache verzögert, könnte also der Mensch während eines Erdjahres nur etwa 190 distinkte Wahrnehmungen machen, dann fiele der Unterschied zwischen Tag und Nacht gänzlich fort, der Sonnenlauf erschiene als ein glühender Bogen am Himmel, und alle Gestaltungen, die uns in ruhigem Nacheinander geordnet und bleibend erscheinen, würden in Hast des Geschehens zerfließen, vom wilden Sturm des Geschehens verschlungen werden.

Dürfen wir gegen diese relative Zeitwahrnehmung wirklich „unsere" Zeit, also etwas Spezifisches, von unserer Menschenstruktur Abhängiges, ausspielen? Könnten wir nicht vielmehr zu der Einsicht gelangen, daß dieses auf unseren besonderen Pulsschlag eingestellte Zeitspezifikum nur ein höchst beschränktes Weltbild, eines unter unendlich viel möglichen liefert, wie es gerade von den Schranken dieser bestimmten Intelligenz bedingt und determiniert wird? Vielleicht sogar ein Zerrbild, eine Karikatur des wirklichen Geschehens?

Ein unendlich überlegener Geist wäre nicht mehr abhängig von Einzelwahrnehmungen, wie sie uns unter dem Rhythmus des Pulses zugeführt werden. Für ihn gäbe es keine Metronomisirung im Ablauf der Geschehnisse, außerhalb dessen, was unserem Verstande sich als Zeit darstellt. Er stünde jenseits und außerhalb der Zeit, in dem, was Aquino das „Nunc stans" nennt, im stehenden Gegenwartspunkt, ohne Rückblick auf eine Vergangenheit, ohne Erwartung einer Zukunft. Ohne Vorher und Nachher gewänne für ihn das Weltgeschehen den klarsten, allereinfachsten Sinn, wie eine identische Gleichung. Was uns als „Ablauf" der Ereignisse vorschwebt, flösse zusammen in eines, wie uns im Nacheinander des Zählens ein Zahlengesetz, wie uns im Ablauf der logischen Operationen eine logische, selbstverständliche Grundwahrheit. Wenn der von Laplace imaginierte Geist existiert, so ist er der Mühe überhoben, in seine Weltgleichungen die Zeitgröße einzusetzen, denn diese ist eine rein anthropomorphe, durch unsere Wahrnehmungen erzeugte, durch unseren Eigenpuls regulierte Größe. Sonach muß auch der von der Zeit gänzlich unabtrennbare Kausalitätsbegriff als anthropomorph angesprochen werden, als ein Etwas, das wir in die Natur hinein-, nicht aus ihr herauslesen. Zum mindesten wäre festzustellen: sollte es außer uns eine Ursächlichkeit geben, so können wir von ihr nur ein Minimum erfahren, und dies Wenige nur in einer durch den Zufall unseres Wahrnehmungstempos bedingten Verschiebung oder Verzerrung.

Wiederholen wir uns nunmehr Einsteins Erklärung, „daß die Naturgesetze, das Geschehen in der Natur, einen viel höheren Grad von gesetzlicher Gebundenheit zu zeigen scheinen, als in der von uns gedachten Kausalität liegt; möglich wäre, das zu einem bestimmten Zeitschnitt Gehörende könnte an sich noch ganz gesetzlos sein, es könnten darin auch solche physikalische Denkbarkeiten verwirklicht sein, die wir für nicht verwirklichbar halten, z. B. Eisen von beliebigem, spezifischem Gewicht", — und da möchte ich doch sagen, daß dem Nichtphysiker die schweren Worte Einsteins vielleicht unschwerer ins Verständnis dringen werden, wenn er jene physiologische Betrachtungen zu Hilfe ruft. Gewiß, die Erkenntnisgründe Einsteins sind ganz andere und liegen tiefer, als die des erwähnten Akademikers, der von organischen Funktionen ausgeht, um zu einer abenteuerlichen, aber doch in sich widerspruchlosen Relativität zu gelangen. Aber eine Berührungsstelle ist wohl vorhanden, insofern hier wie dort Möglichkeiten scheinbar extra naturam angesagt werden.

Einstein sagt: Bisher betrachten wir die Naturgesetze nur unter dem Gesichtspunkt der Kausalität, indem wir stets von einem zu einer bestimmten Zeit bekannten Zustand ausgehen, also indem wir durch die Weltvorgänge einen Zeitschnitt legen, etwa den Gegenwarts-Schnitt. Versuchen wir auf eigene Gefahr eine populäre Umschreibung:

Der Gegenwarts-Schnitt enthält für uns die Summe der bisherigen Erfahrungen, aus denen der Zwangslauf unseres Denkens die Kategorie der Kausalität herausarbeitet.

Was in der Erfahrung nicht vorhanden ist, kann in unserer Kausalität nicht zum Vorschein kommen. Denken wir an den von Hume zitierten Indier, der noch niemals Eis erlebt hat. Er könnte — unbelehrt, und nur auf eigene Wahrnehmungen angewiesen — niemals die Erfahrung machen, daß Wasser in kaltem Klima gefriert. Der Einfluß der Kälte auf das Wasser ist kein allmählicher, in seinen Folgen vorauszusehender, entsprechend der Kältesteigerung, sondern beim Gefrierpunkt geht das Wasser in einem Augenblick von der höchst beweglichen Flüssigkeit zur starrsten Festigkeit über. Dafür besitzt die Kausalität des Indiers kein Schema. Erzählt man ihm den Vorgang, dann schwebt er in einer Alternative; entweder er verweigert den Glauben, und das wäre das natürlichste, denn festes Wasser ist für ihn so sinnlos, wie für uns eine eckige Kugel. Oder er glaubt dem Gewährsmann, dann erhält seine Kategorientafel ein Loch, einen Bruch mitten in seiner Kausalität. Er versteht sich dann dazu, etwas für ihn Sinnloses, außer Verknüpfung von Ursache und Wirkung Stehendes als verwirklichbar anzunehmen. Bis zum Moment, im Gegenwartsschnitt, war dafür in seiner Kausalität kein Platz. Einem Torricelli wäre der Begriff der flüssigen Luft, darstellbar erst seit 1883, als eine mit seiner Kausalität unverträgliche Unmöglichkeit erschienen.

Ebensowenig wie in unserer ein Platz ist für die Vorstellung eines Eisens vom spezifischen Gewicht der Luft oder des Vielfachen vom Golde. Denn im Zuge unserer Kausalität müssen wir schließen: eine so leichte oder so schwere Substanz könnte zwar chemische Verwandtschaften mit dem Eisen aufzeigen, allein sich selbst nicht mehr mit dem Begriff Eisen decken.

Nun sagte Einstein allerdings: Die Natur ist viel beschränkter (gebundener), als unsere Gesetze es zulassen, und ein Zweifler könnte jene Ansagen aneinanderhalten, um eventuell einen Gegensatz aus ihnen herauszudeuten. Denn wenn in der Natur einschränkende Bedingungen obwalten, die unserer naturgesetzlichen Anschauung fremd sind, wie wäre es dann möglich, daß unvorstellbare Erscheinungen sich verwirklichen könnten? Wenn sie dazu imstande ist, so müßte sie doch gerade vermehrte Freiheiten in Anspruch nehmen? Der scheinbare Gegensatz löst sich, wenn man den Begriff der Gesetzmäßigkeit und das Maß der vorliegenden Erfahrung als verschiedene Dinge behandelt. Dann ergäbe sich die Interpretation:

Aus der Mannigfaltigkeit des mechanisch möglichen Geschehens greift die wirkliche Natur eine ganz engbegrenzte Mannigfaltigkeit heraus. Die wirklichen Gesetze sind also viel einschränkender, als die uns bekannten. Zum Beispiel würde es nicht gegen die bisher bekannten Gesetze verstoßen, wenn wir Elektronen von beliebiger Größe oder Eisen von beliebigem spezifischem Gewicht vorfänden. Die Natur aber realisiert nur Elektronen von ganz bestimmter Größe und Eisen von ganz bestimmtem, spezifischem Gewicht.*

*   *
*

Vergegenwärtigen wir uns jedenfalls, daß es in letzten Erkenntnissen keine letzten Instanzen gibt. Eine solche ist auch dann nicht anzunehmen, wenn man im Verfolg einer Lehre an eine

Schwierigkeit gerät, die zuerst mit den Anzeichen verbalen, begrifflichen, antinomischen Widerspruchs auftritt. Vielmehr kann man sich darauf verlassen, daß gerade den feinsten und folgenschwersten Untersuchungen eine Fiktion und in dieser ein vorläufiger Widerspruch zum Ausgangspunkt dient. Wir besäßen keine Infinitesimalrechnung, keine Algebra, keine Atomistik, keine Gravitationslehre, wenn wir aus ihnen, um jeden Widerspruch von vornherein auszuschalten, die Fiktion des Differentials, der Imaginärgröße, des Atoms, der actio in distans ausschalten müßten. Ja, ganz summarisch gesprochen: nicht nur die Erkenntnis, sondern auch das Leben, der Zusammenhalt der Menschheit durch Vertrag, Gesetz und Pflicht würde zur Unmöglichkeit ohne die Anerkennung der Fiktion vom freien Willen, die im schärfsten Widerspruch steht zur naturgesetzlich einzig erkennbaren Determiniertheit alles Geschehens, einschließlich aller Handlungen und Motive.

Fiktion (wohl zu unterscheiden von Hypothese) und Anthropomorphismus, sie sind trotz ihrer inneren Unhaltbarkeit die Pole, um die unser Denken und das menschliche Geschehen kreist. Und keine Lehre wird jemals so hoch fliegen, daß sie die Herkunft von jenen Wurzeln alles Denkens gänzlich verleugnen könnte. Der Archimedeische Denkpunkt im Universum, von dem aus die Welt aus den Angeln gehoben werden könnte, ist unerreichbar, weil er nicht existiert.

Sollte sich das am Ende auch auf die neue Physik an sich beziehen, deren Ergebnisse doch als die letzten Worte naturwissenschaftlicher Erkenntnis zu gelten haben? Manch ein Gedankengrübler könnte wohl im Zuge des vorangehenden Satzes den Drang verspüren, mit einem Ja zu antworten, wenn sich nicht auch hier ein Widerspruch meldete. Der äußert sich darin, daß von den heutigen Philosophen wohl keiner imstande ist, die Fasern dieser theoretischen Gewebe bis in ihre Grundwurzeln zu verfolgen.

Hier scheiden sich die Wege: wer es darauf anlegt, sich in Einsteins neuem Weltsystem durchaus zurechtzufinden, der hat mit dem Studium der Theorie so viel zu tun, daß ihm daneben kaum die Möglichkeit zur letzten philosophischen Analyse verbleibt. Wer aber nur vom Philosophentrieb beherrscht sich mit der Sache beschäftigt, der gerät schnell genug an Erkenntnisgrenzen, wo sich sein wissenschaftliches Gewissen warnend meldet. Er wird Zweifeln anheimfallen, die ihm zurufen: hast du es denn auch wirklich ganz verstanden? Steht es dir zu, letzte philosophische Folgerungen zu ziehen, bevor du die letzten mathematischen Schwierigkeiten überwunden hast?

Soweit zu übersehen, hat bisher nur ein Einziger die Vielseitigkeit in sich aufgebracht, um das Physik-Theoretische mit dem Erkenntheoretischen methodisch zu vereinigen. Es ist Moritz Schlick in Rostock, der die Früchte seiner Arbeit in einer systematischen „Erkenntnislehre" niedergelegt hat. Ein außerordentliches, fernhinstrahlendes, über Kant hinausgreifendes Werk. Für Schlick bildet Einsteins Lehre den Schlüssel zu neuen, vordem ungesehenen Pforten, ein wunderbares Werkzeug der Erschließung, das vielleicht noch wunderbarer wirken würde, wenn es gelänge, bei Handhabung des Instrumentes allen Anthromorphismus zu überwinden. In dieser Einschränkung mag eine Utopie liegen, oder der Ansatz zu einem circulus vitiosus. Aber wir besitzen ja heute eine Lehre, die sich auf das Unvollziehbare erstreckt, „Als Ob" es vollziehbar wäre. Und unter den Jüngern Vaihingers, des Meisters der Als-Ob-Schule, macht sich allerdings das Bestreben geltend, auch auf diesem Felde den anthropomorphen und fiktiven Spuren nachzugehen.

Einstein selbst stellt sich, wie ich aus zahlreichen Äußerungen entnehmen muß, nicht mit unbedingter Sympathie zu allen Versuchen, den letzten Problemen mit reiner Philosophie, vollends auf metaphysischen Wegen beizukommen. Er läßt gewähren, er bekundet sogar Bewunderung für einzelne neuere Arbeiten, wie für die vorgenannte von Schlick, allein er findet in den nur-philosophischen Methoden Widerstände, die ihn zum mindesten abhalten, sich an ihnen systematisch zu beteiligen. Jene unwillige Bezweiflung der Philosopheme, die im Kreise der exakten Forscher nie verschwunden ist, jener Verdacht, der in allen metaphysischen Ansätzen Reste von Sophistik und Scholastik wittert, äußert sich auch bei ihm in wahrnehmbaren Reflexen. Er vermißt in der Denkweise der Nichts-als-Philosophen die Straffheit und Gradlinigkeit, die von einem Ergebnis zum nächsten die Bürgschaft des Fortschreitens gibt, und er bemängelt das Schwammige, Unsaubere gewisser Denkgebilde, die ja freilich von der Geschlossenheit und kristallklaren Helligkeit mathematisch-physikalischer Entwickelungsreihen recht unvorteilhaft abstechen. Stand am Portal der Athenischen Akademie der Spruch „medeis ageometretos eisito" — keiner soll hier hinein, der nicht mathematisch vorgebildet —, so denke man sich daneben eine Akademie der reinen Transzendentalphilosophen mit der Inschrift: Kein Aufenthalt für Exaktforscher! Und ich glaube, diese reinliche Scheidung wäre so ziemlich in Einsteins Sinne.

Bei dem großen, von Einstein höchst verehrten Ernst Mach erlebten wir ähnliche Reflexe, oder besser mit einem akustischen

Gleichnis: er sang laut und öffentlich fast die nämliche Melodie in anderer Tonart. Nie wurde er müde, zu versichern, daß er eigentlich „gar kein Philosoph, sondern nur Naturforscher" sei, und eines seiner Werke trägt an der Spitze der Einleitung das Bekenntnis: „ohne im geringsten Philosoph zu sein oder auch nur heißen zu wollen...", während er sich wenige Zeilen später, sarkastisch, als „streifenden Sonntagsjäger" auf philosophischen Gründen bezeichnet. Allein, Machs Auftakt erlebt ein eigentümliches Nachspiel, denn das also präludierende Buch, betitelt „Erkenntnis und Irrtum", gehört zu den Hauptwerken der philosophischen Literatur; und er selbst, der Sonntagsjäger, der nicht einmal Philosoph heißen wollte, übernahm 1895 an der Wiener Universität die Professur für Philosophie. Nur die Scheu vor dem Zunftwesen hatte ihn dazu gedrängt, immer wieder den Abstand zu betonen, während er im Herzen eine glühende Liebe zur Urmutter der Wissenschaft, eben der Philosophie, hegte. Und ich bin der Meinung: für jeden, auch für den strengsten Forscher, kann der Moment kommen, da die Sirenenklänge vom philosophischen Gelände her Macht über ihn gewinnen.

Was Einstein persönlich anlangt, so wage ich in dieser Hinsicht keine Prognose. Gehört er auch in die Größenklasse der Descartes, Pascal, d'Alembert, Leibniz, in denen Mathematik und spekulative Philosophie zusammenflossen, so ist er doch eine Figur von so hervorstechender Eigenprägung, daß man in keinem Betracht von anderen auf ihn schließen darf. Er braucht nicht einen Tag von Damaskus zu erleben, denn er trägt die Heilsbotschaft in sich, und von ihm geht sie aus. Eines halte ich dabei für möglich: daß Einstein gelegentlich aus künstlerischen Motiven das Nachbargebiet beschreitet. Sind die Mittel der Philosophie nebuloser, verschwommener, als die der brennend deutlichen Exaktwissenschaft, so nähert sie sich in gleichem Verhältnis den Künsten. Und sicherlich sind auch in einer die Welt umspannenden Lehre viele künstlerischer Befruchtung zugänglichen Keime vorhanden. Die Linie von Kant zu Schiller zeigt, wie das gemeint ist. Schon jetzt verrät die Kunst in Andeutungen, daß sie gewillt ist, mit den Erkenntnissen Berührungspunkte aufzusuchen. In Frankreich entstanden symphonische Tonstücke über die Kreisberechnung und über die Logarithmen, heute Kuriositäten, in weiterer Zeit vielleicht Vorbilder. Eines späten Tages kann das vierdimensionale Universum für künstlerische Behandlung reif geworden sein. Auf dem Wege dahin liegt die Behandlung mit den symbolischen, unstrengen, halbdichterischen Ausdrucksmitteln der Philosophie. Viele werden sie versuchen, und das Gelingen könnte ihnen näherrücken, wenn Einstein selbst ihnen hilfreiche Hand bietet. Neue physikalische Wahrheiten gibt es auf diesem Wege nicht zu erschließen, aber die vorhandenen könnten leichter in das breite Bett der Weltphilosophie einmünden. Die Welt ergründen ist Klausurarbeit, sie weithin begreiflich machen wollen, das verlangt einen Prediger, der mit den schönen Mitteln philosophischer Rhetorik wirkt. Kosmos bedeutet Welt und Schmuck, sein Schöpfer Demiurgos ist ein künstlerisch bildender Werkmeister.

Einstweilen haben wir vernommen, wie Einstein den Zweck der Wissenschaft auffaßt, als deren alleiniges Ziel er die Wahrheit bezeichnet. Für ihn ist diese ein Absolutes an sich, dem wir uns so sicher nähern, wie es unmöglich ist, durch etwaige ethische Entdeckungen irgend etwas wissenschaftlich Brauchbares zu erreichen. Denn die Ethik ist ein Feld, auf dem die Begriffsgespenster geistern, und die Behandlung „ordine geometrico", die Spinoza auf sie anwenden wollte, bleibt der Physik vorbehalten. Die philosophische Querfrage, „ist die Wahrheit an sich nicht auch nur ein Vorgestelltes?" überläßt Einstein denen zur Erörterung, die ein Vergnügen darin finden, niemals schließbare Denkzirkel abzustreifen, während er gradlinig fortschreitet, getragen von dem Bewußtsein: mag auch das Ziel nicht zu gewinnen sein, — die Richtung dahin ist nicht mehr zu verlieren!

Hauptlinien und Nebenwege.

Praktische Ziele der Wissenschaft. — Reine Wahrheits-Erforschung. — Rückblickende Betrachtungen. — Kepler als Praktiker. — Ein Ausspruch Kants. — Mathematik als Wahrheitsprobe. — Deduktive und induktive Methode. — Kennen und Erkennen. — Glücksgefühl und theoretische Genüsse. — Wissenschaftstat und Kunstwerk. — Ethische Wirkungen. — Kleine Anfragen.

I.

Wieder einmal wurde das große Thema angeschlagen: Kann oder soll die theoretische Wissenschaft auch praktische Ziele haben?

Die Bedeutung der Frage ist unmöglich zu überschätzen. Sie umlauert uns täglich und reckt sich im Gesichtskreis der Menschheit oft genug zu bedrohlicher Höhe empor. Habet acht, wie sich die Rede der Gebildeten gestaltet, wenn die feinsten und sublimsten Geistestaten erörtert werden: Man spricht von den Wundern der Erforschung auf den entlegensten Gebieten der Astronomie, wo sie die Strukturen weltenweiter Sternsysteme ergründet; von Gedankenoperationen, die darauf hinzielen, aus dem Urchaos vor Ewigkeiten die Gestaltung der Universen kosmogonisch abzuleiten; man spricht von erhabenen Wissenschaften, von der Funktionen- und Zahlentheorie, deren Begründer und Vertreter ebenso Staunenswertes in der Aufstellung wie in der Lösung abgründiger Probleme geleistet haben; und es kann nicht fehlen, daß die Querfrage dazwischenblitzt: Wozu dient das letzten Endes? Was macht man damit? Kann ein Selbstzweck der theoretischen Wissenschaft anerkannt werden, oder haben wir zum Mindesten die Hoffnung aufrechtzuerhalten, daß sie uns über kurz oder lang einmal einen greifbaren, in Lebenswerten ausdrückbaren „Nutzen" bringen werde?

Und wie die reinen Kunstbekenner das Wort geprägt haben, „l'art pour l'art", so ruft auch Einstein den unbedingten Selbstzweck aus: „die Wissenschaft für die Wissenschaft"! Sie trägt ihre Ziele absolut in sich und darf sich in ihren Hauptlinien durch keinen anderen Zweck abdrängen lassen. „Es ist meine innere Überzeugung," so betonte er, „daß die Entwickelung der Wissenschaften sich in der Hauptsache auf die Bedürfnisse der reinen Erkenntnis gründet, wie sie in psychologischer Hinsicht als religiöse Bedürfnisse sich geltend machen."

Ihnen selbst, Herr Professor, erscheint also die Praxis daneben bedeutungslos?

„Das habe ich nicht gesagt, und es lag auch nicht im Sinn der Frage. Wir müssen deren Prämisse festhalten: So lange ich mich auf Linien der Erforschung bewege — dies war die Voraussetzung — ist mir die Praxis, also jedes praktische Ergebnis, das sich nebenher oder künftig möglicherweise daran knüpfen könnte, vollkommen gleichgültig."

Es liegt mir fern, auch nur in Gedanken an dieses Grundbekenntnis rühren zu wollen, zumal es ja im Munde eines Wahrheitsfinders mit dem Klange der Evidenz auftritt. Mich beunruhigt es nur, daß sich neuerdings Stimmen geltend machen, die von der Wissenschaft eine andere Grundrichtung fordern. Und das sind nicht nur Stimmen aus der großen Menge, sondern aus akademischen Kreisen. So las ich erst kürzlich die Ausführungen eines namhaften Gelehrten, des Naturwissenschaftlers W. Wien, der recht energisch gegen die Alleingiltigkeit der rein wissenschaftlichen Ziele polemisierte. Professor Wien wandte sich besonders gegen deutsche Physiker, mit dem Vorwurf, daß sie die praktische Technik unterschätzen und es als ein „Heruntersteigen" ansehen, wenn ein Physiker in die Praxis geht.

— „Ich weiß nicht, auf wen das zielen soll, glaube aber, daß ich persönlich zu solchem Vorwurf durch mein Verhalten niemals Anlaß gegeben habe. Denn ich teile keine Rangklassen ab, und verteile keine Anerkennungsgrade nach Höher oder Niedriger. Ich stelle nur fest, was im Wesen der Wissenschaft selbst liegt, und nach welchen Zielen sie, unpersönlich gedacht, zu blicken hat. Wie sich dann bei dem einzelnen Vertreter die weitere Orientierung gestaltet, das hängt von Lebensbedingungen ab, die eben für den einzelnen entscheidend werden, ohne daß man aus ihnen Folgerungen für die Grundlinien der Forschung ableiten dürfte. Es wäre gänzlich verfehlt, mir eine Verstiegenheit der Anschauung zuzutrauen, denn ich besitze genügend viel Berührung mit der Praxis und werde bis zu dieser Stunde reichlich von Praktikern in Anspruch genommen ...

„— was ich zu meinem Leidwesen bemerkt habe, wenn Sie eine Unterhaltung mit mir abbrechen mußten, um ungeduldigen Personen in technischen Dingen gutachtliche Audienz zu erteilen."

— Und mein eigener Kontakt mit der Welt der Praxis ist

nicht etwa jüngeren Datums. „Ich selbst", sagte Einstein, „sollte ursprünglich auf den Wunsch meiner Familie Techniker werden, und dieser Beruf wurde durchaus als Brotstudium und Versorgung verstanden. Allein mir war das im Grunde unsympathisch, da mir in ganz jungen Jahren diese Bemühungen im wesentlichen ‚traurig und gleichgültig' erschienen. Meine Vorstellung von der Menschheitskultur wollte sich nicht decken mit der landläufigen Auffassung, daß man den Kulturfortschritt nach dem Maße des technischen Fortschritts zu beurteilen habe. Ja, es wurde mir zweifelhaft, ob eine gesteigerte Technik überhaupt imstande sei, das Wohlbefinden der Menschheit zu erhöhen. Ich muß indes hinzufügen, daß ich späterhin, als ich doch wirklich in Fühlung mit der Technik geriet, meine Ansichten darüber teilweis berichtigte; nämlich deswegen, weil auch in der technischen Praxis dauernd „theoretische Genüsse" auftreten."

Es wird darauf hinauslaufen, denke ich, daß der Techniker, sofern er nicht nur maschinelle Verbesserungen ersinnt und herstellt, sondern sich in höherem Stile erfinderisch betätigt, gar nicht aufhören kann, sich als Theoretiker zu fühlen, da ja seine Leistungen auf die Befruchtung durch die Theorie angewiesen bleiben. Die praktischen Ergebnisse von heute sind in den theoretischen Grundlagen früherer Jahrzehnte verankert, und was heute als Gedanke reiner Erforschung behandelt wird, kann in Jahrzehnten praktische Bedeutung erlangen. Ob es diese wirklich einmal gewinnt, ist für die Beurteilung des Gedankens nebensächlich. Jedenfalls hat die Erfahrung gezeigt, daß der Anfang theoretischer Untersuchungen fast niemals den leisesten Anhalt für eine Prognose bietet. Wir sprachen von den Beispielen Volta, Ampère, Faraday. Als sie forschten, hätten sich vor ihren Untersuchungen die Allerweltsfragen erheben können: Wozu das? Was macht man damit? Wo steckt der Nutzen? Heute kennt man die Antworten, die sich damals verbargen, und man weist mit Stolz auf eine moderne Dynamomaschine. Aber objektiviert sich denn wirklich in einer Dynamomaschine der Sinn jener Untersuchungen? Wäre Voltas, Ampères, Faradays Rangstellung für uns eine niedere, wenn das Dynamo bis heut ausgeblieben wäre? Nur ein Banause wird das bejahen, und genau genommen darf man die Frage nicht einmal aufwerfen. Denn sie ist ziemlich gleichwertig mit der, ob man die Bedeutung und Wichtigkeit des Polarsterns nach seiner Fähigkeit zu beurteilen habe, dem irdischen Seefahrer zur Orientierung zu dienen. Allenfalls wäre die Frage erlaubt (wiewohl auch nur mit dem Bewußtsein einer psychologischen Spielerei, bei der nicht viel herauskommen kann): Würde es jene Forscher besonders beglückt haben, wenn sie die Tragweite ihrer Arbeiten hätten voraussehen können? Haben sie am Ende gar bei ihren abstrakten Forschungen schon einen vorahnenden Blick in die Dynamo-Zukunft geworfen? Hier wollte sich Einstein nicht zu einer glatten und restlosen Verneinung entschließen. Er verstattete dem Zweifel einen gewissen, sehr eng bemessenen Spielraum. Das will sagen: nach größter Wahrscheinlichkeit haben Volta-Ampère-Faraday derartige Fernblicke nicht entsandt, und selbst wenn ihnen traumhaft irgend eine Kraftleistung unserer elektrischen Gegenwart vorgeschwebt hätte, so wäre dadurch ihre Arbeitslust, ihr „theoretischer Genuß" kaum gesteigert worden; weil sie reine Erkennernaturen waren, die auf den Sporn aus der Welt der praktischen Bedürfnisse nicht zu warten brauchten.

Immerhin, so meinte Einstein, können auch in der abstrakten Forschung die Vorahnungen einer praktischen Zukunft eine Rolle spielen. Als Beweisfeld hierfür nannte er die Bakteriologie. In der Reihe der bedeutenden Bakteriologen, von Spallanzani angefangen bis zu Schwann und Pasteur, befanden sich sicherlich einige, deren Erkenntnisdrang vorwiegend auf rein wissenschaftliche Zusammenhänge gerichtet war. Pasteur selbst ging wesentlich von der theoretischen Frage der Urzeugung aus, also von dem Problem der elternlosen Entstehung organischer Wesen aus unorganischer Materie. Er stand als „Panspermist" auf der Negativseite des Problems, das heißt, er suchte die Unmöglichkeit einer Brücke zwischen Anorganisch und Organisch nachzuweisen. Allein er wußte zweifellos, daß seine theoretischen Arbeiten ihre Fühlfäden ins Praktische ausstreckten, und er mochte wohl voraussehen — ohne den ganzen Umfang des Einflusses zu ermessen —, daß sie für Medizin und Hygiene eine gewaltige Bedeutung erlangen konnten. Man wird also in diesem Fall nicht umhin können, eine gewisse Verkettung zwischen den Bedürfnissen des reinen Erkennens und dem Trieb nach praktischer Ausfolgerung als möglich, zweckdienlich und unmittelbar aus sich selbst gerechtfertigt anzuerkennen.

Auch der umgekehrte Weg ist möglich, und als wir im Verfolg der Unterhaltung auf die Suche gingen, stießen wir auf eines der interessantesten Beispiele. Es zeigt uns, daß aus der gegenständlichen Praxis heraus eine Frage erfließen kann, die ein ganz unübersehbares Feld reinen Erkennens, ja sogar eine der großartigsten Wissenschaften eröffnet. Da dieses Beispiel in weiten Kreisen unbekannt ist, so erwähne ich es hier um so lieber, als sein Träger zu den von Einstein meistgenannten und höchstbewunderten Größen gehört. Es handelt sich um Johannes Kepler. Man staune! Kepler, der sich selbst auf der Höhe des Ruhmes nicht der Frau Sorge zu erwehren wußte, hatte einmal Geld. In seinem Glücksjahr 1615 besaß der große Astronom eine behagliche Häuslichkeit zu Linz und durfte sogar daran denken, sich einige wohlgefüllte Fässer in seinen Keller zu legen; ja noch mehr: er war imstande, ein frischentstandenes wissenschaftliches Werk auf seine Kosten zu drucken und damit als sein eigener Verleger aufzutreten.

Diese Keplersche Schrift und jene Weinfässer stehen in untrennbarem Zusammenhang, was schon daraus erkennbar, daß sie die Bezeichnung trägt: „Doliometrie", wörtlich „Faßmessung". Aber der Titel des Werkes läßt dessen Bedeutung nicht im entferntesten ahnen. Tatsächlich sind diese aus Weinfässern geschöpften Untersuchungen eine Grundlage für eine weltbeherrschende Wissenschaft geworden: für die Infinitesimalrechnung.

Was wollte Kepler? Etwas durchaus Praktisches, unbedingt Zweckmäßiges, ganz unabhängig von etwaigen „theoretischen Genüssen", um Einsteins Wort zu wiederholen. Sein Problem stand auf einer Frage der Lebensökonomie, der zweckdienlichen Material-Ersparnis, wie sie den Bedürfnissen eines sorgsamen Hausvaters entspricht: Wie muß ein Faß beschaffen sein, um beim Verbrauch der geringsten Menge von Faßholz den größten räumlichen Inhalt zu bieten?

Sein Nachdenken begann beim Wein als dem wertvollen körperlichen Inhalt einer Raumfigur und begriff weiter vorschreitend das Faß, die Tonne, als eine besondere Art von „Umdrehungskörpern", das heißt, von Raumgebilden, die aus der Rotation einer krummen Linie um eine Achse entstanden vorgestellt werden können. Hier wollte er zunächst eine vollständige Übersicht gewinnen. Er variierte die Seitenbretter, die Dauben und entwickelte nacheinander 92 derartige Rotationskörper, von denen einige mit den Namen wesensähnlicher Früchte belegt wurden, so der apfelförmige, der zitronenförmige, der olivenförmige Körper. Von der Weinfaßmessung ging er aus, mit dem Ergebnis, daß sein Werk, die „Doliometrie" zur Quelle aller künftigen Kubaturen gedieh.

Und nun das Entscheidende: Welche Bedingungen hat die Begrenzung eines solchen faßartigen Umdrehungskörpers zu erfüllen, um diesem die Ausnahmestellung eines „Maximums" zu verschaffen? Hier setzt etwas Epochales ein. Der praktische

Hausvater schwingt sich zur sublimsten Höhe der Größenlehre. Kepler fand — natürlich ohne die späteren Fachausdrücke vorwegzunehmen — den Begriff der funktionellen Veränderung, deren Besonderheiten in der Maximalnähe, er legte damit, lange vor Newton und Leibniz, den Grundstein zur Infinitesimalrechnung, die weiterhin Stern und Kern der Mathematik, der Astronomie, der theoretischen Physik, der auf mechanischen Beziehungen fußenden Technik geworden ist.

Wenn dreihundert Jahre später Einstein seine Differentialgleichungen und mit ihnen ein neues Weltsystem entwickelt, so steht er als der reine Erkenner vor uns, abseits aller praktischen Zweckdienlichkeit. Aber in diesen Gleichungen stecken Elemente der Analysis, die sich einstmals in einem freundlichen Idyll entbanden; nicht der grauen Abstraktion fiel die erste Patenschaft zu, sondern einer irdischen Lebensfreude, als ein Lichtstrahl in Keplers düsteres Dasein fiel. Noch hat sich kein Dichter gefunden, der diesen Zusammenhang zu einer sangbaren Ballade ausgearbeitet hätte: wie die Wahrheit, das einzige Leitziel der Wissenschaft, aus der Traube gekeltert wurde, und wie die zweckdienliche Praxis, die von der Fragestellung eines Küfers ausging, in eine Theorie mündete, die bis zu den Grenzen des Weltalls reicht.

II.

Es war die Rede von lapidaren Worten, von Schrift in Felsen, insonderheit von einem Ausdruck Kants, der den Schluß- und Grundpunkt des Wissens erfassen will. In jeder Naturwissenschaft, so hatte der Königsberger Philosoph gesagt, „steckt soviel Wahrheit als Mathematik in ihr enthalten ist." Und da die Natur letzten Endes alles umspannt, eine Abzirkelung von Real- und Geisteswissenschaft nicht mehr durchführbar erscheint, so wird man im Sinne Kants das Maß der Mathematik als das Maß der Wissenschaft überhaupt anzusprechen haben.

Freilich, mit dem Historiker, Juristen, Mediziner dürfte man sich über das Thema nicht unterhalten, vorläufig noch nicht. Sie hätten ein Recht, es abzulehnen, weil ja in ihren Fächern die Orientierung nach „Wahrheit" nicht den alleinigen Ausschlag gibt, und weil vollends zurzeit gar nicht abzusehen ist, wie der Begriff einer durchgreifenden mathematischen Wahrheit in ihren Disziplinen platzfinden könnte. Aber wenn man einen Physiker befragt, der sich unausgesetzt der Mathematik als seines wesentlichen Rüstzeuges bedient, so sollte man eigentlich rückhaltlose Zustimmung erwarten. Wenigstens wäre ich nicht überrascht gewesen, wenn ich diese bei Einstein angetroffen hätte, mit Inanspruchnahme jenes Wortes für den ganzen Umkreis aller Naturkunde.

Allein Einstein ließ den Ausspruch Kants nur mit gewissen Einschränkungen gelten; so zwar, daß er ihn im Prinzip als begründet zugab, aber nicht als unbedingt durchgreifend. Er erkennt also die Souveränität der Mathematik als Alleinbestimmerin aller Wahrheitsgehalte nicht an.

Die Überlegenheit der Mathematik, sagte Einstein, gründet sich auf sehr einfache Voraussetzungen, sie wurzelt im Begriff der Größenlehre selbst. Ihre Machtstellung beruht darauf, daß sie gegenüber den unendlich mannigfachen Möglichkeiten eine außerordentlich viel feinere Unterscheidungsfähigkeit gewährt, als jedes sonstige Denken, das sich in Sprache kundgibt und auf Worthilfe angewiesen bleibt. Je größer man das Betrachtungsfeld wählt, um so klarer tritt dies hervor; aber schon auf einem so engen Bezirk wie etwa 1 bis 100 ist irgend eine Festlegung, zum Beispiel auf 27, unvergleichlich viel genauer als jede Wort-Festsetzung. Man denke an eine Empfindungsreihe von Lust bis Schmerz, von süß bis bitter, so bleiben wir mit Worten im Unbestimmten, Verschwommenen, und es gelingt uns nicht, einen Punkt der Reihe mit der Präzision jener 27 herauszuheben. Wo aber die Größenlehre mitredet, wie z. B. in einer Tonreihe, deren Schwingungen eine mathematische Ordnung aufzeigen, da erreichen wir sogleich durch Zahlfestsetzung einen weit höheren Grad der Sicherheit und wissenschaftlicher Genauigkeit...

In der Tonreihe, dachte ich ergänzend, tritt deshalb eine Art von wissenschaftlicher Beglückung auf. „Musik ist die Lust der Menschenseele, welche zählt, ohne zu wissen, daß sie zählt". (Leibniz). Hier bewahrheitet sich das pythagoreische „die Zahl ist das Wesen aller Dinge". Sobald wir in die Lage kommen, die Zahl psychologisch als etwas wesentliches zu empfinden, geraten wir in ein Reich der Entzückung, weil im Unterbewußtsein nicht nur die sinnliche Erregung, sondern die Warheit zur Geltung kommt.

Einstein fuhr fort: Kant trifft also insofern das Richtige, als sein Wort zweierlei Dinge in klaren Gegensatz stellt. Auf der einen Seite schweben ihm die Erkenntnisse des gewöhnlichen Lebens vor, wo die Wahrnehmungen und Erfahrungen des Alltags in induktiven Methoden und deduktiven Betrachtungen fast unentwirrbar durcheinanderlaufen. Ihnen sind, als im Range übergeordnet, die eigentlich wissenschaftlichen Gebilde entgegenzustellen; das sind solche, in denen eine saubere Isolierung auf gesetzlichen Grundbedingungen gegründeter, im Übrigen logisch deduktiv geordneter Gedankengänge vorliegt. Wenn dieses Loslösen rein logisch geordneter Erkenntnis von den sinnlichen Erkenntnisquellen gelingt, dann hat die betreffende Wissenschaft den Charakter der Mathematik, und ihr Wahrheitsgehalt wird sich hiernach nach dem von Kant geforderten Wertmaß bestimmen. Nur fordert Kant zuviel, wenn er verlangt, daß wir dieses Maß an die gesamte uns erreichbare Naturkunde anlegen. Sofern jener Ausspruch ein Regulativ enthält, wird eine Einschränkung angezeigt sein: ein großer Teil der organischen, biologischen Wissenschaften wird auch ferner außerhalb der rein mathematischen Betrachtungen ihr Heil finden müssen.

Ihre Erwägungen, Herr Professor, wären dann wohl auf das Wort des Galilei auszudehnen: Das Buch der Natur liegt aufgeschlagen vor uns, aber es ist in anderen Lettern geschrieben, als unser Alphabet; seine Buchstaben heißen Dreiecke, Vierecke, Kreise, Kugeln.

— Die Schönheit des Spruchs in allen Ehren; allein seine restlose Gültigkeit bezweifle ich allerdings. Wollte man ihn bedingungslos anerkennen, so müßte man die Wege aller Erforschung als ausschließlich mathematische bezeichnen, und damit würde man sehr wichtige Möglichkeiten ausschließen, vor allem gewisse Formen der Intuition, die sich als höchst fruchtbar erwiesen haben. So wäre für Goethe das Buch der Natur nach Galileis Deutung unlesbar geblieben; denn sein Geist war gänzlich unmathematisch, ja sogar antimathematisch gerichtet. Aber er besaß eine besondere Form der Intuition, die sich bei ihm offenbarte als eine unmittelbare Einfühlung in die Natur, und in ihrem Buch fand er sich besser zurecht als mancher Exaktforscher.

Sind denn die intuitiven Begabungen nach Formen und Arten überhaupt trennbar?

— Es wäre pedantisch, hier eine prinzipielle Unterscheidung durchführen zu wollen, wenn man auch den besonderen Fall der nicht-mathematischen Intuition Goethes als einen hervorstechenden nennen darf. Im übrigen liegen, wie ich schon öfter betonte, sämtliche große Wissenschaftstaten in der intuitiven Erkenntnis, nämlich 'der Axiome, aus denen alsdann deduktiv geschlossen wird. Die Gewinnung solcher Grundsätzlichkeiten ist nur möglich auf Grund einer sicheren Übersicht über noch nicht logisch ge-

Hauptlinien und Nebenwege 181

ordnete Gedankenkomplexe. Allgemein genommen bildet also die Intuition die Voraussetzung für das Auffinden solcher Axiome, und es ist nicht zu leugnen, daß diese Intuition in überwiegender Mehrzahl bei den - mathematisch gerichteten Intelligenzen als Kennzeichen der Schöpferkraft anzutreffen war.

Aus dem, was Sie soeben entwickeln, scheint hervorzugehen, daß Sie die Deduktion für erheblich wertvoller halten als die Induktion. Ich drücke mich da vielleicht etwas ungenau aus, indem ich nur die Stichworte hervorhebe — aber ich meine doch, daß auch auf induktiven Wegen herrliche Errungenschaften zu Tage getreten sind.

— Stellen wir erst einmal durch Definition fest, was mit den Worten gemeint ist: Deduktion ist die Ableitung des Besonderen aus dem Allgemeinen, Induktion die Erschließung eines Allgemeinen aus dem Einzelnen. Und nun nennen Sie mir irgendein Beispiel einer herrlichen Errungenschaft, wie sie Ihnen vorschwebt als Probe für die Gewalt der induktiven Methode. Wie auch Ihr Beispiel beschaffen sein mag, Sie werden alsbald den Bedeutungsunterschied gewahr werden.

Also für mich liegt das schönste Beispiel, das unübertreffliche Muster einer Induktion in einem Ergebnis des Euklid. Die Frage war: ist die Anzahl aller Primzahlen (der durch keine andere Zahl ausser der Einheit ohne Rest teilbaren Zahlen) endlich oder unendlich? Euklides fand den eleganten Beweis für deren Unendlichkeit durch folgende streng induktive Überlegung: Wäre die Zahl endlich, so müßte es eine „größte" Primzahl geben. Wir nennen sie n und bilden das Produkt aller Primzahlen bis n, plus 1, also 2. 3. 5. 7. 11. 13. usw. bis n, das ganze vermehrt um 1. Diese neue Zahl, Y genannt, ist sicherlich größer als n, und nun bestehen für Y zwei Möglichkeiten: entweder Y ist Primzahl oder es ist nicht Primzahl.

Ist es nicht Primzahl, dann muß es durch irgend eine existierende Primzahl teilbar sein.

Aber die Primzahlen bis einschließlich n leisten diese Teilung nicht, denn sie lassen stets den Rest 1. Folglich muß Y in diesem Falle teilbar sein durch eine existierende Primzahl X, die größer ist als n. Die Annahme: n ist die größte Primzahl wäre dadurch widerlegt, denn X ist größer als n.

Für den zweiten Fall: Y ist selbst eine Primzahl folgt ohne weiteres, daß n nicht die größte Primzahl sein kann; denn Y ist ja größer als n. Über jeder noch so groß angenommenen Primzahl steht also immer eine noch größere, und wenn es auch nicht gelingt, sie in Ziffern hinzustellen, so ergibt sich mit Sicherheit: sie muß existieren. Somit hat sich aus der genauen Betrachtung eines Sonderfalls — der als größt vorausgesetzten Primzahl n — ein allgemein gültiger Satz ergeben: die Anzahl der Primzahlen findet keine Grenze. Ist das nicht auch der Triumph einer Intuition?

Gewiß, sagte Einstein. Nur dürfen Sie nicht übersehen, daß ein derartiger Satz sich im Range durchaus von einem Satz von ursprünglich axiomatischer Prägung unterscheidet. Er ist gefunden, in einem geistreichen Schlußverfahren aufgespürt, aber er trägt nicht das Merkmal einer folgenschweren Entdeckung. Dieser Euklid-Satz kann aus der Wissenschaft fortgedacht werden, ohne daß sich deren Wahrheitsgehalt wesentlich verändern würde. Stellen Sie dagegen einen Satz von axiomatischer Schwere wie den Trägheitssatz des Galilei oder das Gravitationsgesetz. Ein solcher Satz tritt auf mit dem Kennzeichen der Unerschöpflichkeit, als ein Erkenntnisanfang, aus dem sich deduktiv unübersehbare Erkenntnisfolgen erschließen lassen. Wenn Sie vorher fragten, ob ich die deduktive Methode für wertvoller halte, so ist diese Frage übrigens nicht korrekt gestellt. Obenhin könnte ich erwidern, daß mir die induktive Methode als Mittel zur Auffindung allgemeiner Wahrheiten in der Regel überschätzt erscheint. Präzis müßte aber die Frage lauten: welche Wahrheiten sind die übergeordneten: die induktiv gefundenen, oder die für weitere Deduktion ergiebigen? Und da kann wohl die Antwort nicht zweifelhaft sein.

Nein, ganz gewiß nicht. Wenn ich es recht verstehe, ließe sich die Antwort auch in Form eines Gleichnisses aussprechen: die Intuition höchsten Stils schafft Fundgruben, die geringeren Grades Einzelwerte, Kostbarkeiten, die für sich bedeutsam sind, ohne sich an Mächtigkeit mit der Fundgrube messen zu können. Wenn nun aber die höchste Intuition vornehmlich bei den mathematisch gerichteten Geistern angetroffen wird, so bliebe die Möglichkeit offen, daß der Ausspruch Kants sich in Zukunft mehr und mehr durchsetzen wird. Er hat ja an Wirkung schon gewonnen in Fächern, auf die er zu Lebzeiten Kants noch gar nicht angewandt werden konnte, zum Beispiel in der Psychologie, wo man erst seit Aufstellung des Weber-Fechner-Gesetzes die Beziehungen von Empfindung zu Reiz mathematisch ergründet; ferner seit Quetelet in der Moral und Soziologie, wo der Mensch sogar als handelndes Wesen durch mathematische Methoden der Statistik und Wahrscheinlichkeitsrechnung der mechanischen Kausalität unterworfen wird. Jedenfalls dürfte man feststellen, daß Kants Ausspruch, in jeder Wissenschaft sei soviel Wahrheit als Mathematik darin enthalten, in der Neuzeit weitere Stützpunkte gewonnen hat.

Das kann man zugeben, schloß Einstein, ohne dem Wort selbst den axiomatischen Charakter zuzuweisen. Es ist noch immer weit entfernt davon, sichere Deduktion zu ermöglichen, wird sie auch niemals vollkommen verstatten, mag aber als schöne Sentenz neben dem pythagoreischen Spruch von der Zahl als dem Wesen aller Dinge seine Geltung behaupten.

III.

Man zieht heute immer schärfere Grenzstriche zwischen „Erkennen" und „Kennen", man weist das „Erkennen" mit Ausschließlichkeit dem hochentwickelten Menschengehirn zu und drückt dadurch das „Kennen", wie es anderen Lebewesen zu eigen, auf eine niedere Stufe. Sollte hier nicht der Anthropomorphismus besonders am Werke sein und uns zu Ansichten verleiten, die wir sofort aufgeben müßten, wenn wir auch nur auf eine Sekunde aus unserer Haut herauskönnten?

— Mit dem Anthropomorphismus, meinte Einstein, haben wir uns ein für allemal abzufinden, und es hat keinen Sinn, aus ihm herauszuwollen; denn auch die Betrachtungen über den Anthropomorphismus sind notwendigerweise anthropomorphisch durchsetzt. Sie bewegen sich also in einem Zirkel, wenn Sie vermeinen, irgend etwas außerhalb des menschlichen Erkennens erschließen zu können. Sobald sich der Zirkel schließt, stehen Sie wieder am Ausgangspunkt und sind gezwungen, das empfindungsmäßige, instinktive Kennen von der geistigen Erkenntnis scharf abzusondern, also dem Menschen in dieser Hinsicht die Suprematie zuzuweisen.

Wie nun, wenn sich dagegen ein instinktiver Widerspruch erhöbe? Wenn dieser Widerspruch besagte, daß der logische Zirkel doch nicht ganz kreisförmig verläuft, sondern vielleicht spiralförmig, so daß der Schlußpunkt um eine Idee höher liegt, als der Ausgangspunkt? Ich hätte das Gefühl, daß auch solche zunächst aussichtslose Umwege zu gewissen Einsichten führen könnten. Zum Beispiel, eine gewisse Schlupfwespe trifft ohne jede wissenschaftliche Erkenntnis mit unfehlbarer Sicherheit mit ihrem Legestachel einen bestimmten Punkt in den Ringen einer Raupe; den einzigen, der ihrem Zwecke dient, die Raupe zu lähmen, ohne sie zu töten. Sie handelt instinktmäßig, und es muß mir freistehen, den Vorgang in anderen Worten zu deuten: sie verrät, daß sie die Anatomie des fremden Lebewesens „kennt", ohne sie nach unserem Maße zu „erkennen", zu begreifen, zu wissen. Nun ergibt aber der Vergleich ohne weiteres, daß dieses „Kennen" vom Standpunkt der Wespe aus mehr ist, als jedes Erkennen, ich brauche also nur den Betrachtungswinkel zu ändern, um die anatomischen Kenntnisse der Wespe als höher zu erklären, als die analogen des gelehrtesten Anatomen. Auf ähnliche Weise könnte ich dazu gelangen, die Mathematik eines Wandervogels der kartographischen Geometrie jedes menschlichen Pfadsuchers überzuordnen. Der Zugvogel, der aus Innerafrika in grader Linie sein Nest in Mecklenburg wieder findet, muß doch schon in seinem Organismus so etwas wie ein Koordinatensystem besitzen. Im Grunde läuft die Höherstellung unseres „Erkennens" darauf hinaus, daß wir gleicherweise auf unser Hirn wie auf unsere Wissenschaft stolz sind, und hierin könnte vielleicht eine Täuschung auf Gegenseitigkeit liegen, eine Art von Schiebergeschäft, wonach das Gehirn auf die Wissenschaft Wechsel zieht und reziprok die Wissenschaft ihre Verpflichtung mit Schecks auf das Gehirn einlöst.

Ich muß bekennen, daß ich mit diesen gewagten Ausführungen bei Einstein nicht das geringste Entgegenkommen fand, kaum das wohlwollende Lächeln, mit dem er sonst abwegigen Widerspruch begleitet. Ich verhehle mir auch nicht, daß in der Frage Kennen-Erkennen gar kein Platz ist für einen Beweis, für eine Behauptung, höchstens für Vermutungen, die mit Worten umschreiben, was sich der Begreiflichkeit entzieht. Einsteins Ablehnung ist sicher weit fester fundiert, als die Bergsonistisch gefärbten Ansichten, die ich mir erlaubte vorzutragen. Sie besagen, daß ich spitzfindig Dinge mit einander vergleiche, die in unvergleichbaren Ebenen liegen, daß ich die Betrachtungswinkel nicht sowohl rechtmäßig verändere, als mit einer Art sophistischer Volte verschiebe, oder daß ich nach Münchhausens Methode einen Standpunkt oberhalb erreichen möchte, ohne unterhalb einen Stützpunkt zu besitzen. Wie kommt es nun, daß es mir trotzdem nicht gelingen will, von diesen Gedankenwegen gänzlich loszukommen?*) Lassen wir das fallen, denn es ist eine rein metaphysische Angelegenheit, und es hat noch nie eine klare, von Unverständlichkeiten und Sophismen freie Metaphysik gegeben.

---

*) Sie finden sich ausführlicher beschrieben in den von mir verfaßten Büchern „Die Welt von der Kehrseite" und ‚Unglaublichkeiten".

Bleiben wir vielmehr auf dem Boden des unbedingt menschlichen „Erkennens", auf dem nach Einstein soviel theoretische Genüsse erwachsen. Ich fragte ihn, ob er in diesen Rangunterschiede gelten lasse, nach der Stärke des Glücksgefühls. Von vornherein war ich überzeugt, daß er bejahen würde, und er bejahte auch wirklich, aber mit einer anderen Unterscheidung, als zu vermuten war. Ja, ich erlebte eine Überraschung, denn er gab dem Thema vom seelischen Glück eine Wendung, nach der bei ihm, dem großen Forscher — man denke! — gar nicht die Wissenschaft als die oberste, herrlichste Glücksspenderin auftrat!

— Ich persönlich, bekannte Einstein, empfinde den Höchstgrad des Glücksgefühls bei großen Kunstwerken. Aus ihnen schöpfe ich Geistesgüter beglückender Art von einer solchen Stärke, wie ich sie aus anderen Bereichen nicht zu gewinnen vermöchte.

Professor! rief ich aus, Sie bieten mir da eine erstaunliche Offenbarung! Nicht als ob ich jemals an Ihrer Kunstempfänglichkeit gezweifelt hätte. Habe ich doch oft genug wahrgenommen, wie die Klänge guter Musik auf Sie wirken, mit welch intensivem Interesse Sie auch selbst musizieren. Aber selbst in solchen Stunden, wenn Sie sich wie weltentrückt den musischen Einflüssen hingaben, sagte ich mir: das ist in Einsteins Dasein eine wundervolle Arabeske, und ich wäre nie auf die Vermutung gekommen, daß Sie dieses schmückende Beiwerk als den Spender höchsten Lebensglücks erachten. Ihre Eröffnung scheint aber noch weiter zu gehen, vielleicht wesentlich über die Musik hinaus?

— Im Moment dachte ich vornehmlich an die Dichtkunst.

„Allgemein gesprochen? Oder schwebte Ihnen soeben ein bestimmter Dichter vor, wenn Sie von der beglückenden Wirkung der Kunstwerke sprachen?"

— Zunächst allgemein. Wenn Sie aber fragen, wem ich zurzeit das stärkste Interesse entgegen bringe, so kann ich darauf erwidern: „es ist Dostojewski!" Er wiederholte den Namen mehrmals mit gesteigertem Akzente. Und um jeden denkbaren Einwand wie mit einem Keulenhieb niederzuschlagen, ergänzte er: „mir gibt Dostojewski mehr als irgend ein Wissenschaftler, mehr . als Gauss!"

Herr Professor, sagte ich nach einer längeren, für mich subjektiv sehr erklärlichen Pause, wenn Sie zwei so gewaltige, aber doch gänzlich heterogene Namen nebeneinander nennen, so eröffnen Sie damit ein Thema, das nicht durch einen Machtspruch zu erledigen ist. Man kann Dostojewski als Gestalter und Seelenkünder aufs höchste verehren, ohne ihm den Ewigkeitswert zuzuweisen. Aber das hängt von individueller Taxierung ab, und wenn ich meine eigene erwähnen darf, so glaube ich, daß Dostojewski bei aller Gewalt seiner unmittelbaren Kunstwirkung den Jahrhunderten nicht in gleicher Weise standhalten wird, wie mancher andere vom Parnaß. Wesentlicher scheint mir die Erörterung darüber, ob überhaupt ein für Kunst und Forschung gemeinsamer Maßstab gefunden werden kann. Vielleicht darf man das Maß der „Unersetzlichkeit" als das beiderseitig gültige annehmen. Wenn Sie nun sagen: Dostojewski gibt mir mehr als Gauss, so würde dies etwa der Empfindung entsprechen: Ohne Dostojewski würden die ‚Karamasoffs' nicht existieren, würde mir ein mit nichts vergleichbarer Lebenswert fehlen. Hätte aber der Göttinger Gauss einen seiner Fundamentalsätze der Algebra nicht in die Welt gesetzt, so wäre vermutlich ein anderer Gauss aufgetreten, der es geleistet hätte. Hiernach also erhöht das Gefühl den Wert des Kunstwerks, weil dessen Hervorbringung auf einen einzigen angewiesen war.

— Das ist aber auch nur bedingungsweise richtig, sagte Einstein, denn das Beste, was Gauss uns gegeben hat, war gleichfalls einzig. Hätte Gauss seine Flächengeometrie nicht geschaffen, auf der Riemann weiter baute, so würde sie ein anderer kaum gefunden haben; und ich zögere sonach nicht mit dem Bekenntnis, daß bis zu einem gewissen Grad das Beglücktsein auch bei der Vertiefung in rein Geometrisches gefunden werden kann.

Vielleicht könnte man ein anderes Merkmal zur Abwägung heranziehen, schaltete ich ein; nämlich die Dauerhaftigkeit der Gabe dem Empfangenden gegenüber. Ein bedeutendes Tonwerk zum Beispiel nützt sich niemals ab. Man kann den ersten Satz der neunten Symphonie hundertmal hören, und obschon man in jedem Takt genau weiß, wie es weiter geht, so bleibt die Glücksspannung unvermindert; eher könnte man sagen, daß sich die Erwartungsfreudigkeit von Mal zu Mal steigert.

— Auch dieses Merkmal, sagte Einstein, kann nicht als ausschließliches Reservat des Kunstwerks angesprochen werden. An seiner Existenz ist nicht zu zweifeln, insofern als es jedem hervorragenden Kunstwerk anhaftet. Allein es tritt auch abseits des Kunstbereiches auf bei großen wissenschaftlichen Entwicklungen, denen man sich immer und immer wieder hingibt, ohne daß sich der Eindruck abnützt.

Begreifen Sie hierunter auch die Eindrücke, die ein Forscher erlebt, wenn er seine eigenen Entwicklungen vor sich im Geist vorüberziehen läßt?

Selbstverständlich, diese ganz besonders; und wenn die Frage an mich persönlich gerichtet wird, so sage ich ohne Scheu: ich freue mich meiner eigenen Entwickelungen und unterliege keiner Anwandlung des Überdrusses, wenn ich sie mir wiederhole. Somit muß ich schon, um zur Begründung des Anfangs zurückzukehren, einen anderen Wertgrund aufstellen, der mich veranlaßt, den Höchstgrad des Glücksgefühls vom Kunstwerk zu erwarten. Es ist der ethische Eindruck, die ethische Erhebung, deren ich in unvergleichlichem Maße inne werde, wenn mich das Kunstwerk anstrahlt! Und an diese ethischen Güter dachte ich, wenn ich Dostojewskis Werke voranstellte. Ich brauche da gar nicht literarisch zu analysieren, noch mich auf Aufspürung oder Nachweis psychologischer Feinheiten einzulassen, denn alle Untersuchungen dieser Art dringen nicht bis zum Herzenskern einer Dichtung wie die Karamasoffs. Dieser ist nur mit dem Gefühl zu erfassen, das in Drang und Not Befriedigung findet, das aufjubelt, wenn ihm der Dichter die ethische Genugtuung bietet! Ja, das ist das Wort: „ethische Genugtuung"! ich finde keinen anderen Ausdruck."

Er leuchtete förmlich, und ich war von Einsteins Anblick tief ergriffen. Es war in diesem Augenblick, als zöge er den letzten Schleier von seiner Seele, um mich teilnehmen zu lassen an seiner Verzückung. War das noch der Physiker, der die Geschehnisse der Welt in Mathematik umgießt, der zwischen Elektronen und Universen seine Gleichungen spannt? Wenn er es war, so sprach aus ihm die andere Seele, die Faustische: „Und wenn du ganz in dem Gefühle selig bist, Nenn es dann, wie du willst, Nenn's Glück! ́Herz! Liebe! Gott! Ich habe keinen Namen dafür, Name ist Schall und Rauch, Gefühl ist Alles!"

Und sicher, es brauchte kein Buch von Dostojewski zu sein, um dies Gefühl in ihm zu entzünden. Er wählte es als Exponenten einer Stimmung, die je nach Lektüre wechseln mag, aber in ihrer sittlichen Grundlage keiner Schwankung unterliegt. Wir erfahren aus anderen Anlässen, wie wenig ihm die Ethik zu sagen hat, wenn sie systematisch betrieben wird, ja daß er sie nicht den Wissenschaften beiordnet. Wir erkennen aber zudem, daß die Ethik in seinem inneren Erleben als die unverdrängbare Dominante auftritt. Seine heiße Kunstliebe ist durch und durch ethisch betont, und sie wird erwidert durch die Kunst, die ihn ethisch beglückt.

IV.

In den Herbsttagen von 1918 fühlte sich Einstein nicht recht wohl, und mußte sich auf ärztliche Verordnung in Lagerruhe pflegen. Ich sah aber beim Eintritt ins Zimmer sogleich, daß die Sache keineswegs bedenklich war; denn er hatte auf der Bettdecke Skripturen, die er mit abgründigen Zeichen vervollständigte, und die sein volles Interesse in Anspruch nahmen. Nichtsdestoweniger respektierte ich in ihm den Patienten, und zeigte die Absicht, mich nach kurzer Erkundigung zurückzuziehen. Allein er wollte meine Anwesenheit durchaus nicht bloß als Krankenvisite gelten lassen, er forderte mich vielmehr auf, eine Weile zu bleiben und mit ihm wie sonst allerhand hübsche Dinge zu erörtern.

Dagegen sprechen zweierlei Rücksichten. Erstlich sind Sie leidend und müssen geschont werden, zweitens störe ich Sie mitten in der Arbeit.

— Wie unlogisch! Wenn ich die Arbeit unterbreche, um mich mit Ihnen zu unterhalten, so beseitige ich doch gerade das, was mir der Arzt allenfalls verbieten würde, wenn ich mir's verbieten ließe. Also legen Sie los. Sie haben gewiß wieder was Kniffliges auf dem Herzen.

Das könnte stimmen. Es betrifft das zweite Keplersche Gesetz. Das hat mir gestern eine schlaflose Nacht verursacht. Mich verfolgte eine Frage, und ich möchte wissen, ob diese Frage überhaupt einen Sinn hat.

— Heraus damit!

Das Gesetz besagt doch, daß jeder Planet, der seine Ellipsenbahn beschreibt, in gleichen Zeiträumen gleiche Sektorflächen zurücklegt. Das ist doch aber ein halbes Gesetz, denn die Leitstrahlen werden doch immer nur nach dem einen Brennpunkt der Ellipse gezogen, nach dem Gravitationspunkt hin. Inzwischen existiert doch aber noch ein zweiter Ellipsen-Brennpunkt, der irgendwo körperlos im Raume liegen mag, vielleicht sehr weit entfernt im Leeren, wenn man die Bahn sehr exzentrisch annimmt. Und nun frage ich: wie müßte dieses Gesetz lauten, wenn die Linien und Flächen auf diesen zweiten Brennpunkt bezogen würden, anstatt ausschließlich auf den ersten.

Die Frage ist nicht unsinnig, aber zwecklos. Man könnte sie analytisch lösen, und sie würde voraussichtlich zu sehr komplizierten Ausdrücken führen, die für die Mechanik des Himmels gänzlich gleichgültig wären. Denn der zweite Brennpunkt ist nur eine konstruktive Ergänzung, der nichts Reales im Raume entspricht. — Was weiter?

Das weitere entspringt einer Gedankenspielerei, einem Problem sozusagen, das sich zuerst ganz einfach anhört, aber doch Kopfzerbrechen verursacht. Ich habe es von einem Ingenieur, der sicher ganz scharfsinnig zu operieren versteht und meines Wissens doch nicht mit der Lösung zustande kam. Es betrifft die Stellung der Uhrzeiger.

— Sie meinen doch nicht am Ende die bekannte Kinderaufgabe, wie oft und wann die beiden Zeiger in ihrer Stellung zusammenfallen?

Bewahre. Ich sagte es ja schon: es ist wirklich etwas Kniffliges. Also wir nehmen die bestimmte Zeigerstellung um 12 Uhr. In diesem Falle ist der große Zeiger mit dem kleinen vertauschbar, und wenn man sie vertauscht, entsteht wieder eine richtige Stellung. Aber in einem anderen Fall, zum Beispiel Punkt 6 Uhr, entsteht durch die Vertauschung eine Falschstellung, denn auf einer normalen Uhr kann es sich nicht ereignen, daß der große Minutenzeiger auf der 6 steht, während sich der kleine Stundenzeiger auf 12 befindet. Das liefert die Frage: wann und wie oft stehen die beiden Zeiger so, daß sie bei Vertauschung eine auf der Uhr mögliche Stellung einnehmen?

Sehen Sie, sagte Einstein, das ist eine richtige Zerstreuungsaufgabe für einen Betthüter; ganz interessant, nicht allzu leicht, — ich fürchte nur, das Vergnügen wird nicht lange anhalten, denn ich sehe schon den Lösungsweg.

Schon hatte er, im Bett halb aufgerichtet, etliche Striche auf Papier geworfen, ein Diagramm, das in einem räumlichen Bilde die Bedingungen der Aufgabe anschaulich kenntlich machte. Es ist mir nicht mehr erinnerlich, auf welche Weise er dabei zu einem Gleichungsansatz gelangte. Jedenfalls sprang das Ergebnis in nicht viel längerer Frist heraus, als ich gebraucht hatte, um die Aufgabe mitzuteilen. Es ergab sich eine sogenannte Diophantische Gleichung zwischen zwei Unbekannten, die er durch einfache ganzzahlige Einsetzung befriedigte, mit dem Resultat: 143 mal in 12 Stunden, und zwar in gleichen Intervallen; d. h. von 12 Uhr ab gerechnet können die zwei Zeiger alle 5 Minuten und $2/_{143}$ Sekunden miteinander vertauscht werden, so daß wieder eine mögliche Zeigerstellung herauskommt.

Ich erwähne die kleine, an sich so bedeutungslose Episode, um an einem Beispiel festzustellen, wie ein großer Forscher auch am Spielerischen Gefallen finden kann. Bei Einstein tritt dieser Trieb, im Belanglosen Scharfsinn zu entwickeln, um so lebhafter hervor, als er für seine Rechnungsvirtuosität ein Ventil braucht, und jedem Anlaß dankbar ist, der ihm zu solcher Entladung verhilft. Von dem großen Euler, ebenso von Fermat werden uns ähnliche Züge berichtet, während manche andere hohe Mathematiker sich geradezu verunglückt fühlen, wenn sie in die Nähe wirklicher Zahlenrechnungen geraten. Noch sehe ich ihn vor mir, den herrlichen Ernst Kummer, seinerzeit eine Zierde der Berliner Universität, wie er sich in Qualen wand, wenn ihm in Verfolg der Formeln das kleine Einmaleins bedrohte. Tatsächlich sind die beiden Dinge, Mathematikbeherrschen und Scharf-Rechnenkönnen auseinanderzuhalten, wenn sie sich auch hin und wieder in ein und derselben Person zusammenfinden.

Bei Einstein gehört der erwähnte Trieb zu den Symptomen einer niemals auszumessenden Vielseitigkeit, er tritt zudem in den liebenswürdigsten Formen auf, und das Bild dieses Gelehrten wäre unvollständig, wenn man ihn nicht erwähnte. Jedes irgendwie amüsante Problem findet in ihm einen willigen und temperamentvollen Teilnehmer. Einmal brachte ich die Rede auf die „rätselhaften Schnitte", das sind Längsschnitte in ausgedehnten, mehrfach um ihre Achse gedrehten und mit den Enden ringförmig verbundenen Streifen aus Papier oder Leinwand. Dabei ergeben sich nach Ausführung des Scherenschnittes höchst merkwürdige Kettengebilde, schwer zu erklären und fast unmöglich vorauszusagen. Es liegt auch wirklich etwas sehr schwieriges, geometrisches zugrunde, wie schon daraus ersichtlich, daß sehr gelehrte Herren dieser Seltsamkeit tiefgründige Abhandlungen gewidmet haben; (so Dr. Dingeldey, im Verlag Teubner). Einstein hatte von diesen Schnittwundern noch niemals Notiz genommen, allein als ich anfing, derartige Streifen zu formen, zu kleben und zu schneiden, war er augenblicklich mitten im Problem und er sagte in der Sekunde an, welche abenteuerlichen Kettengebilde sich in jedem Fall entwickeln würden; mit einer topologischen Sicherheit, als hätte er sich wochenlang damit beschäftigt. Ein andermal kam ein räumliches mit der Bekleidung zusammenhängendes Abenteuer aufs Tapet: ist es für einen regulär angezogenen Herrn möglich, sich der Weste zu entledigen, ohne den Rock auszuziehen? Einem Kopernikus oder Laplace hätte man mit so etwas nicht kommen dürfen. Einstein griff die Sache sofort mit Leidenschaft auf, wie ein Problem der körperlichen Mechanik, und er löste es leibhaftig im Nu mit wenigen energischen Handgriffen. Und daneben steht der betrachtende Mitmensch, verdutzt und erfreut, und denkt sich: daš ist der nämliche Einstein, der über Kopernikus und Laplace hinausschritt! Wenige Minuten darauf wird vielleicht ein ernsthaftes Thema angeschlagen aus der Politik, der Volkswirtschaft, der Soziologie, der Rechtsprechung, es sei, was es wolle, Einstein wird jeden Gedankenfaden fortspinnen, mit feiner Einfühlung in den Gesprächspartner, mit Aufstellung eigener Perspektiven, nie rechthaberisch, stets anregend, mit voller Sympathie für den Gegenstand und für alle Denkformen, worin er sich spiegelt, das Modell eines Wissenden, den Terenz sprechen läßt: Ich bin ein Mensch, nichts Menschliches ist mir fremd!

Ein Hilfsversuch.

Formen der Naturgesetze. — Erleichterungen des Verständnisses. — Populäre Darstellungen. — Optische Signale. — Gleichzeitigkeit. — Versuch in Gleichnissen.

„Ich möchte Sie bitten, Herr Professor, mir über eine Schwierigkeit hinwegzuhelfen und mich in deren Hervorhebung als den Sprecher einer großen Menge zu betrachten. In den meisten Darstellungen Ihrer Relativitätslehre vermisse ich die Berufung auf bestimmte, konkrete, erläuternde Beispiele, an die man sich halten könnte, wo der allgemein hingestellte Satz in uferloser Geltung auftritt. Gestatten Sie mir, dies zu präzisieren. Die Vereinfachung des ganzen Weltbaus gründet sich bei Ihnen darauf, daß die Relativitätstheorie alle Betrachtungen von der Beziehung auf ein willkürlich gewähltes Bezugssystem freimacht, vielmehr die Gleichwertigkeit aller Bezugssysteme ausspricht. Lautet doch einer Ihrer ersten Hauptsätze: Die Naturgesetze, nach denen sich die Zustände der physikalischen Systeme ändern, sind unabhängig davon, auf welches von zwei zu einander gleichförmig bewegten Systeme diese Zustandänderung bezogen wird. In diesem Satz steckt folgende Behauptung: Wenn man es — irrtümlich — unternimmt, sich auf einen nicht-relativistischen Boden zu stellen, so wird man dahin gelangen, die Naturgesetze als abhängig vom Bezugssystem zu finden, ihnen also, je nachdem, verschiedene, wechselnde Formen zuzusprechen. Hier nun setzt das Verlangen ein, bestimmte Beispiele zu hören: welche wechselnde Formen könnte irgend ein bekanntes Naturgesetz nach sonstiger Auffassung annehmen und wie kann man an diesem selben Naturgesetz nachweisen, daß es sich dem Relativitätspostulat fügen muß?"

Einstein erklärte, daß derartige Beispiele nicht im Speziellen, sondern nur in allerweitester Allgemeinheit gegeben werden können. Würde etwa die Ellipsenbewegung der Planeten genannt (ich hatte in meinem Wunsche darauf hingedeutet), so würde man in einen Irrtum verfallen; diese Ellipsenbewegung sei kein solches Gesetz. Denn die von den Planeten beschriebenen Ellipsen können

sich von einem anderen Betrachtungsort gesehen, zu Wellenlinien
auseinanderziehen, oder zu Spiralen, blieben Ellipsen immer nur
unter der Voraussetzung, daß die Bewegungslinien auf den Zentralkörper bezogen werden. Wohl aber sei die Konstanz der Lichtgeschwindigkeit ein solches Gesetz und ebenso der Trägheitssatz,
wonach ein sich selbst überlassener Körper gleichförmig geradlinig fortschreitet.

Diese Begrenzung auf so wenige allgemeinste Sätze, gestand
ich, wird manchem wißbegierigen Laien schmerzlich sein; weil
es ihm äußerst schwer fällt, zwischen Naturgesetzen allgemeinster
und spezieller Geltung zu unterscheiden. Dann aber müßte wohl
auch der Begriff jeder populären Darstellung eingeschränkt
werden. Denn sie wird ja nicht dadurch populär, daß sie den
Wißbegierigen hin und wieder mit „lieber Leser" anredet, sondern
dadurch, daß sie seine Fragewünsche und Bedenken errät, vorweg-
nimmt, untersucht und je nach der Sachlage diese als unberechtigt,
jene als erfüllbar oder unerfüllbar nachweist. Ich habe noch anderes auf dem Herzen. Nehmen wir einen Laien, dem beim Studium
solcher Popularschrift eben das Verständnis für den neuen Zeitbegriff aufzudämmern beginnt. Er fühlt sich durch das erwachende
Verständnis beglückt, wiederholt sich, um es zu befestigen, die
zurückgelegten Gedankengänge, und gerät dabei wiederum an
das Wort „gleichförmige Bewegung". Beim erstenmal hat er den
Ausdruck ganz gut verstanden, beim zweitenmal stutzt er. Denn
nunmehr, nachdem er gemerkt, daß soviel davon abhängt, will
er genau erfahren, was denn das eigentlich sei, eine „gleichförmige
Bewegung". Er späht nach der Definition, und wenn er sie in der
Popularschrift nicht findet, so versucht er aus eigener Logik da-
hinterzukommen. Glückauf! Jetzt hat er's: Ein Körper ist dann
gleichförmig bewegt, wenn er in gleichen Zeiten gleiche Raum-
strecken zurücklegt; gleiche Zeitabschnitte aber sind offenbar
solche, in denen ein gleichförmig bewegter Körper gleiche Raum-
strecken zurücklegt, — — A erklärt sich ihm durch B, B durch A,
er sitzt in einem Zirkel gefangen, aus dem er sich unmöglich
heraushelfen kann; das ist die Zeit der schweren Not, — das ist
die Not der schweren „Zeit".

Weiteres Studium wird ihn, so hofft er, von dieser Not befreien. Er gerät an den Begriff der „Gleichzeitigkeit", die ihm neu
definiert und als „relativ" entschleiert wird. Er steuert auf den
Fundamentalsatz hin, daß jeder Bezugskörper seine besondere
Zeit besitzt.

Dies verdeutlicht ihm seine Popularschrift am Beispiel eines
Luftflugzeugs oder besser eines Eisenbahnzuges, der über einen

Bahndamm dahinsaust und einen Beobachter mitführt. An zwei weitentfernten Punkten auf der Fahrdammlinie sollen zwei Blitzschläge stattfinden, Blitz I und Blitz II. Und die Frage wird aufgestellt: Wann sind diese beiden Ereignisse, die Blitzschläge, „gleichzeitig"; welche Bedingungen müssen hierfür erfüllt sein? Man findet — und das ist unwiderleglich: die von den Blitzpunkten ausgehenden Lichtstrahlen müssen sich im Mittelpunkt der Damm-Strecke treffen.

Und nun folgt durch eine kurze Verkettung von Überlegungen: Der im Zuge befindliche Beobachter wird den Blitz II — wenn er für den ruhenden Beobachter mit dem anderen Blitz als gleichzeitig zusammentrifft — früher sehen, als den Blitz I, das heißt: zwei Ereignisse, die in bezug auf den Bahndamm als gleichzeitig auftreten, sind in bezug auf das bewegte System (den Zug, oder das Flugzeug) nicht gleichzeitig, also auch umgekehrt.

Hier stutzt der wißbegierige Laie abermals, denn er fragt sich: Warum werden die beiden Ereignisse gerade durch Blitzschläge ausgedrückt oder signalisiert? Wenn statt deren akustische Signale verwendet werden, so ändert sich doch nichts an der Grundbestimmung, denn die Schallstrahlen (Schallwellen) würden ja gleichfalls im Mittelpunkt der Strecke zusammentreffen, sobald die Ereignisse gleichzeitig auftreten? Woran liegt es denn also, daß die Zeitrelativität durchaus nur auf optischem Wege herauskommt, und daß in allem Weiteren durchaus nur der Lichtstrahl die entscheidende Rolle spielt?

Und hinter dieser Spezialfrage steht die allgemeinere: Warum nimmt mir denn die Popularschrift nicht die Frage vom Munde weg? Der Verfasser der Schrift ist mir tausendmal überlegen, das weiß ich. Aber gerade kraft dieser Überlegenheit müßte er doch erraten, was in mir vorgeht, wenn ich mich anstrenge, ihm zu folgen.

Einstein hatte mir mit Geduld zugehört und er zeigte mir nunmehr in längeren Ausführungen zunächst, warum sich in dem gegebenen Fall die optischen Signale nicht durch akustische ersetzen lassen; weil nämlich das Licht die einzige Bewegung ist, die sich als gänzlich unabhängig vom Träger der Bewegung, von dem vermittelnden Medium, darstellt. Die Konstanz der Geschwindigkeit wird also bei jenen Überlegungen vorausgesetzt, und da diese Konstanz einzig dem Lichte zukommt, so muß jede andere Methode zur Untersuchung des Begriffes „Gleichzeitigkeit" als unzulässig ausgeschaltet werden. Er zeigte mir ferner, daß man allerdings auf Grund der Relativität und anknüpfend an das erwähnte Geleis-Experiment zu einer zweifelfreien, vollkommen zirkellosen Darstellung des Zeitbegriffes gelangen könne; allerdings mit einem Aufgebot tiefgründiger physikalischer Betrachtungen, die sich der Wiedergabe an dieser Stelle entziehen*). Er erklärte dazu prinzipiell, daß das Durchnehmen aller denkbaren Einwände, die dem Leser einer Erklärungsschrift aufstiegen, unmöglich und unnütz wäre. Unnütz wegen der Zweckwidrigkeit, denn eine klare Entwickelung ließe sich im Zickzack sovieler Querfragen schwerlich durchführen.

Einstein steht sonach in diesem Punkte auf dem Standpunkt, den Schopenhauer bei Erlaß seines Hauptwerks vertrat: „Es gibt zum Verständnis solcher Schrift keinen anderen Rat, als sie zweimal (mindestens) zu lesen, da der Anfang das Ende beinahe ebensosehr voraussetzt, als das Ende den Anfang; der kleinste Teil kann nicht völlig verstanden werden, ohne daß schon das Ganze verstanden sei." Wer diesen Rat als gültig anerkennt und befolgt, der erlebt es, daß die zwischendurch auftauchenden Einwände sich allmählich wechselseitig korrigieren und aufheben, ohne daß damit der einheitliche Fluß der Entwickelung ihretwegen unterbrochen zu werden brauchte.

Etwas anders steht es, wenn ein Herold der neuen Lehre sich entschlösse, der streng wissenschaftlichen Beweisführung überhaupt zu entsagen und dem Leser oder Hörer unter Verzicht auf alle und jede Genauigkeit entgegenzukommen. Ein solches Programm ist wohl denkbar.

Das wäre eine rein feuilletonistische Methode, sagte Einstein; aber Sie glauben doch nicht etwa im Ernst, daß sich damit etwas ausrichten läßt.

„Nicht im Sinne einer wirklichen Erklärung, die den Fachschriften vorbehalten bleibt. Aber ich denke mir, daß es aussichtsreich wäre, dem gänzlich Unkundigen mit Kunstgriffen beizuspringen; mit Gleichnissen und Allegorien, die ihn stützen werden, wenn er im Verlauf der Studien zum erstenmal erschrickt. Dieses Erschrecken bleibt ihm nicht erspart, sobald er zum Beispiel erfährt, daß ein bewegter, fester, starrer Maßstab sich in der Bewegungsrichtung verkürzt."

— Das wird ihm ja bewiesen!

„Aber er kommt trotzdem nicht darüber hinweg. Denn mein Unkundiger, der Herr Jedermann, sagt sich: Hier wird meinem

---

*) In diesen Betrachtungen treten Anordnungen synchroner Uhren auf, die in die Koordinatensysteme eingefügt, und deren Zeigerstellungen miteinander verglichen werden. Dann wird die „Zeit" eines Ereignisses definiert als die Zeigerstellung der ihm räumlich unmittelbar benachbarten Uhr.

Denken etwas Unerhörtes zugemutet. Ein starrer Maßstab ist das Konstanteste vom Konstanten, und nie zuvor ist es dagewesen, daß man etwas so Konstantes als veränderlich anzusehen gezwungen wurde."

— Wenn er's nicht begreift, wird ihn auch ein Gleichnis nicht belehren.

„Vielleicht doch. Das Gleichnis soll ihm zeigen, daß nichts ‚Unerhörtes' an ihn herantritt, daß die denkende Menschheit sich schon vordem mit derartigen Umwandlungen von Konstantem zu Veränderlichem angefreundet hat..."

— Ich fürchte, Ihr Gleichnis wird übel ausfallen.

„Wissenschaftlich genommen, allerdings, weil es hinken wird, wie alle Vergleiche. Aber als Notbehelf kann es Dienste leisten. Lieber Freund Jedermann, würde ich sprechen, stelle dir einmal einen Gelehrten des Mittelalters vor, der über die Beschaffenheit der Tiere und Pflanzen nachdenkt. Eines steht für ihn unverrückbar fest: „die Arten sind unveränderlich!" Palme ist Palme, Pferd ist Pferd, Wurm ist Wurm, Reptil war, ist und bleibt Reptil. Die Art in sich bedeutet bombenfest etwas ‚Invariantes'."

— Der Ausdruck ist in diesem Zusammenhang inkorrekt; Sie wollen sagen: etwas „Invariables".

„Auf eine Inkorrektheit mehr oder weniger kommt es schon nicht an. Ich möchte gern, der Analogie wegen, das Begriffspaar Variant-Invariant festhalten. Also jener Gelehrte hat den Arten gegenüber die Vorstellung des Invarianten; wie sie ja noch ähnlich Linné und Cuvier hegten. Notwendigerweise findet diese Auffassung in seinem Denken ein Gegenstück: Jede Art hat ihre eigene, ihre besondere Entstehungswurzel, in dieser Hinsicht also herrscht die weiteste „Varianz"; die Grundwurzeln sind höchst vielfältig, die Natur hat zahllose Variationen in den einzelnen Schöpfungsakten hervorgebracht. Nun setzt die Deszendenztheorie ein nach Lamarck, Goethe, Oken, Geoffroy St. Hilaire und bewirkt in beiden Punkten eine komplette Umkehrung, eine völlige Vertauschung. Jener Gelehrte hat seine ganze Gedankenwelt umzukrempeln: Alle Organismen gehen einheitlich auf eine gemeinsame Entstehungswurzel zurück, diese — vordem variant — wird invariant ein einzelliges Urgeschöpf, — jede scheinbar unveränderliche Art aber wird nunmehr variant, unbedingt und im weitesten Sinne veränderlich. Und wenn jener Gelehrte zuerst ausruft: Welche unerhörte Zumutung an mein Denken, so empfindet sein später Enkel gar keine Schwierigkeit mehr bei dem Gedanken, daß die organischen Wurzeln vereinheitlicht werden und die Arten, jede für sich, zur Kompensation allen erdenklichen Verschiebungen unterliegen."

Einstein war von diesem Versuch höchst unbefriedigt und fand die Parallele so weit hergeholt, daß man ihre Zulässigkeit ablehnen müsse.

„Dann bitte ich um die Erlaubnis, den Versuch fortsetzen zu dürfen, vielleicht kommt dann noch etwas Brauchbares heraus. Ich stelle mir jetzt einen Menschen des Altertums vor, der wie noch Ovid und die allermeisten seiner Zeitgenossen die Erde als eine Scheibe betrachteten. Auf dieser Scheibe hat jeder Erdbewohner seine besondere, ihm allein eigene Stellung, denn die Scheibe hat einen Mittelpunkt, einen „Nabel", wie die Alten sagten, und auf diesem Nabel bezogen, besitzt jeder Mensch seinen nach Entfernung und Lage differierenden Standort. Insofern herrscht also, von Person zu Person gemessen, eine Varianz. Hingegen ist das Oben und Unten für sämtliche Menschen absolut invariant, denn die Linien Oben-Unten verlaufen für sie alle parallel, da sie gleichmäßig dieselbe Scheibe zu Füßen und denselben Himmel zu Häupten haben. Der Ovid hätte also die Zumutung, den Begriff Oben-Unten variant anzunehmen, als unerhört abgewiesen. Seine späten Enkel aber haben die Kugelgestalt der Erde und damit den Begriff der Antipoden als ganz selbstverständlich in sich aufgenommen, und es macht ihnen nicht die geringste Schwierigkeit, die Linie Oben-Unten als mit dem Standort wechselnd, in allen möglichen Winkeln bis zur Gegensätzlichkeit geneigt anzunehmen. Auf den Kugelmittelpunkt bezogen haben nunmehr alle Menschen dieselbe „invariante" Stellung, während zur Kompensation das Oben-Unten allen erdenklichen Varianzen unterliegt. Und nun wende ich mich wiederum an den Herren Jedermann von heute: Der Sinn der Gleichnisse soll darin liegen, daß jede Lehre, die eine große Vereinheitlichung bringt, ein vormals Variantes zur Invarianz, und ein vormals Invariantes zur Varianz überführt. Die Relativitätstheorie macht alle Weltbetrachtungen unabhängig vom Bezugssystem, sie etabliert hier die vollendete, jedem Betrachtungswechsel entrückte, invariante Einheitlichkeit; — folglich muß sie das vormals Invariante — wie einen starren Maßstab — als variant gestalten. Verlangt sie in dieser Richtung ein Umdenken, ein Neudenken, so zeigen jene Gleichnisse, daß solche radikalen Umstellungen im Denkbetriebe als Notwendigkeiten großzügiger Lehren auftreten müssen, und daß sie scheinbar unerschütterliche Vorstellungen zu überwinden imstande sind. Die erwähnten Gegenstücke werden den Jedermann von heute zum mindesten mit einer gewissen Zuversicht ausrüsten; denn sie zeigen ihm Denkergebnisse, die ursprünglich wie Unmöglichkeiten aussahen, um sich für spätere Generationen in Selbstverständlichkeiten zu verwandeln.

Ich habe bereits zur Genüge hervorgehoben, daß Einstein diese Hilfen, wie sie mir vorschweben, lebhaft bemängelt. Ich gewann indes im Verfolg der Unterhaltung den Eindruck, daß er allmählich begann, sie milder zu beurteilen und sie mit gewissen Vorbehalten als leidlich brauchbaren Hilfsversuche — mehr sollen sie auch nicht sein — passieren zu lassen. Ich glaube daher nicht gegen seinen Willen zu verstoßen, wenn ich jene gleichnisartigen Beispiele hierher setze, zumal sie sich doch auf dem Boden unserer Unterhaltungen entwickelt haben.

Ich hatte seitdem Gelegenheit, sie an gewissen Personen zu erproben, und darf erwähnen, daß sie ganz gute Dienste leisteten. Solch eine Allegorie kann wie ein Rettungsseil wirken, wenn sich der Unkundige in Gefahr fühlt, und vor einer Schwierigkeit vermeint, er käme niemals hinüber. Sie erspart ihm die Schwierigkeit nicht, aber sie verleiht ihm einen gewissen Schwung, sie stählt ihn zur Fortsetzung des Studiums, das er sonst beim ersten Auftreten einer vermeintlichen Unbegreiflichkeit abbrechen würde. In einem Lehrbuch also dürften diese Hilfsversuche vorläufig keinen Platz finden, wohl aber in einer Schrift, die abseits der methodischen Linie auf Nebenwegen allerhand Ersprießliches und Belehrsames zu finden hofft.

Vereinzelte Signale.

Bedingtheit und Unbedingtheit der Naturgesetze. — Begriff der Temperatur. — Sandkorn und Weltall. — Kann sich ein Gesetz ändern. — Wissenschaftliche Paradoxe. — Verjüngung durch Bewegung. — Gewinn einer Sekunde. — Deformierte Welten. — Das Atom-Modell. — Forschungen von Rutherford und Niels Bohr. — Mikro- und Makrokosmos. — Relativitätslehre in kurzer Darstellung. — Wissenschaft bei verminderten Sinnesorganen. — Die ewige Wiederkunft. — Ueberlegene Kulturen.

In allen Betrachtungen hat sich wohl kein Wort und kein Begriff so nachdrücklich geltend gemacht, wie der des „Gesetzes". Das Naturgesetz bedeutet für uns die eherne Schranke, die den Zufall und die Willkür unerbittlich von der Notwendigkeit abtrennt, und es erscheint uns als unausweichlich, daß schließlich auch der Zufall und die Willkür in diese Notwendigkeit einbezogen werden müssen. Immer stärker werden wir auf die Vorstellung einer suprema lex gestoßen, als des Gesamtausdruckes aller Teilgesetze, die uns die Wissenschaft als mehr oder minder gesicherte Ergebnisse einzelner Untersuchungen anbietet.

Von diesen Einzelgesetzen war die Rede, wie zum Beispiel von denen, die in der Gastheorie, in der Optik usw. gelehrt werden und die sich an die Namen Boyle, Gay-Lussac, Dalton, Mariotte, Huyghens, Fresnel, Kirchhoff, Boltzmann usw. knüpfen. Und im Anschluß hieran fragte ich, ob denn die Gesetze an sich etwas Unbedingtes, unter allen Umständen Erweisbares darstellen; ob es restlos gültige Gesetze gäbe oder überhaupt geben könnte.

Einstein verneinte die Frage im Prinzip: „Endgültig kann ein Gesetz schon deshalb nicht sein, weil die Begriffe, die wir zu ihrer Formulierung benützen, sich jeweils bei Weiterentwicklung der Wissenschaft als ungenügend erweisen. Betrachten wir zum Beispiel einen Elementarsatz, wie das Newtonsche Kraftgesetz, so enthüllt sich der neueren Anschauung der Begriff der unmittelbaren Fernwirkung der Natur gegenüber als ungenau; denn es hat sich gezeigt, daß die Fernwirkung kein Letztes ist, sondern aufgelöst werden muß in eine Vielheit von Wirkungen zwischen unmittelbar benachbarten Orten (Nahewirkungstheorie). Ein anderes Beispiel bietet der Begriff der „Temperatur". Dieser

Begriff wird den einzelnen Molekülen gegenüber sinnlos, er versagt, wenn wir ihn auf die kleinsten Teile der Körperlichkeiten übertragen wollen; weil der Zustand, die Geschwindigkeit, die innere Energie der einzelnen Moleküle in den weitesten Grenzen hin- und herschwankt. Der Begriff „Temperatur" ist nur anwendbar auf ein aus vielen Molekülen bestehendes Gebilde, und auch da noch nicht durchweg. Stellen wir uns etwa ein äußerst verdünntes Gas vor, das sich in einem geschlossenen Gefäß befindet. Zwei Seitenwände des Gefäßes sollen verschiedene Temperatur besitzen, so daß einer kalten Wand eine heiße gegenüberliegt. In solchem höchstverdünnten Gas stoßen die einzelnen Moleküle so selten zusammen, daß praktisch nur der Zusammenstoß der Moleküle mit den Wänden in Betracht zu ziehen ist. Die von der heißen Wand kommenden Moleküle haben größere Geschwindigkeit als die von der kalten Wand kommenden, sonach wird der Begriff der Temperatur dieses Gases unhaltbar.

„Ließe sich denn gar nichts von einer Temperaturskala ablesen?" fragte ich. „Der größere oder geringere Wärmegrad eines Körpers, also hier der Gasmasse, hängt doch von der stärkeren oder geringeren Bewegung seiner kleinsten Teile ab; die Bewegungen sind doch immerhin vorhanden, was also würde ein Thermometer ansagen?"

— Nur das eine, daß es nichts anzusagen hat. Brächte man, so erklärte Einstein, in das Gasgefäß ein auf einer Seite geschwärztes Thermometer, so würden sich bei der Drehung des Instrumentes verschiedene Temperaturen zeigen, was soviel bedeutet, als daß der Temperaturbegriff diesem Gebilde gegenüber sinnlos wird. Und über die genannten Beispiele hinaus möchte ich daran festhalten, daß all unsere Begriffe, mögen sie noch so fein ausgedacht sein, der fortschreitenden Erkenntnis gegenüber sich als zu roh, das heißt, als zu wenig differenziert zeigen.

*   *   *

Wir sprachen über „Eigenschaften der Dinge" und über den Grad ihrer Erforschbarkeit. Als ein extrem zu Denkendes trat die Frage auf:

Gesetzt, es wäre erreichbar, alle Eigenschaften eines Sandkorns zu ergründen, hätte man damit das gesamte Universum erforscht? Bliebe dann für das völlige Begreifen der Welt nichts Ungelöstes zurück?

Einstein erklärte, daß diese Frage mit einem unbedingten Ja beantwortet werden müßte. „Denn, würde man wissenschaftlich das Geschehen in dem Sandkörnchen vollständig beherrschen, so wäre dies nur möglich auf Grund der Erkenntnis der exakten Gesetze des zeiträumlichen Geschehens. Diese Gesetze — Differentialgleichungen — wären überhaupt die allgemeinsten Weltgesetze, aus denen sich der Inbegriff alles anderen Geschehens müßte deduzieren lassen.

[Man kann diesen Gedanken auch noch nach anderer Richtung fortspinnen; so dahin: daß jede noch so spezial erscheinende Forschung im Allergeringfügigsten den Zusammenhang mit der Welterforschung bewahrt und für diese wertvoll werden kann. Stellt man sich die Wissenschaft überhaupt als vollendbar vor, so ist jeder neue Erkenntnisbeitrag, auch der minimalste, wesentlich und unentbehrlich für das Ganze.]

*　*　*

Kann sich ein Naturgesetz mit der Zeit ändern? Schärfer gefaßt: kann die Zeit als solche, explicite, in die Gesetze eingehen, so daß z. B. ein Experiment, zu verschiedenen Zeiten ausgeführt, verschiedene Resultate ergäbe? Diese Frage ist bereits mehrfach behandelt worden, so von Poincaré, der sie schroff negativ erledigt, aber auch von andern, denen die Unabänderlichkeit der Naturgesetze in aller Ewigkeit nicht festzustehen scheint. Wenn mich mein Gedächtnis nicht irreführt, hat Helmholtz einmal die Konstanz der Gesetze mit leisem Zweifel berührt.

Einstein beantwortete jene Frage radikal verneinend: „Denn das Naturgesetz ist nach der Definition eine Regel, nach der das Geschehen immer und überall stattfindet. Würde man also durch die Erfahrung gezwungen werden, ein Gesetz von der Zeit abhängen zu lassen, so würde dies gebieterisch verlangen: nach einem zeit-unabhängigen Gesetz zu suchen, welches das zeitabhängige in sich als Spezialfall aufnimmt; dieses letztere würde dadurch als Naturgesetz ausgeschaltet und spielte fortan nur noch die Rolle einer Folge aus dem zeitunabhängigen Gesetze"

*　*　*

Wie hat man sich zu verhalten, wenn man im Verfolg einer wissenschaftlichen Lehre, bei Innehaltung korrekter Schlüsse, auf etwas Paradoxes stößt? Also auf eine Folgerung, gegen deren Annahme sich unser Denken sträubt, obschon es in der Beweiskette keinen Fehler zu entdecken vermag?

Bevor wir besondere, und wie ich denke sehr interessante Fälle erörtern, wollen wir hören, wie sich Einstein im allgemeinen dazu äußert: „Sobald eine Paradoxie auftritt, wird man in der Regel folgern dürfen, daß in dem betreffenden wissenschaftlichen System irgendwo eine gedankliche Unsauberkeit steckt; man müßte indeß im Einzelfall untersuchen, ob die Paradoxie auf einen logischen Widerspruch zurückzuführen ist, oder ob sie nur eine Brüskierung unserer augenblicklichen Denkgewohnheit bedeutet."

Nehmen wir zunächst Beispiele aus einer ganz modernen Wissenschaft, aus der von dem Hallenser Georg Cantor begründeten „Mengen-Theorie", und folgen wir dem Sinn auf dem einzigen hier möglichen Wege, nämlich in losen Andeutungen, die für unseren Zweck genügen, ohne auf sachliche und wörtliche Genauigkeit Anspruch zu machen.

Nehmen wir eine Menge von 3 Gegenständen, z. B. einen Apfel, eine Birne und eine Pflaume. Hieraus lassen sich nach Definition 6 Teilmengen bilden, nämlich

  der Apfel
  die Birne
  die Pflaume
  der Apfel und die Birne
  der Apfel und die Pflaume
  die Birne und die Pflaume

Die Menge der Teilmengen, — welche 6 Elemente enthält, — ist also größer, doppelt so groß als die ursprüngliche Menge, in der nur 3 Elemente vorkommen.

Enthält die ursprüngliche Menge noch ein Element mehr, etwa eine Nuß, so lassen sich die Teilmengen bilden

  der Apfel
  die Birne
  die Pflaume
  die Nuß
  der Apfel und die Birne
  der Apfel und die Pflaume
  der Apfel und die Nuß
  die Birne und die Pflaume
  die Birne und die Nuß

die Pflaume und die Nuß
der Apfel, die Birne und die Pflaume
der Apfel, die Birne und die Nuß
der Apfel, die Pflaume und die Nuß
die Birne, die Pflaume und die Nuß;
hier also ist die Menge der Teilmengen schon recht erheblich größer als die ursprüngliche Menge; diese zahlenmäßige Überlegenheit wächst rapide mit jeder Vergrößerung der Ursprungsmenge, und dehnt man diese Betrachtungen auf eine unendliche Menge aus, so erreicht man bei der Menge der Teilmengen eine Unendlichkeit höheren Grades. Man drückt dies so aus: die unendliche Menge der Teilmengen besitzt eine größere „Mächtigkeit", als die Unendlichkeit der Elemente der ursprünglichen Menge.

Die eine Unendlichkeit ist also, populär gesprochen, sehr viel umfangreicher, gewaltiger, als die andere. Darin liegt noch keine Denkunmöglichkeit. Allein in einem bestimmten Gedankenexperiment stellt es sich heraus, daß jener Satz mit seiner Progression nicht nur versagt, sondern zu einem offenen Widersinn führt.

Denn wenn man von der Urmenge „aller denkbaren Dinge" ausgeht, so kann deren Unendlichkeit zweifellos von keiner anderen übertroffen werden. Nach dem erwähnten Satz besäße aber „die Menge aller Teilmengen" eine größere Mächtigkeit, obschon sie selbst doch nicht weiter reichen kann, als bis zu dem Maximalbegriff aller denkbaren Dinge. Wir landen somit bei einer unauflöslichen Paradoxie, als dem typischen Beispiel dafür, daß in dem angewandten Begriffssystem irgend etwas nicht ausreicht oder der äußersten Denkreinlichkeit zuwiderläuft. Und diese skeptische Ansicht wird Stützen finden in mancherlei Äußerungen von Descartes, Locke, Leibniz und besonders von Gauss, der lange vor der Mengenlehre gegen unscharfe Definitionen des Unendlichen protestiert hat.

In einem anderen Fall hingegen scheint dieselbe Lehre absolut beweisscharf vorzugehen, wiewohl sie auch hier in einer Aussage mündet, die dem „gesunden Menschenverstand" nicht einleuchtet. Sie zeigt nämlich in einem höchst geistreichen und scharfsinnigen Verfahren, daß sich sämtliche Flächenpunkte einer allseits unbegrenzten Ebene in umkehrbar eindeutiger Weise den Linearpunkten einer noch so kurzen Strecke zuordnen lassen; so daß also jedem Punkt der unbegrenzten Ebene ein bestimmter Punkt der Strecke entspricht, und umgekehrt. Derselbe Satz läßt sich für den unbegrenzten dreidimensionalen

Raum erweitern, wonach man sich, wiederum ganz populär gesprochen, mit der ungeheuerlichen Tatsache anzufreunden hätte: eine gradlinige Strecke von beliebiger Kleinheit bietet in der Anzahl ihrer Punkte die nämliche Mächtigkeit, wie sämtliche Raumpunkte des Universums.

Ich persönlich muß gestehen, daß mir jedes Mittel fehlt, um mich in diese Paradoxie hineinzufinden. Aber das sacrificium intellectus rückt mir in bedrohliche Nähe. Einstein, der die Mengenlehre als Wissenschaft, vielleicht noch mehr als wissenschaftliches Kunstwerk, hochschätzt und bewundert, tritt hier durchaus als Anwalt des Beweises auf, er lehnt den Begriff der Paradoxie ab, das heißt, er statuiert nicht den Widerspruch gegen das Denken, sondern nur gegen eine korrigierbare Denkgewohnheit. Ich gäb' was drum, wenn mir die Korrektur gelänge!

* * *

Ein drittes Beispiel ergibt sich aus der speziellen Relativitätstheorie, als ein gedankliches Abenteuer, das bei genügender Einsicht in die Zusammenhänge seinen paradoxalen Charakter verliert.

Nach dieser Theorie ändert sich die Ablaufsgeschwindigkeit der Naturvorgänge mit der Bewegung. Wir stellen uns nun zwei Individuen vor, etwa die Zwillinge A und B, die im Moment der Geburt zwar an demselben Ort weilen, allein sofort getrennt werden. B beharrt räumlich, während A im Weltenraum von der Erde aus beurteilt einen ungeheuren Kreis mit immenser Geschwindigkeit beschreibt. Dadurch wird für A der Ablauf aller Vorgänge erheblich und in berechenbarer Weise herabgesetzt. Trifft A wieder bei B ein, so kann es sich ereignen, daß der beharrende Zwilling inzwischen 60 Erdjahre alt geworden ist, während der zurückkehrende nur 15 Jahre zählt, oder sich gar noch im Säuglingsstadium befindet.

Wer mit diesem Gedankenflug zum allererstenmal Bekanntschaft macht, der kann sich natürlich einer starren Verblüffung nicht erwehren. Nichtsdestoweniger befinden wir uns hier nicht in einer Welt der Mirakel, sondern im Rahmen der Begreiflichkeit.

Bei diesen Zwillingen, erklärte Einstein, haben wir zunächst eine Gefühls-Paradoxie vor uns. Eine Denk-Paradoxie würde indeß nur dann vorliegen, wenn sich für das Verhalten der beiden Geschöpfe kein zureichender Grund anführen ließe. Dieser Grund für das Jüngerbleiben des A ergibt sich vom Gesichtspunkt der speziellen Relativitätstheorie aus der Tatsache, daß das betreffende Geschöpf — und nur dieses — Beschleunigungen erlitten hat. Eine tiefere Erfassung des Grundes ist indeß nur auf dem Boden der „Allgemeinen Relativitätstheorie" zu erlangen, die uns erkennen läßt, daß von A aus beurteilt ein Zentrifugalfeld existiert, von B aus betrachtet aber nicht; und dieses Feld hat einen Einfluß auf den relativen Ablauf und die Raschheit der Lebensvorgänge.

Es muß freilich ein ziemlich umfangreicher Apparat aufgeboten werden, um den bewegten Zwilling auch nur eine Zeit-Sekunde gewinnen zu lassen. Wenn er ein Jahr Karussel fährt auf einem Kreisumring von rund 30 Milliarden Kilometer Länge, so müßte er in der Drehmaschine pro Sekunde 1000 Kilometer zurücklegen, um sich mit diesem Altersunterschiede gegenüber dem ruhenden Geschöpf zu verjüngen.

Dieses unausbleibliche und dem wissenschaftlich geschulten Denken verständliche Resultat beleuchtet zugleich die Natur des „gesunden Menschenverstandes", den schon Kant als die letzte Instanz verworfen hat, insofern dieser ‚gemeine Verstand' unvermögend ist, über die Beispiele seiner eigenen Erfahrung hinauszugehen. Er bewegt sich, wie Einstein sagt, „gefühlsmäßig und ausschließlich in Analogien". Für einen Vorgang wie den zuvor geschilderten fehlt ihm die Analogie, und da er nur mit den Regeln in concreto umzugehen weiß, so erscheint ihm manches als paradox, was eine gesteigerte Abstraktion als begründet und notwendig erkennt.

*   *   *

Eine spekulative Betrachtung: Wenn alle Dinge der Welt in ihren Dimensionen ungeheuerlich wüchsen oder abnähmen, wenn sich zugleich, uns verborgen, gewisse physikalische Bedingungen veränderten, so würde uns jedes Mittel fehlen, um den Unterschied zwischen jetzt und früher irgendwie festzustellen. Denn da sich auch alle Maßstäbe einschließlich der in unseren Sinnen eingelagerten in gleicher Proportion verändert hätten, so wäre der vorige Zustand und der spätere schlechterdings ununterscheidbar. Das nämliche müßte, wie leicht zu zeigen, eintreten, wenn ein außerweltlicher Eingriff alle Dinge des Universums ungleichmäßig verschieben, verbiegen, verkneten, deformieren würde, sobald nur unsere Instrumente und Organe an solcher Transformation teilnähmen. Mithin dürften wir auch die uns bekannte Welt als eine möglicherweise deformierte beargwöhnen, hervorgegangen aus einer anderen, von deren ursprünglicher Gestaltung wir niemals etwas zu erfahren vermöchten.

Existiert zwischen diesen grotesken Betrachtungen und der Relativitätslehre irgendwelcher Zusammenhang?

Nur ein negativer, e contrario festzustellender. Diese Deformationen, so entwickelt Einstein, sind an sich physikalisch sinnlose Abstraktionen. Physikalisch sinnvoll sind nur die Beziehungen zwischen Körpern, z. B. die Beziehung zwischen Maßstäben und gemessenen Gegenständen. Von Deformationen kann daher sinnvoll nur die Rede sein, wenn die Deformationen zweier oder mehrerer Körper gegeneinander ins Auge gefaßt werden, während der Begriff der Deformation ohne Angabe eines realen Gegenstandes, auf den sie zu beziehen wäre, gar keinen Sinn besitzt. Der erkenntnistheoretische Wert der Allgemeinen Relativitätstheorie gegenüber der früheren Physik liegt nun eben darin, daß sie jene sinnlosen Abstraktionen in Bezug auf das Zeitliche und Räumliche vollständig vermeidet.

[Sonach wäre das Eingehen auf jene grotesken Gedankengänge, wenn diese auch physikalisch unhaltbar sind, doch nicht ganz zwecklos. Denn da die neue Physik solche Irrgänge vermeiden lehrt, so erscheint es doch ersprießlich, sich mit dem zu vermeidenden bekannt zu machen. Sowie man ja auch die Scholastik studieren muß, um die von scholastischen Fesseln befreite Philosophie, voll zu verstehen. Zudem entbehren die Betrachtungen über die verbogenen Welten nicht eines gewissen spekulativen Reizes; gauklerisch könnte man ihn nennen, wenn er auf etwas anderes hinausliefe als auf eine Vergräulichung der Welten. Freilich bergen sie auch Verlockungen, die manchen antreiben könnten, sich auf ein gefährliches Terrain zu begeben, um etwa Gleichnisse außerhalb der Geometrie und Physik zu wagen. Wäre es vielleicht möglich, plötzlich in eine Welt zu geraten, die ethisch, kulturell, logisch verbogen, verzerrt wäre, ohne daß wir es merkten? Stecken wir am Ende gar in einer solchen Verunstaltung, die wir nicht wahrnehmen, weil sich die empfangenden Organe in gleichem Maße mitdeformierten? Ich gestehe offen, daß ich ein Fortspinnen des Deformationsfadens nach dieser Richtung nicht für ganz undenkbar halte; muß indeß hinzufügen, daß Einstein derartige Weiterungen rundweg ablehnt, da sie, wie er betont, in Gebiete führen, die lediglich einen Tummelplatz für „Wortakrobatik" darstellen.]

*   *   *

Die Frage, ob die Natur Sprünge macht oder nicht, ist uralt. Sie begründet in der Abstammungslehre den Gegensatz zwischen Revolutionisten und Evolutionisten, welche den Grundsatz „natura non facit saltus" bis in alle Folgerungen vertreten. Neuerdings versuchen sich besonders in der Psychologie Ansichten durchzusetzen, die ein Naturprinzip der Unstetigkeit verkünden. Es wird da behauptet, daß wir selbst in unseren Wahrnehmungen und Empfindungen diskontinuierlich eingestellt sind, daß jede Perzeption wie ein Kinematograph in lauter äußerst raschen Unterbrechungen arbeitet. Wäre dies tatsächlich der Fall, dann besäßen wir wohl schwerlich ein Mittel, um endgültig darüber ins Reine zu kommen, ob in der Natur die Stetigkeit regiert oder nicht.

Für Einstein besteht eine solche Alternative nicht im geringsten. Hätte jemals sich ein Zweifel hervorwagen können, so wären schon die Forschungen Maxwells genügend, um ihn aus der Welt zu schaffen. Die durch Differentialgleichungen zu beschreibende Welt ist lückenlos stetig.

Aber, so warf ich ein, bietet denn nicht auch die moderne Physik gewisse Stützpunkte für die Annahme einer Diskontinuität? Deutet denn nicht die Quanten-Theorie auf eine atomistische Struktur in den Energien, also auch in den Vorgängen, die man sich ruckweise, nach ganzzahligen Verhältnissen ablaufend, vorstellen soll?

Einstein antwortete mit einem Wort von epigrammatischer Kürze und Würze: Aus dieser Ganzzahligkeit darf man einen Widerspruch gegen den stetigen Verlauf nicht herauskonstruieren; stellen Sie sich vor, das Bier wäre nur in ganzen Litern verkäuflich; wollten Sie dann folgern, daß das Bier als solches diskontinuierlich wäre?

*　*　*

Welche Leistungen sind in absehbarer Zeit von der beruflichen Astronomie zu erwarten?

Diese Frage erhält ihren besonderen Sinn durch die Annahme, daß der auf der Sternwarte arbeitende Astronom im wesentlichen vor gelösten Aufgaben stünde und Problemlösungen von der universalen Bedeutung der Kopernikanischen oder Keplerischen nicht mehr zu erhoffen hätte. Diese Annahme würde indeß der wirklichen Sachlage nicht entsprechen.

Einstein bezeichnete mir eine Reihe von fundamentalen

Problemen, die sich heute der beruflichen Astronomie darbieten und deren Bewältigung er von der Folgezeit erhofft. Vor allem wird die geometrische und physikalische Konstruktion der Fixstern-Systeme in ihren hauptsächlichen Zügen offenbar werden.

Bis jetzt wissen wir noch nicht, ob das Newtonsche Gesetz für Gebilde von der Art der Milchstraße und der kugelförmigen Sternhaufen wenigstens approximativ gilt; also in Raumgrößen, in denen der Einfluß der Raumkrümmung merklich werden könnte. Die rapiden Fortschritte der neuzeitlichen Astronomie berechtigen aber zu einer Hochspannung der Erwartung, welche die Lösung eines derartigen Universalproblems schon für die nächsten Jahrzehnte voraussieht.

In losem Zusammenhange damit wurde das Thema von der Bewohnbarkeit anderer Welten gestreift. Dieses Fontenelle-Thema „la pluralité des mondes habités" ist neuerdings vornehmlich durch die Marserforschung wieder in den Vordergrund getreten und hat leidenschaftliche Polemiken entzündet. Laut schallt der Heerruf geozentrischer Wissenschaftler, die der Erde ihre astronomisch erschütterte Suprematie zurückerobern möchten, und die unserem Planeten allein das Recht und die Möglichkeit organischer Gestaltung zusprechen. Es versteht sich von selbst, daß Einstein die Motive, mit denen diese Menschlichen-Allzumenschlichen arbeiten, als kleinlich und kurzsichtig verwirft. Die Kreaturen in fernen Welten entstammen und unterliegen natürlich Organisationsbedingungen, auf die ein Rückschluß aus den uns bekannten vorläufig unmöglich ist. Aber ihre Existenz auf zahllosen Gestirnen bestreiten, oder den augenscheinlichen Beweis hierfür einfordern, steht auf der Höhe der Betrachtungsart eines Infusors, dem kein anderes Leben einleuchtet, als das in einem fauligen Wassertropfen.

* * *

Die Vorstellung des Atoms, als des letzten Bausteins der Körperlichkeit, umschließt einen sprachlichen und begrifflichen Widerspruch. Denn „atomos" heißt unteilbar, nicht weiter teilbar, während die Vorstellung einer noch so kleinen Körperlichkeit, eines von Null verschiedenen Bausteins, zum mindesten geometrisch die weitere Teilbarkeit fordert. Schon die Urbegründer der Atomtheorie, Leukippos, Epikur, Demokrit legten den letzten Bestandteilen bestimmte Formen bei, und in dem prächtigen Werk des Lukrez können wir lesen, daß aus der Natur der Substanz auf glatte, rundliche, rauhe, haken- und ösenförmige kleinste Teilchen geschlossen wurde. Je weiter die forschende Analyse vordrang, desto mehr verflüchtigte sich die Einfachheit der ursprünglichen Vorstellung, man blickte in Mikrokosmen wie in Abbilder der Makrokosmen, und das Atom der heutigen Wissenschaft beansprucht tatsächlich, als eine Welt für sich betrachtet zu werden.

Einstein willfahrte meiner Bitte, mir die letzten Errungenschaften insoweit anzudeuten, daß sich daraus ein ungefähres Bild des Atom-Modells ergäbe: Man hat es sich nach den Forschungen von Rutherford und Niels Bohr wie ein Planetensystem vorzustellen.

Als Zentralkörper dieses Systems tritt ein positiv-elektrisch geladener Kern auf, der fast die ganze Masse des Atoms ausmacht, umgeben von einer gewissen Zahl negativ geladener Elektronen, die sich in regelmäßigen, kreisförmigen (oder elliptischen) Bahnen um den Kern bewegen. Es liegt also eine gewisse Analogie vor, die uns gestattet, den Kern als die Sonne, die Elektronen als die Planeten dieses Systems anzusehen.

Deren Anzahl schwankt in den Grenzen von 1 bis 92, je nach der chemischen Beschaffenheit des Elementes. Die geringste Zahl findet sich beim Helium (2) und beim Wasserstoff-Atom, bei dem nur ein einziger Elektron-Planet seine kreisförmige Bahn um den Kern beschreibt. In anderen Atomen treten höchstwahrscheinlich kompliziertere, wenn auch mehr oder minder kreisähnliche Bahnen auf. Die Anordnung der Elektronen ist nach dieser noch sehr jungen, aber durch ein außerordentlich starkes Tatsachenmaterial gestützten Theorie in konzentrischen Schalen (Zwiebelschalen) vorzustellen; wobei der äußersten Schale insofern eine bevorzugte Rolle zufällt, als die Zahl der in ihr angeordneten Elektronen für den chemischen Charakter maßgebend ist. Es kommt vor, daß Elektronen durch äußere Einwirkung von einer Bahn auf eine andere überspringen, dann erfolgt beim Zurückspringen Lichtemission. Als eine wesentliche Tatsache ist festzustellen: Während in einem der Sternwelt angehörenden Planetensystem beliebig viele Bahnen mit beliebigen Radien liegen können, unterliegt die Mannigfaltigkeit innerhalb des Atoms einer Beschränkung: es sind nur gewisse Bahnen möglich, welche durch die sogenannte Quantenbedingung rechnerisch bestimmt werden.

Ließe sich wohl, unterbrach ich, die ganze Analogie umkehren? Wenn das Atom sich im Modell zu einem Planetensystem erweitert, so müßte es eigentlich auch erlaubt sein, unser wirkliches Planetensystem als ein kosmisches Atom aufzufassen; und nachdem man sich längst damit abgefunden hat, unsere Erde die Rolle eines Staubkorns spielen zu lassen, wäre es dann auch mit der Sonnenherrlichkeit vorbei. Die ganze Majestät bis zur Neptunbahn schrumpfte dann zu einem Gebilde zusammen, gegen welches ein Staubkorn immer noch als ein Koloss erschiene.

Bis zu einem gewissen Grade mag diese gedankenspielerische Umkehrung gestattet werden, sagte Einstein. Nur wird man sich dabei vorhalten müssen, daß da immer noch ein Kardinalunterschied obwaltet. Sieht man selbst von den unvergleichlichen Größenverhältnissen ab, so wird doch die Analogie dadurch sehr eingeengt, daß das Atom nur ein Baustein ist, das wirkliche Planetensystem aber ein ungeheuer komplizierter Bau. Der Unterschied zwischen einfach und höchst mannigfaltig bleibt demnach bestehen.

Aber, Herr Professor, eine solche Kompliziertheit könnte doch weiterhin auch noch im Atom herausgefunden werden? Von der Urvorstellung bis zu den planetenartig kreisenden Elektronen ist vielleicht nur ein Erkenntnisschritt. Dürfte man da nicht vermuten, daß sich Schritt auf Schritt ein wahrer Regressus in infinitum entwickeln kann?

Das erscheint durchaus unwahrscheinlich, erwiderte er, wenngleich die Strukturerforschung natürlich nicht haltmacht. Sie erblickt vorerst das weitere Ziel: herauszufinden, woran es liegt, daß gewisse Atome radioaktiv sind, das heißt, eine Zerfallstendenz aufweisen. Schon heute ist festgestellt, daß diese Tendenz eine Eigenschaft des noch wenig erforschten Kernes darstellt. Das will sagen, der Kern ist nicht einfach, ohne darum die Aussicht auf einen nie zu erschöpfenden Regressus zu bieten. Es gilt Klarheit zu gewinnen über die Konstituierung des Kernes aus positiven und negativen Ladungen, und es ist meine Überzeugung, so schloß er, daß es darüber hinaus eine weitere Unterteilung der Materie nicht gibt. —

Wenn der Dichter von dem ruhenden Pol in der Erscheinungen Flucht redet, so schwingt unter dem schönen Wort der elegische Verzicht auf die Erreichbarkeit eines Allereinfachsten, Allerletzten. Einsteins Eröffnung, sofern ich sie richtig deute, verwandelt diesen Verzicht in eine stolze Hoffnung. Hat die Unterteilung der Materie irgendwo ein Ende, so stehen wir hart an der Schwelle zu den letzten Dingen, zu dem ruhenden Pol, der gefunden werden kann.

* * *

„Jede neue wissenschaftliche Wahrheit muß so beschaffen sein, daß sie sich in gewöhnlicher Schrift auf dem Raum eines Quartblattes vollständig mitteilen läßt." Kirchhoff hat das gesagt und die Probe dafür, wenn auch nicht buchstäblich, so doch ausreichend geliefert. Als er und Bunsen die erste Veröffentlichung über die Spektralanalyse hinaussandten, gaben sie der Publikation die knappe Form auf drei Druckseiten.

Wie nun aber, wenn die neue Wahrheit sich auf einem sehr weitschichtigen Material aufbaut? Wenn sie sehr viel Kettenglieder der Einsicht bedingt, von denen keines zum Verständnis entbehrt werden kann? Müßte auch dann die Kirchhoffsche Quartseite genügen?

Allerdings, meinte Einstein; vorausgesetzt natürlich, daß sie sich an einen Leser wendet, der bereits das Vorhergehende beherrscht; dem die älteren Tatsachen soweit vertraut sind, daß er nur noch das wirklich Neue der neuen Wahrheit zu erfahren hat.

Das klingt sehr erfreulich, versetzte ich; denn danach müßte es ja auch möglich sein, die Relativitätstheorie in aller Kürze darzustellen.

— Sagen wir: deren Grundzüge, den Wesenskern der Sache. Präparieren Sie also ihr Kirchhoffsches Quartblatt. Wir wollen sehen, ob wir darauf mit der Speziellen Relativitätstheorie fertig werden:

Die Gesamtheit der Erfahrungen zwingt zur Annahme der Konstanz der Lichtgeschwindigkeit im leeren Raum. Die Gesamtheit der Erfahrungen auf optischem Gebiet zwingt aber auch zur Feststellung der Gleichwertigkeit aller Inertialsysteme, das heißt, aller Bezugsysteme, die aus einem berechtigten durch gleichförmige Translation hervorgehen. Berechtigt ist ein System, für welches der Galileische Trägheitssatz gilt. (Der Satz besagt, daß ein sich selbst überlassener bewegter Körper seine Richtung und Geschwindigkeit dauernd beibehält.)

Nun scheint das Lichtausbreitungsgesetz im Widerspruch zu stehen zu dem Relativitätsprinzip, wonach die Geschwindigkeit eines Strahles im bewegten System je nach der Richtung des Strahls verschiedene Werte annimmt.

Diese — scheinbare — Unvereinbarkeit beruht auf folgenden unbewiesenen Prämissen:

a) Wenn zwei Ereignisse gleichzeitig sind inbezug auf ein Inertialsystem, so sind sie auch gleichzeitig in bezug auf jedes andere Inertialsystem.

b) Die Ausdehnung eines Maßstabes, die Gestalt und Größe

eines starren Körpers und die Ganggeschwindigkeit einer Uhr sind unabhängig von ihrer (gradlinigen, drehungsfreien) Bewegung gegenüber dem benützten Bezugsystem.

Diese Prämissen müssen fallen, damit jene Unstimmigkeit verschwindet. Ersetzt man die unbewiesenen Prämissen durch die Voraussetzung der Gleichwertigkeit aller Inertialsysteme in Verbindung mit der Voraussetzung, daß die Geschwindigkeit eines Vakuum-Lichtstrahls konstant ist, so ergibt sich

erstens: das Verhalten der Maßstäbe und Uhren ist funktionell abhängig von der Bewegung;

zweitens: die Bewegungsgleichungen von Newton bedürfen einer Modifikation und sie liefern dann Resultate, die für rasche Bewegungen von den Newtonschen wesentlich abweichen.

Dies ist in gedrängtester Darstellung der Sinn der Speziellen Relativitätstheorie.

— — — — — — — — — — — — — — — — — —
— — — — — — — — — — — — — — — — — —

Da das Quartblatt noch Raum gewährt, möge eine Betrachtung angefügt werden, welche die oben erwähnte scheinbare Unstimmigkeit ein klein wenig ausführlicher erörtern soll.

Wir wählen als Bezugsystem einen Schnellzug von 10 Kilometern Länge. Ganz vorn im Zuge sitzt der Reisende Herr Vordermann, ganz am Schluß der Reisende Herr Hintermann, beide haben also zwischen sich eine feste Distanz von 10 Kilometern. Die Waggons sind durchsichtig, so daß die Personen untereinander Signale austauschen können. Sie sind zudem mit ideal gleichlaufenden Uhren ausgerüstet.

Zuerst soll der Zug stillstehen. Hintermann hat den Kilometerstein Nr. 100 zur Seite, Vordermann mithin den Kilometerstein Nr. 110. Hintermann signalisiert durch ein Blitzlicht seine Uhrstellung, Punkt 12 Uhr. Das Licht braucht für die Strecke von 10 Kilometern genau $1/30\,000$ Sekunde, trifft also bei Vordermann um 12 Uhr $1/30\,000$ Sekunde ein; ganz ebenso würde es sich verhalten haben, wenn Vordermann dem Hintermann seine Zeit signalisiert hätte. Das Licht macht in seinem Wege für Hin und Zurück keinen Unterschied. Befindet sich der Bahnzug in rascher Fahrt, so können die beiden Reisenden das nämliche Experiment machen, als wenn der Zug stillstünde. Sie werden dann die Zeit, die der Lichtstahl von Hintermann zu Vordermann braucht, der Zeit für den umgekehrten Weg gleichsetzen. Aber vom Gleis aus gesehen würde sich die Beurteilung desselben Vorgangs anders gestalten. Der Beobachter am Bahndamm müßte nämlich erklären, daß der Hinweg und der Rückweg des Lichtstrahls verschiedene Zeiten beansprucht.

Denn der nach vorn eilende Strahl hat ja nicht nur die Entfernung zwischen Hintermann und Vordermann zurückzulegen, sondern dazu auch die ganz kurze Strecke, die Vordermann während der Fortpflanzung dieses Lichtstrahls gefahren ist; während umgekehrt der zurückgesandte Strahl einen kürzeren Weg als die Distanz beider Reisenden zurückzulegen hat, weil Hintermann dem Signal entgegenfliegt.

Die Zeitdauern der beiden Lichtausbreitungsvorgänge sind also gleich, beziehungsweise ungleich, je nachdem sie vom Zug oder vom Bahndamm aus beurteilt werden. Anders ausgedrückt: die Beurteilung der Zeit hängt vom Bewegungszustand des Beobachters ab.

Alle weiteren Elemente der Speziellen Relativitätstheorie gründen sich auf die vorstehenden Betrachtungen der Zeitrelativierung. —

* * *

Wäre der Aufbau einer Wissenschaft möglich, wenn die Menschen einen Sinn weniger besäßen? wenn sie gar augenlos wären? Auf einen bestimmten Fall bezogen: In der neuen Physik spielt die Lichtgeschwindigkeit als Weltkonstante eine entscheidende Rolle. Es erscheint daher zunächst unfaßbar, daß sie ermittelt und in ihrer Bedeutung festgestellt werden könnte, wenn der Mensch über kein Organ zur Erfassung optischer Erscheinungen verfügte.

Aber auch unter so erschwerenden Umständen wäre, wie mir Einstein erklärte, der Aufbau der Wissenschaft möglich. Weil nämlich die Erscheinungen hinsichtlich ihrer Wahrnehmbarkeit so transformiert werden können, daß sie sich beim Fehlen eines Sinnes einem andern offenbaren. So zum Beispiel wird das Element Selen in seinem elektrischen Leitungsvermögen durch Belichtung stark beeinflußt. Das Licht bewirkt also bei Anwendung einer Selenzelle Stromänderungen, die wiederum durch das Gefühl und die Zunge wahrgenommen werden können. Im letzten Grunde kommt es nur auf Unterscheidbarkeiten an, die es uns ermöglichen, gleiche Erlebnisse auf gleiches Geschehen zurückzuführen. Gewiß würden ungeheure Schwierigkeiten in der physikalischen Beurteilung der uns umgebenden Welt auftreten, wenn die Anzahl der Sinne beschränkt wäre gegenüber den Organen, mit denen wir operieren. Allein prinzipiell müßten sich alle Schwierigkeiten überwinden lassen, auf unübersehbar verlängerten und komplizierten Forschungswegen, selbst wenn dem Menschen nur ein einziger Sinn verbliebe oder von Urbeginn verliehen wäre. Der Aufbau der Wissenschaften wäre daher möglich und würde sich — bei aller Verzögerung vielleicht um Jahrmillionen — in den Ergebnissen nicht ändern.

[Voraussetzung bliebe freilich die Aufrechterhaltung des Intellekts, als der Bedingung für wissenschaftliche Forschungen überhaupt. Da die Verstandesstärke von den Sinnen abhängt — nihil est intellectu, quod non prius fuerit in sensu — so dürfte man vermuten, daß der ein-organige Mensch mit einem Minimalgrad des Verstandes arbeitet, der zur Gewinnung irgendwelcher Erkenntnisse überhaupt nicht ausreicht. Diese transzendente, an der Grenze der Diskutierbarkeit liegende Frage wurde hier nicht erörtert, da das Thema genau abgesteckt war und sich nicht in metaphysische Spekulationen verlieren sollte.

Ich möchte indes erwähnen, daß die Wissenschaftsgeschichte eine derartige Spekulation als Berühmtheit verzeichnet: Condillac untersuchte in einer geistreichen Studie (1754) das Verhalten einer „Statue", die er als lebenden Menschen hinstellt, unter der Voraussetzung, daß in der Seele dieses Menschen noch gar keine Vorstellung existiert. Er schließt dieses Lebewesen mit einer Marmorhülle ab und öffnet die Hülle zunächst so weit, daß nur ein einziges Organ, der Geruchssinn, tätig sein kann. Und er zeigt alsdann, daß sich auf Grund dieses einzigen Sinnes Empfindungen und Willensäußerungen aller Art in seiner „Statue" entwickeln werden. Indes unternimmt Condillac keinerlei überzeugenden Beweis darüber, daß diese auf den Geruchssinn beschränkte Kreatur befähigt wäre, die naturgesetzlichen Zusammenhänge physikalisch zu erschließen und dadurch ein wissenschaftliches System aufzubauen. Einstein geht also in dieser Hinsicht wesentlich über die Möglichkeiten hinaus, die dem Autor jener „Statue" vorschwebten.]

* * *

Hat die „Ewige Wiederkunft", so wie sie von Nietzsche entworfen wurde, einen Sinn?

Der Weise von Sils-Maria sagt uns, daß ihm diese Offenbarung zwischen Weinen und Jauchzen gekommen wäre, als eine Phantasie von realer Bedeutung. Seiner Idee liegt eine endliche Welt mit einer endlichen Zahl von Atomen zu Grunde. Und aus der Tatsache, daß der gegenwärtige Zustand aus dem unmittelbar vorangehenden geboren wurde, dieser wiederum aus dessen Vorzustand, schließt er, daß er sich vor- und rückwärts wiederholt; alles Werden kehrt wieder, bewegt sich in einem vielfachen Zyklus vollkommen gleicher Zustände.

Lassen wir die philosophischen Einwände außer Betracht, vor allem den: daß die Wiederkehr der gleichen Atomlagerung durchaus noch nicht die Wiederkehr der gleichen psychischen Zustände verbürgt; unterdrücken wir ferner das Bedenken, daß die Welt auf dem Wege zur Wiederkehr des Gleichen zum Jauchzen nur auf Sekunden, zum Heulen auf Aeonen Grund hätte; — so bleibt die vergleichsweise einfache Frage zurück: ist diese Wiederkehr, rein körperlich genommen, ausdenkbar und möglich?

Nietzsches Idee wäre ohne weiteres einzusargen, wenn die Antwort eines großen Wirklichkeitsforschers schlechthin verneinend ausfiele. Allein Einstein läßt ihr noch einen kargen Rest der Lebensmöglichkeit. Die Ewige Wiederkunft, so äußerte er, kann wissenschaftlich nicht mit völliger Sicherheit abgeleugnet werden. Mit diesem Minimum von Zugeständnis werden sich die Nietzscheaner bescheiden müssen. Denn was für Nietzsche eine Denknotwendigkeit bedeutete, verwandelt sich in Einsteins Nachsatz in eine wesentlich der Phantasie entsprungene vage Annahme: Die Wiederkehr des Gleichen ist vom physikalischen Standpunkt aus als „ungeheuer unwahrscheinlich" aufzufassen. Diese Ansage stützt sich vornehmlich auf den berühmten zweiten Hauptsatz der Wärmetheorie, nach welchem die Prozesse des Naturgeschehens sich überwiegend als irreversibel (nicht umkehrbar), darstellen, wodurch eine einseitige Tendenz der Weltvorgänge zum Ausdruck kommt. Die Tatsache der zeitlichen Einsinnigkeit des uns umgebenden Geschehens spricht dafür, daß wir das Weltgeschehen als ein einmaliges aufzufassen haben.

Wenn sich also Nietzsche im Gegensatz dazu für die Wiederholung begeisterte, so widersprach er zum mindesten einem anerkannten Satz der Physik. Daß er sich des Widerspruchs nicht bewußt wurde, vielmehr seine Idee als die bedeutsamste seines Denkerlebens feierte, mag als Probe einer docta ignorantia gelten. Aber auch philosophische Phantasien, die das dichterische Weltbild vervollständigen, mögen einmal ausgesprochen werden; und Nietzsche wäre vermutlich um eine Denkerfreude ärmer gewesen, wenn er von jenem Satz der Thermodynamik eine Ahnung gehabt hätte.

„Die Wahrheit ist der zweckmäßigste Irrtum", lautet ein Satz, der auf eine Gedankenreihe Nietzsches zurückgeht. Aber gerade an diesem Satz zerbricht die Ewige Wiederkunft, die nach ihrer Wirkung gemessen sich als ein höchst unzweckmäßiger Irrtum herausstellt.

*   *   *

Gesetzt, wir gelangten zum Gedankenverkehr mit den Bewohnern entfernter Welten und erführen hierdurch die Elemente einer zeitlich vorgeschrittenen, uns überlegenen Kultur — würde uns diese Kenntnis zum Segen oder Unsegen gereichen?

Das Wort „überlegen" ist natürlich mit Vorsicht aufzunehmen. Es soll nur relativ bezeichnen, daß jene Fern-Kultur sich zu der unsrigen von heute etwa verhielte, wie unser Kulturbesitz zu dem eines Australnegers oder eines anthropoiden Affen. Es gibt Fortschrittsfanatiker, deren Wünsche hemmungslos in die Zukunft fliegen, und denen nichts erwünschter wäre, als das Aufblitzen einer Kultur, die uns, wie sie meinen, mit einem Schlage um viele Jahrtausende „vorwärts" bringen könnte.

Aber die Auffassung dieser Siebenmeilenstiefler ist unhaltbar. Hier nur ein Ansatz aus der Fülle der Gegenargumente in wenigen Worten Einsteins: Jede plötzliche Änderung der Existenzbedingungen, träte sie auch in den Formen höherer Entwicklung auf, würde uns wie ein Verhängnis überfallen, und uns wahrscheinlich vernichten, so wie die Indianer der sie überflügelnden Kultur erliegen. Schon die Tragik unserer kultivierten Zeit liegt darin, daß wir nicht vermochten, die sozialen Organisationen zu schaffen, welche durch die technischen Fortschritte des letzten Jahrhunderts notwendig wurden. Daher die Krisen, Stockungen, sinnlosen Konkurrenzkämpfe zwischen den Nationen, daher auch die Ausbeutung schutzloser Individuen; Mißstände, die sich ins Unübersehbare steigern würden, wenn noch gar eine außerirdische Technik höherer Ordnung über uns käme.

*   *   *

Immerhin bliebe die Möglichkeit, daß die „überlegene Kultur" auch die Anweisung für die uns fehlenden, zweckdienlichen Organisationen enthielte. Anstatt dieser Utopie nachzuspüren, beschränkten wir uns auf den Vergleich des irdischen Einst und Jetzt. Waren nicht schon die schönsten Anläufe zu einer reibungslosen, die Konkurrenzkämpfe unter den Nationen vermindernden Organisation vorhanden in den zahlreichen internationalen Einrichtungen, die doch einen großen Teil der Geisteswelt zu gemeinsamer Arbeit vereinigten? Und besteht eine Aussicht für die Wiederaufnahme dieser internationalen Zusammenfassung?

Hier schlug Einstein optimistische Töne an, nicht zur Bejubelung einer auf Verabredung gegründeten Organisation, sondern zur Feier der weltumspannenden Geistigkeit an sich. Selbst beim Ausscheiden aller internationalen Kongresse, sagte er, wäre das internationale Zusammenwirken nicht aus der Welt zu schaffen, da es sich automatisch vollzieht. Ja, ich gehe soweit, zu behaupten, daß bei etwaigem Fortfall aller Kongresse nicht einmal eine wesentliche Verzögerung in der zusammenhängenden Arbeit zu befürchten wäre. Wenn gewisse Entwickelungen durch politische Zustände beeinträchtigt werden, so ist es nur die dadurch erzeugte Not der Individuen, die als Hemmung auftritt, der Mangel an geistiger Bewegungsfreiheit, also die Folge der wirtschaftlichen Drangsale. Die wirklich gegeisterten Freunde der Wahrheit standen und stehen tatsächlich einander immer nahe, viele von ihnen fühlen sich einander näher als ihrem eigenen Lande gegenüber. Und allen Hemmungen und Trennungen zum Trotz werden sie sich stets zu finden wissen!

Er selbst.

Der Werdegang und die Persönlichkeit.

Aus den Lebensbeschreibungen geistig großer Männer wissen wir, daß sich in ihnen das Ideal dramatischer Spannung nur selten verwirklicht. Sie sind keine Romanhelden mit verwickelten Erlebnissen und abenteuerlichen Daseinsproblemen, welche die Phantasie der Betrachter sonderlich beschäftigen können. Wer ihre Entwicklung verfolgt, der bemerkt bei den meisten das Vorwalten der inneren Linie, deren Verlauf sich nur aus dem Studium ihrer Werke erschließt, nicht im Gewirr äußerlich bewegter Gestaltungen. Der geistig Bedeutende, auf gedankliche Innenarbeit konzentriert, behält nur selten die Zeit übrig, um daneben eine im epischen Sinne interessante Figur zu werden. Der nachschaffende Dichter findet in ihm kein Modell, und nur in Ausnahmefällen ist es geglückt, sein Leben als ein Kunstwerk darzustellen.

Es wäre ein vergebliches Bemühen, Einsteins Leben als einen solchen Ausnahmefall zu behandeln. Man kann die Phasen seiner Entwicklung nachzeichnen, allein weder der Beschreiber, noch der Leser werden es sich verhehlen dürfen, daß diese Aufzeichnungen das Bild des Mannes nur äußerlich, chronologisch vervollständigen können. Immerhin wird eine Schrift, die sich mit ihm beschäftigt, nicht an der Aufgabe vorbeikönnen, sein Curriculum vitae zu liefern. Und wenn es teilweis etwas aphoristisch, ungegliedert ausfällt, so möge man im Auge behalten, daß es auf dem Boden der Konversation entstanden ist, in Einzelheiten der Gespräche, die je nach Anlaß verschiedene Episoden seines Daseins berührten.

Einsteins Lebensgeschichte beginnt in Ulm, der Stadt, die das höchste Bauwerk in Deutschland besitzt. Gern würde ich mich auf die Warte des Ulmer Münsters stellen, um von ihm aus eine Rundsicht über Alberts Jugend zu gewinnen; allein der Ausblick versagt, es zeigt sich nichts am Horizonte, und alles beschränkt sich auf die dürftige Wahrnehmung, daß er hier im März 1879 zur Welt kam. Zu erwähnen bliebe nur die schon an anderer Stelle genannte Einzelheit, daß es etwas Physikalisches war, das zuerst die Aufmerksamkeit des Kindes in Anspruch nahm. Sein Vater zeigte ihm einmal, als er im Bettchen lag, einen Kompaß, lediglich in der Absicht, ihn spielerisch zu beschäftigen. Und in dem fünfjährigen Knaben weckte die schwingende Metallnadel zum erstenmal das große Erstaunen über unbekannte Zusammenhänge, das den im Unterbewußtsein schlummernden Erkenntnistrieb ankündigte. Für den Einstein von heute besitzt die Rückerinnerung an jenes psychische Erlebnis offenbar eine starke Bedeutung. In ihm scheinen sich alle Eindrücke der frühen Kindheit zu verlebendigen, um so stärker, als die übrigen physikalischen Gegebenheiten, wie etwa der freie Fall eines nicht unterstützten Körpers, gar keinen Eindruck auf ihn hervorbrachten. Der Kompaß und immer nur der Kompaß! Dies Instrument redete zu ihm in einer stummen Orakelsprache, wies ihn auf ein elektromagnetisches Feld, das sich ihm Jahrzehnte später zu fruchtbaren Studien erschließen sollte.

Sein Vater, ein heiterer, optimistisch gestimmter Mann, zu fröhlicher, nicht zielstrebiger Lebensauffassung geneigt, verlegte ungefähr zur selben Zeit den Aufenthalt der Familie von Ulm nach München. Hier umfing sie ein bescheidenes, in einem großen Garten idyllisch gelegenes Häuschen. Der Knabe geriet in arkadische Empfindungen, die sonst den jungen Bewohnern der städtischen Steinwüsten verschlossen bleiben. Die Natur hauchte ihn an und träufelte, zumal im erwachenden Frühling, Wonnen in sein Herz, denen er sich mit wortloser Beschaulichkeit freudig hingab. Eine religiöse Grundstimmung erwuchs in ihm, genährt durch elementare Eindrücke aus Luft und Duft, aus Busch und Blüte, verstärkt durch erzieherische Einflüsse in Haus und Schule. Nicht als ob in der Familie Gepflogenheiten ritueller Art geherrscht hätten. Allein es fügte sich, daß er zugleich eines jüdischen wie eines katholischen Religionsunterrichts teilhaftig wurde, und daß er in beiden Lehren nicht das Trennende, sondern die glaubensstärkenden Gemeinsamkeiten empfand.

Jungenhafte Willensstärke, wie sie sich bei Gleichaltrigen in übermütigem Gebahren und losen Streichen entlädt, kam bei ihm nicht zum Vorschein. Seine Seelenverfassung war auf das Kontemplative eingestellt, und ein angeborener, mit traumhaften Übersinnlichkeiten durchsetzter Fatalismus versagte ihm die lebhafte Beantwortung äußerer Impulse. Er reagierte langsam, zaghaft, verarbeitete in innerlichen, gottesfürchtig gerichteten Deutungen, was die Sinne und die kleinen Erlebnisse der Frühzeit ihm zuführten. Schwer glitt ihm das Wort von der Zunge, und nach üblichem Ausmaß des Lerntempos, wie es in Rede und Gegenrede beurteilt wird, hätte man in ihm kaum einen besonders Beanlagten vermutet. Hatte er doch vordem so spät sprechen gelernt, daß sich seine Eltern wegen einer etwaigen Abnormität des Sprößlings mit Ängsten trugen. Jetzt, im Alter von acht, neun Jahren, bot er das Bild eines schüchternen, zögernden, ungeselligen Knaben, der für sich dahinwandelte, dahinträumte, ohne Anschlußbedürfnis seine Schulwege zurücklegte. Man gab ihm den Spitznamen „Biedermaier", weil man ihn für krankhaft wahrheits- und gerechtigkeitsliebend hielt. Was der Umgebung damals als krankhaft erschien, mag heute als der Ausdruck eines uranfänglichen, unbesieglichen Naturtriebes betrachtet werden. Wer Einstein als Menschen und Gelehrten kennt, der weiß, daß jene kindliche Krankheit nur als der Vorbote einer eisenfesten Gesundheit in der Denkart des Mannes aufgetreten ist.

Sehr früh regte sich in ihm die Liebe zur Musik. Er dachte sich Liedchen zur Ehre Gottes aus und sang sie für sich in andächtiger Verschlossenheit, die er auch seinen Eltern gegenüber schamhaft zu wahren wußte. Musikalisches, Landschaftliches und Göttliches verschmolz in ihm zu einem Gefühlskomplex, zu einer sittlichen Einheit, deren Spuren niemals verschwanden, wenn auch späterhin das positiv Religiöse sich zu einer allgemeinen ethischen Weltbetrachtung ausweitete. Vorerst blieb es bei einer zweifelsfreien Gläubigkeit, wie sie ihm aus dem jüdischen Privatunterricht im Hause und dem katholischen in der Schule zufloß. Er las die Bibel ohne das Bedürfnis nach kritischer Erörterung zu verspüren, nahm sie als naiv-moralisches Erlebnis in sich auf und fand um so weniger Veranlassung zu einer prüfenden Verstandesbestätigung, als seine Lektüre über den Bibelkreis nur wenig hinausging.

Schmerzliche innere Bedrängungen blieben freilich nicht aus. Die jüdischen Kinder befanden sich auf der Schule in verschwindender Minderheit, und der kleine Albert erlebte hier die ersten Schaumspritzer der antisemitischen Welle, die von der Flut da draußen herangetragen, Katheder und Schulbank bedrohte. Jetzt zum erstenmal fühlte er sich von etwas bedrängt, was mit den einfachen Klängen seines Gemütes dissonierend zusammenstieß. Er sah sich mit seiner Schüchternheit dem

Unrecht ausgesetzt, und im Stande der Notwehr gewann seine ursprünglich so weiche und zaghafte Natur eine gewisse Widerstandsfähigkeit und Verselbständigung.

Soweit man in einer Vorschule von Leistungen reden kann, blieben sie bei Albert in einem bescheidenen Mittelmaß. Er war als Schüler ordentlich, genügte ungefähr den Anforderungen, verriet aber in keiner Weise eine besondere Beanlagung; um so weniger, als er sich als Inhaber eines höchst unzuverlässigen Wortgedächtnisses erwies. Die Methodik der Elementarschule, die er bis zum zehnten Lebensjahre besuchte, entfernte sich aber nicht von dem landesüblichen, von Drillmeistern entworfenen Schema, sie ersetzte durch drakonische Strenge, was ihr an Einsichten fehlte. Das schöne Wort Jean Pauls: „die Erinnerung ist das einzige Paradies. aus dem wir nicht vertrieben werden können", findet in Einsteins Schulerinnerungen keinen Widerhall. Er hat sie oft genug vor mir ausgebreitet, ohne den mindesten paradiesischen Nachhall. Mit bitterem Sarkasmus sagte er mir: diese Lehrer hatten den Charakter von Unteroffizieren, — die weiteren am Gymnasium waren dann überwiegend dem Leutnantscharakter zugewendet. Beide Bezeichnungen sind im vormärzlichen Sinne zu verstehen und richten sich gegen Ton und Gepflogenheiten der selbstherrlichen Kaserne von Anno Olim.

Die nächste Etappe der Entwickelung ist das Münchener Luitpold-Gymnasium, das ihn als Oberquintaner aufnahm. In der rückblickenden Beurteilung des Mannes werden einige freundlichere Töne vernehmbar, die indes nur einzelnen Persönlichkeiten gelten, ohne daß für das Ganze eine sonderliche Hymne herauskäme. Aus seiner Darstellung geht im Gegenteil hervor, daß er zwar einzelne Lehrer liebgewann, sich aber von dem Geist der Anstalt rauh angeweht fühlte. Man weiß, daß sich seitdem manches auf diesen Lehranstalten zum Vorteil verändert hat, in Abkehr von dem zuchthausartigen Charakter, der damals, leidvoll genug für den Schüler, das Wesen der Institute bestimmte; mit der Folge, daß sich im Gymnasiasten Einstein eine Geringschätzung menschlicher Einrichtungen entwickelte und eine abschätzige Wertung der Studienstoffe, deren geistlosem und schablonenhaftem Betrieb er ausgesetzt war. In dem grauen Bilde treten als hellere Punkte die Figuren einiger Lehrer hervor, zumal ein Präzeptor namens Rueß, der dem vierzehnjährigen die Schönheit des klassischen Altertums zu erläutern beflissen war. Wir erfahren an anderer Stelle, daß Einstein gegenwärtig das humanistische Bildungsideal für die Zukunftsschule nur mit sehr starker Einschränkung gelten läßt. Gedenkt er aber jenes Magisters und seines Einflusses, so klingt in seinen Worten doch eine lebhafte Verehrung der Klassizität, gelegentlich sogar eine stürmisch hervorbrechende Liebe zu den Schätzen der griechischen Geschichte und Literatur. Es blieb nicht bei der Einstellung des Blickes auf die Antike. Von dem nämlichen Mann geleitet, näherte er sich der heimatlichen Dichterwelt, der Zauber Goethes strahlte ihn an aus „Herman und Dorothea"; die Dichtung wurde ihm, wie er bekennt, in geradezu vorbildlicher Weise zugeführt und erläutert. Es gab also Oasen in der Wüste des Schablonen-Unterrichts, Erquickungsstationen für die Seele des wissensdurstigen Knaben.

Wir müssen ein bis zwei Jahre zurückgreifen, um ein großartiges Erlebnis festzuhalten: er machte die erste Bekanntschaft mit der elementaren Mathematik, die ihm mit der Gewalt einer Offenbarung entgegentrat. Nicht in der Form des Schulfaches, sondern mit der Magie eines rätselhaften Wesens, das ihn mit Fragen aufrief und ihm für deren scharfsinnige Beantwortung geistige Wonnen verhieß. Von Anfang an bewährte sich Albert als ein sehr guter Problemlöser, obschon ihm keine rechnerische Virtuosität zur Verfügung stand, und ihm die Technik der Gleichungsansätze fremd war. Er half sich mit Kunstgriffen, erprobte auf Umwegen Findigkeiten, freudig erregt, wenn sie zum Ziel führten. Einen in München lebenden Oheim, den Ingenieur Jakob Einstein, befragte er eines Tages nach etwas besonderem. Er hatte den Ausdruck „Algebra" gehört, und vermutete, daß jener ihm darüber würde Aufschluß geben können. Onkel Jakob erteilte ihm den Bescheid: „Algebra", so erklärte er, „ist die Kunst der Faulheitsrechnung. Was man nicht kennt, das nennt man x, behandelt es so, als ob es bekannt wäre, schreibt den Zusammenhang hin und bestimmt dieses x dann hinterher." Das genügte vollkommen. Der Knabe bekam ein Buch mit algebraischen Aufgaben, die er nach jener zwar nicht erschöpfenden, aber doch ganz zweckdienlichen Lehre ganz allein löste. Onkel Jakob verkündete ihm bei anderer Gelegenheit den Wortinhalt des Pythagoreischen Lehrsatzes, ohne Angabe irgend eines Beweises. Der Neffe begriff den Zusammenhang, empfand die Notwendigkeit der Begründung, und machte sich wiederum ganz selbständig daran, das Fehlende zu entwickeln. Das war nun freilich nicht das Objekt einer „Faulheitsrechnung" mit einem aufspürbaren x, vielmehr galt es hier, eine geometrische Fähigkeit zu entfalten, die auf so früher Entwicklungsstufe nur bei sehr wenigen angetroffen wird. Der Knabe verbohrte sich drei

Wochen lang mit angestrengtem Nachdenken in seinen Pythagoras, geriet auf die Betrachtungen der ähnlichen Dreiecke (indem er vom Scheitelpunkt der rechtwinkligen Figur die Senkrechte auf die Hypotenuse fällte), und stieß dadurch auf die sehnsüchtig erhoffte Bewahrheitung des Satzes! Und wenn es sich auch um uralt Bekanntes handelte, für ihn war es die erste Entdeckerfreude. Der Beweis, den er gefunden hatte, bewies den erwachenden Scharfsinn des jungen Grüblers.

Wiederum ging ihm eine Welt auf, da er mit A. Bernsteins umfangreichen naturwissenschaftlichen Volksbüchern Bekanntschaft machte. Dieses Werk gilt heute als reichlich antiquiert und ist in den Augen manches Fachmannes zur Tiefe scheinwissenschaftlicher Schmöker herabgesunken, hatte ja auch schon damals, als Knabe Einstein darin wühlte, Schimmel und Rost angesetzt, denn es stammt aus den fünfziger Jahren des vorigen Jahrhunderts und war sachlich längst überholt. Allein man konnte — und kann noch heute — darin lesen wie in einem Roman mit tausend eingestreuten physikalischen, astronomischen, chemischen Wundern, und für den Knaben Einstein wurde es wirklich das Buch der Natur, das seinem erkenntnisgierigen Verstand ebensoviel bot, wie seiner Phantasie.

Andere Horizonte wiederum öffnete ihm Büchners „Kraft und Stoff", ein Werk, dessen kraftstoffliche Minderwertigkeit er noch nicht zu durchschauen vermochte, das er vielmehr kritiklos bewunderte. Daneben beschäftigte ihn zumeist ein Handbuch der elementaren Planimetrie mit einer Fülle geometrischer Aufgaben, die er unverzagt angriff und in kürzester Zeit fast ausnahmslos bewältigte. Sein Entzücken wuchs, als er, ganz unabhängig vom Lehrgang der Schule, sich in die Schwierigkeiten der analytischen Geometrie und der Infinitesimalrechnung hineinwagte. Lübsens Lehrbuch war ihm in die Hand gefallen und diese Anleitung genügte seinem Wagemut. Während manche seiner Gymnasialgenossen noch verzagt an den Tümpeln der Kongruenzsätze und der Dezimalbrüche standen, tummelte er sich schon als Freischwimmer im infinitesimalen Ozean. Seine Übungen blieben nicht verborgen und fanden Anerkennung. Der ihm vorgeordnete Mathematiklehrer erklärte den Fünfzehnjährigen für universitätsreif.

Allein nicht durch ein vorzeitiges Abitur sollte er den Weg ins Freie finden, sondern durch ein Ereignis, das ihn mit unvermuteter Abbiegung in einen neuen Lebenskreis warf. Im Jahre 1894 verlegten seine Eltern den Wohnsitz nach Italien. Von einem Trennungsschmerz Alberts beim Verlassen des bajuvarischen Bodens weiß die Chronik nichts zu berichten. Er war froh, von der Drillanstalt Luitpold loszukommen und genoß als Insasse Mailands die Veränderung des Daseins, unbeschwert von Anwandlungen des Heimwehs. Alles in allem genommen hatte er sich doch im Münchener Schulzwang recht verunglückt gefühlt; trotz aller selbstgeschaffenen mathematischen Sensationen, trotz der Beseligungen, die ihm das Aufgehen musikalischer Offenbarungen schon vom zwölften Lebenslenz an verschafft hatten. Innerer Trotz und Mißtrauen gegen Einflüsse von außen waren in ihm rege geblieben als Kräfte, die einen dem Alter angepaßten Frohmut nicht aufkommen ließen. Nun waren die Fesseln gefallen, und wie durch aufgezogene Schleusen brach die aufgestaute Lebenslust hervor. Südliche Sonne, südliche Landschaft, italienisches Volkstreiben, Kunst, frei hingestellt auf Markt und Straße, verwirklichten ihm Traumbilder, die ihn vordem in Bedrängnis umgaukelt hatten. Was er sah, fühlte und erlebte, lag außerhalb der Gewohnheit, öffnete ihm den Sinn für natürliche und menschliche Dinge, befreiten seine Seele von der Dämpfung. Ein Schulbesuch kam für die Dauer eines halben Jahres gar nicht in Frage. Er genoß volle Freiheit, beschäftigte sich mit Literatur, unternahm weite Ausflüge. Von Pavia aus wanderte er ganz allein über den Appenin nach Genua. Während er sich an der Erhabenheit der Berglandschaft berauschte, gewann er Fühlung mit der Unterschicht des Volkes, das ihm tiefste Sympathie einflößte. Die Tour führte ihn noch über eine kurze Strecke der italienischen Riviera, deren Böcklinische Farbenreize ihm indes nicht aufgegangen zu sein scheinen. Er muß sich damals in einer Zarathustrastimmung befunden haben, gipfelwärts gerichtet.

Mit allen Freuden und Aufschwüngen blieben die italienischen Erlebnisse eine kurze Episode. Einstein entschloß sich zu einer neuen Wanderung, bei der ihm berufliche Ziele vorschwebten. Er pilgerte nach der Schweiz in der Absicht, am Züricher Polytechnikum Mathematik und Physik zu studieren. Allein im ersten Anlauf wollte der Eintritt in diese Anstalt nicht gelingen. Die Aufnahmebedingungen stellten in den Fächern der beschreibenden Naturwissenschaften und der modernen Sprachen Anforderungen, denen er noch nicht gewachsen war; so wandte er sich nach Aarau, wo er als Zögling der Kantonschule seine Kenntnisse nach vorzüglicher Methodik bereichern durfte. Noch heute spricht Einstein mit Wonne von der Organisation dieser Musterschule, die dem Range nach etwa unsern Realgymnasien entspricht. Nichts erinnerte ihn an das Sausen der Autoritätsfuchtel auf der Luitpoldinischen Pennälerkaserne, er erreichte glatt die Maturität, und nun öffneten sich ihm die Pforten des Züricher Polytechnikums.

Daß er den Marschallstab im Tornister trug, war ihm selbst wohl nicht recht zu Bewußtsein gekommen. Wir aber geraten im Rückblick an staunenswerte Dinge. Es ist nämlich Tatsache, daß schon in dem Schüler von Aarau Probleme Wurzel geschlagen hatten, die bereits an der Peripherie der damals möglichen Forschung lagen. Noch war er kein Finder, allein was er als Sechzehnjähriger suchte, ragte schon in die Gebiete seiner späteren Entdeckungen hinein. Hier heißt es: einfach registrieren, mit Verzicht auf die Analyse seines Werdegangs, denn wie sollen wir die Zwischenglieder aufspüren, die Denksprünge, die einen blutjungen Kantonsschüler dahin führen in eine noch gänzlich verschlossene Physik hineinzutasten? Das Problem, das ihn beschäftigte, betraf die Optik bewegter Körper, genauer: die Lichtaussendung von Körpern, die sich relativ zum Äther bewegen. Darin liegt die Witterung des großen Ideenkomplexes, der weiterhin zur Umgestaltung des Weltbildes führen sollte. Und wenn ein Biograph hinschriebe, daß die Uranfänge der Relativitätslehre bis in jene Zeiten zurückfallen, so würde er nichts objektiv Falsches behaupten.

Zur Höhe dieser Denkflüge hoben sich des Jünglings persönliche Ambitionen keineswegs, denn während in jenen schon kraftvolle Fittiche schlugen, krochen diese noch am Boden. Er wollte Schullehrer werden und glaubte mit diesem Berufsziel seine Hoffnungen schon sehr hoch zu spannen. Dies entsprach der Achtung, die er dem Schulmannsstande an sich entgegenbrachte. In der Züricher technischen Hochschule ist eine Abteilung als Lehramtsschule eingerichtet, und hier studierte Einstein vom 17. bis zum 21. Lebensjahre, durchaus befriedigt in dem Gedanken, dereinst einmal anstatt auf der Bank, die Hosen auf dem Katheder durchsitzen zu dürfen und als Präzeptor juventutis im kleinen Betätigungskreise segensreich zu wirken.

Noch immer unterlag er dem Gefühl, nicht lebenstüchtig genug zu sein, und den Kampf ums Dasein im großen Strom der Welt nicht wagen zu können. In diesem Kampf mit seinem Verhalten von Mensch zu Mensch, mit seinen wilden Äußerungen der Gewalt und des auf falschen Glanz gerichteten Ehrgeizes erblickte er nur das widrig Schreckhafte, und die Möglichkeit eines persönlichen Erfolges verlockte ihn nicht, Kraft gegen Kraft zu setzen. So blieb es vorerst sein Ideal, ein ganz bescheidenes Dasein zu gewinnen. Von verschiedenen Seiten hatte man ihm Aussicht auf eine Assistentenstelle gemacht, bei irgend einem Professor der Physik oder Mathematik. Er wurde indes aus unerkennbaren Gründen überall abgewiesen. (Unerkennbares, schalte ich ein, wird bisweilen erforschbar, sobald man es vom konfessionellen Standpunkt aus betrachtet). Auch die Gymnasialhoffnungen wollten sich nicht erfüllen, da auf dieser Laufbahn Schwierigkeiten des Indigenates lagen. Erstlich war er Nichtschweizer, seit dem Mailänder Aufenthalt sogar „vaterlandslos" im bürokratischen Sinne, dann aber fehlten ihm die „persönlichen Verbindungen", ohne die es, damals wenigstens, in der Schweiz auch für den Tüchtigen keine freie Bahn gab. Aber irgendwo mußte der gänzlich Protektionslose mit seinen Sorgen um des Tages Notdurft doch unterkriechen. Von den Eltern, die selbst in beengten Verhältnissen lebten, hatte er materielle Hilfe nicht zu erwarten, und so finden wir ihn bald darauf in Schaffhausen und Bern, wo er sich als Privatlehrer kümmerlich genug durchschlug.

Ihm verblieb als Trost die Wahrung einer gewissen Selbständigkeit, wie ihn ja sein Freiheitsinstinkt durchweg dazu anhielt, das Wesentliche in sich selbst zu suchen. So hatte er auch zuvor während seiner Züricher Studien die theoretische Physik fast durchweg nicht im Anschluß an die Vorlesungen im Polytechnikum, sondern in häuslicher Arbeit betrieben, mit Versenkung in die Werke von Kirchhoff, Helmholtz, Hertz, Boltzmann und Drude. Außerhalb der chronologischen Ordnung erwähnen wir, daß er für diese Studien eine in gleicher Linie strebende Partnerin fand, eine südslawische Studentin, die er im Jahre 1903 heiratete. Diese Ehe wurde nach einer Reihe von Jahren getrennt. Er fand später an der Seite seiner ebenso anmutigen wie intelligenten Kusine Else Einstein, mit der er sich in Berlin vermählte, das Ideal häuslichen Glückes.

Im Jahre 1901 erwarb er nach fünfjährigem Aufenthalt in der Schweiz das Bürgerrecht der Stadt Zürich, und damit öffnete sich ihm endlich die Aussicht, aus der materiellen Misere herauszukommen. Sein Universitätsfreund Marcel Grossmann reichte ihm hilfreiche Hand durch Empfehlung an das Schweizer Patentamt, dessen Direktor Haller ihm nahestand. Dort betätigte sich Einstein von 1902 bis 1909 als technischer Experte, das heißt als Vorprüfer für Patentgesuche, und diese Stellung verschaffte ihm die Möglichkeit, sich im weitesten Maße auf den Gebieten der Technik zu tummeln. Wer sich einseitig auf den Begriff der „Entdeckung" versteift, den wird es vielleicht befremden, Einstein so lange im Bereich der „Erfindungen" anzutreffen. Beide

Gebiete aber vereinigen sich in der Gemeinsamkeit der Denkschärfe, und Einstein selbst hält es für wichtig, darauf mit allem Nachdruck hinzuweisen. Für ihn besteht ein sicherer Zusammenhang zwischen den Kenntnissen, die er sich am Patentamt erwarb, und den theoretischen Ergebnissen, die in nämlicher Zeit als Proben seiner Denkschärfe ans Tageslicht traten.

Mitten in seiner Praxis, 1905, brach es in ihm hervor, in Sturm und Drang, geradezu blitzartig. In dichter Folge entband sich sein Geist von einer in mehrjähriger Vorarbeit aufgespeicherten Gedankenfülle, die uns mehr zu bedeuten hat, als nur ein bestimmtes Stadium in der Entwicklung eines Einzelnen. In ihm war reif geworden, was sich der physikalischen Welt weiterhin als Vervollkommnung der Erbschaft Galileis und Newtons darstellte. Hier seien nur etliche Titel seiner Abhandlungen genannt, sämtlich von 1905, in den Annalen der Physik veröffentlicht: „Über einen die Erzeugung und Verwandlung des Lichtes betreffenden heuristischen Gesichtspunkt"; „Über die Trägheit der Energie"; „Das Gesetz der Brownschen Bewegung"; und als die bedeutsamste: „Zur Elektrodynamik bewegter Körper", welche als Abhandlung die grundstürzende und grundlegende Theorie der speziellen Relativität in sich trug. Dazu trat, immer noch vom nämlichen Jahresdatum, die Doktordissertation: „Eine neue Bestimmung der Moleküldimensionen".

Alles in allem: ein Lebenswerk, das der Geschichte der Wissenschaften angehört. Es währte freilich noch geraume Zeit, ehe es seinen offenkundigen Eroberungszug antrat, und man dürfte hinzufügen, daß sich in jenen Abhandlungen Einzelschätze eingelagert befinden, die lange Jahre unverstanden blieben. Allein es fehlte dem jugendlichen Forscher auch nicht an Zeichen freundlicher und verständisvoller Beachtung: er erhielt von dem berühmten Physiker Max Planck — der ihm persönlich damals noch ganz fernstand — einen außerordentlich herzlichen Brief, als beglückendes Echo seines Aufsatzes ‚Zur Elektrodynamik bewegter Körper'. Dieses Schreiben war das erste Diplom, der Vorläufer aller Ehrungen, die später wie eine Brandung auf ihn einstürmten.

Es lag in seiner Absicht, eine Universitätsdozentur zu erlangen. Der Habilitation in Bern stellten sich zuerst wiederum Schwierigkeiten entgegen, die vielleicht nicht aufgetaucht wären, wenn er seine Sache energischer betrieben hätte. Und als ihm schließlich dennoch in Bern ein Lehrstuhl bereitgestellt wurde, — er hat ihn nur ganz kurze Zeit geziert — streckte ihm Zürich bereits verlangende Arme entgegen. Dorthin wurde er 1909 als Professor extraordinarius berufen für theoretische Physik an der Universität, wo er bald eine dankbare Zuhörerschaft um sich versammelte. Nichtsdestoweniger konnte er sich im Anfang der Professur einer gewissen Sehnsucht nicht entwinden nach der Stille und Aufregungslosigkeit seiner vormaligen Beamtentätigkeit, in der er sich um einige Grade menschlich unabhängiger gefühlt hatte. 1911 folgte er einem neuen Ruf, der ihn mit dem Anreiz besserer materieller Bedingungen als Ordinarius nach Prag führte. Im Herbst 1912 kehrte er nach Zürich zurück zu einer Professur am Polytechnikum, und im Frühjahr von 1914 geriet er in das Kraftfeld des starken nordischen Magneten: er landete an der Spree und weilt seitdem unter uns; Schweizer von Nationalität, Weltbürger von Gesinnung, dem Amte nach Mitglied der Berliner Akademie mit Lehrfakultas an der Universität. Hier vollendete er seine Relativitätsarbeiten mit dem großartigen Ausbau der Gravitationslehre, deren Anfänge bis 1907 zurückreichen. Acht Jahre schwierigster Denkoperationen hatte er darangesetzt, um sie zu vollenden; und Jahrhunderte werden vielleicht erforderlich sein, um die Welt alle Konsequenzen dieser Theorie in vollem Ausmaß überschauen zu lassen.

Denn sie hat Denkgewohnheiten zu überwinden, die auch in bevorzugten Köpfen ihre ererbten Rechte geltend machen. Einer der ersten des Faches, Henri Poincaré, hatte noch im Jahre 1910 bekannt, daß es ihm die größte Anstrengung verursache, sich in Einsteins neuer Mechanik zurechtzufinden. Und ein weiteres Jahr sollte verstreichen, ehe er seine letzten Bedenken fallen ließ. Dann freilich ging er mit fliegender Fahne in Einsteins Lager über und er befürwortete Einsteins Berufung zum Züricher Professorat, zugleich mit der Entdeckerin des Radium, der Frau Curie, in einer Fanfare, deren Klang hier eine Resonanz finden möge:

„Herr Einstein," so schrieb damals der große Poincaré, „ist einer der originalsten Geister, die ich jemals gekannt habe; trotz seiner Jugend nimmt er bereits einen höchst ehrenvollen Rang ein unter den ersten Gelehrten seiner Zeit. Was wir vornehmlich an ihm zu bewundern haben, ist die Leichtigkeit, mit der er sich auf neue Konzeptionen einstellt, um alle Folgerungen aus ihnen zu gewinnen. Er heftet sich nicht an die klassischen Prinzipien, erblickt vielmehr in Gegenwart eines physikalischen Problems alle denkbaren Möglichkeiten. In seinem Geist übersetzt sich das unmittelbar zur Voraussicht neuer Phänomene, die eines Tages durch die experimentelle Erfahrung bewahrheitet werden können... Die Zukunft wird mehr und mehr erweisen, welchen Wert Herr Einstein darstellt, und die Hochschule, die es verstehen wird, ihn an sich zu fesseln, kann sicher sein, daß sie aus der Verbindung mit dem jungen Meister Ehre gewinnen wird."

Man könnte rückblickend die Frage aufwerfen, ob die Normen, die seinerzeit Wilhelm Ostwald zur Beurteilung großer Männer aufgestellt hat, in Einsteins Werdegang Bestätigung finden. Der ersten und allgemeinsten Regel, die das Prinzip der „Frühreife" ausspricht, hat er sich jedenfalls nicht entzogen. Sie trat deutlich genug hervor, als der Trieb nach mathematischem Wissen und Finden in ihm aufbrach und als er mit seinen optischen Problemen weit in die Zukunft griff. Die Geschichte der Wissenschaften und Künste mag in dieser Hinsicht noch verblüffendere Proben aufzeigen, jedenfalls reichen sie bei Einstein aus, um die Gültigkeit des Prinzipes zu stützen. Dagegen will die weitere Ansage Ostwalds, auf Einstein bezogen, nur in sofern standhalten, als sie die Möglichkeit einer Ausnahme zuläßt. Ostwald wendet sich nämlich gegen die Vorstellung der „allmählichen Steigerung" und verkündet als fast durchgängige Regel, daß die außerordentliche Leistung von einem ganz jungen Menschen vollbracht wird; „was er später leistet, ist nur selten so eindrucksvoll, wie jene frühe Glanzleistung". Hier also, bei Einstein, ist die Ausnahme evident; denn fassen wir auch — mit Übergehung vieler anderer Entdeckungswerte — nur die zwei Hauptleistungen ins Auge, so kann es nicht zweifelhaft sein, daß die zweite (Gravitation) die erste (die Spezielle Relativität) in Eindruck und Tragweite übertrifft; ja man wird sich sogar der Vorstellung der „allmählichen Steigerung" nicht verschließen dürfen, denn die zweite konnte nur auf Grund der ersten erwachsen. Zudem ist noch nicht aller Tage Abend, und nichts widerstreitet der Annahme einer möglichen weiteren Progression.

Wenn ferner Ostwald das Tempo des geistigen Pulsschlages heranzieht, um hiernach in Anbetracht der großen Männer die Haupttypen Klassiker und Romantiker festzustellen, so werden wir auch mit dieser Einteilung unserer Figur gegenüber nicht zurechtkommen. Einstein ist ganz bestimmt Klassiker, sofern sein Werk berufen erscheint, weiteren Geschlechtern als die klassische Unterlage aller mechanischen Untersuchungen im Makrokosmus des Himmels und im Mikrokosmus der Atome zu dienen. Seine Vielseitigkeit dagegen, die Beweglichkeit und Schlagfertigkeit seines phantasiebeschwingten Geistes stempeln ihn wiederum zum Romantiker. Zu diesem Typus verweist ihn auch seine Lehrfreude, in offenbarem Gegensatz zur Lehrunlust, die als ein unverkennbares Zeichen bei vielen Klassikern nachweisbar war. Wenn man sonach auch von einer Synthese beider Formen sprechen kann, so tut man doch besser, Einstein nicht nach einem bestehenden Schema, sondern als einen Typus von einmaliger Prägung zu betrachten.

* * *

Bietet die äußere Kontur seines Lebens einen im ganzen ebenmäßigen Verlauf, so finden wir auch das Innere auf den Ton menschlicher Schlichtheit abgestimmt. Fast nirgends gewahren wir Sprunghaftes, Jähes, Farbengrelles, und soviel er auch an Problemen erfaßt und ausgestreut hat, — er selbst ist keine problematische Natur, seine Psyche gibt uns keine Rätsel auf, in ihrer Analyse stoßen wir auf keine Exzentrizitäten. Daß die Kunst in seinem Leben eine Rolle spielt, wurde hier schon mehrfach angedeutet. Sie ist für ihn kein Kampfgelände, sondern ein Feld elementarer Beglückungen. Was ich von ihm selbst über seine musikalischen Neigungen erfuhr, deckt sich genau mit dem, was ich auch durch reine Beobachtung hätte entnehmen können. Sein Gesichtsausdruck beim Anhören tonkünstlerischer Gaben liefert den ausreichenden Kommentar zu den Resonanzen, die in ihm schwingen. Er ist Klassiker von Bekenntnis mit voller Hingebung an die Offenbarungen Bach's, Haydn's und Mozart's. Ihn fesselt und beseligt vor allem das Verinnerlichte, Kontemplative, auf religiöser Grundstimmung Aufgebaute; die einfache, magistral dahinfließende Linie in der musikalischen Erfindung und Entwickelung ist für ihn das Wesentliche. Was wir bei Bach als architektonisch bewundern, die himmelanstrebende Gothik, mag bei ihm auch Empfindungen auslösen, die auf geheime mathematisch-konstruktive Gründe zurückgehen. Es erscheint mir nicht nebensächlich, auf diese Möglichkeit hinzuweisen; ich würde in ihr auch dafür einen Anhalt finden, daß er sich den auf Sturm und Emotion gerichteten Spannungen der Dramatik nur mit Widerstreben hingibt. Ungern überschreitet er die Grenzscheide, die das Einfache vom Raffinierten trennt, und wo ihn der Kunstverstand nötigt, sich darüber hinauszuwagen, fehlt seiner Anerkennung die rechte Freude. Seine Subjektivität lagert jene Grenze nicht nach den Regeln der üblichen Konzertästhetik, die ja im Grunde keine Regeln sind, sondern wandelbare Wertungen und Gefühlsniederschläge gewisser Menschengruppen.

Still und beruhigt läßt er auf sich wirken, ohne sich sonderlich mit Erlebnissen anzufreunden, auf die seine Empfänglichkeit nicht von selbst anspricht. Es hätte keinen Sinn, das Feld seiner Rezeptivität hiernach abzumessen und ihm zu sagen, es reicht nicht weit genug, vergrößere es, empfinde nicht als Verstiegenheit, was andern nach Tiefe und Gewalt als Offenbarung oder als transzendente Süße erscheint. Er könnte immer darauf hinweisen, daß selbst bei den Meistern der Tonkunst der Glaubenswechsel nicht Seltenes war, daß sie umlernten, verwarfen, was sie vormals anbeteten und vielfach in ihren eigenen Bekenntnissen keinen Halt fanden. Wer sich, wie Einstein, ohne Sensationsdrang dem einfach Kontemplativen beseeligt hingibt, der bleibt vor dem Umlernenmüssen geschützt, und eine Welt verbleibt ihm, selbst wenn sich Welten vor ihm verschlössen. Er erblickt also, um Hauptsächliches zu nennen, weder im Symphoniker Beethoven, noch in Richard Wagner die höchsten Schlüsse der Musik; er würde ohne die Neunte Symphonie existieren können, aber nicht ohne Beethoven's sche Kammermusik. Der Umkreis der Schöpfer und Werke, die für ihn kein Lebensbedürfnis darstellen, ist sehr beträchtlich. In diesen Kreis fallen die Mehrzahl der Romantiker, die erotisch gefärbten Gefühlsschwelger von Chopin und Schumanns Artung, und, wie schon erwähnt, die neudeutschen Musikdramatiker. Viel objektive Bewunderung bringt er für sie auf, allein er verhehlt nicht, daß auf der Tafel seiner Empfindungen auch lebhafte Einsprüche verzeichnet stehen; er nimmt das eigentlich Moderne als eine interessante Begebenheit und behält sich im einzelnen verschiedene Grade der Abneigung vor, bis zur vollen Aversion. Der Besuch eines Wagnerschen Bühnenwerks kostet ihn einen Entschluß, und wenn er ihn sich abringt, so bringt er das Leitmotiv Meister Eckhardt's mit: die Wollust der Kreaturen ist gemenget mit Bitterkeit. Im allgemeinen scheint er etwa auf den Standpunkt Rossini's zu stehen: Meister Wagner bietet wundervolle Momente — und schauervolle Viertelstunden. Ich brauche wohl kaum hinzuzufügen, daß ich selbst, der ich mich als Ultra-Wagnerianer bekenne, in meinen Gesprächen mit Einstein niemals darauf lossteuerte, Meinung gegen Meinung durchzufechten; denn ich bin tief durchdrungen davon, daß die Begriffe Richtig und Falsch hier gar keine Stätte finden, und daß jede tonkünstlerische Wertung nichts anderes darstellt, als eine auf das eigene Naturell bezogene, durchaus egozentrische, also ganz belanglose Zufälligkeit. —

Einstein betätigt sich auch ausübend in der Musik und hat sich, ohne auf höhere Grade der Leistung Anspruch zu machen, zu einem ganz ansehnlichen Geiger entwickelt. Ich hörte von ihm unter andern die Wiedergabe des Violinparts in einer Brahmsschen Sonate, welche den Rang des Konzertfähigen nahezu streifte; er verfügt über schöne Tongebung, trägt Seele in den Ausdruck und weiß sich mit den technischen Schwierigkeiten abzufinden. Unter den Großmeistern des Faches, die auf ihn persönlich gewirkt haben, behauptet Joachim den obersten Platz, er schwelgt noch heute in der Erinnerung an dessen Wiedergabe der zehnten Beethoven'schen Sonate und der Bach'schen Chiaconne. Er selbst pflegt dieses Stück in eigener Ausübung, zu der ihn die Reinheit und Sicherheit seines mehrgriffigen Spiels befähigen. Wer es gut trifft — mir war dieser Vorzug noch nicht beschieden —, könnte Einstein auch bei pianistischen Studien belauschen. Wie er mir vertraute, ist ihm das Phantasieren auf dem Flügel geradezu ein Lebensbedürfnis. Jede Reise, die ihn auf Zeit vom Instrument entfernt, erzeugt in ihm ein Klavier-Heimweh, bei jeder Heimkehr wirft er sich sehnsüchtig auf die Tastatur, um sich von der Bürde seiner inneren Klangerlebnisse in Improvisationen zu entladen.

Für das Konzerttreiben, wie es sich in mondänen Veranstaltungen mit Hervorkehrung der Bravour kundgibt, hat er nicht viel übrig, insonderheit hält er sich frei von der Verhimmelung der Meister vom Taktstock, die er nur als Interpreten, nicht als Virtuosen auf dem orchestralen Instrument gelten läßt. Er präzisiert dies mit dem Wort: „Der Dirigent soll im Schatten bleiben!" Ich glaube, am liebsten ließe er sich den Klang ohne persönliche und materielle Vermittler zuführen, aus der Luft, aus dem Raume. Ich glaube ferner, daß ein unergründlicher Zusammenhang besteht zwischen seinem musikalischen Trieb und seiner Forschernatur. Denn das Ohr — das wissen wir durch Mach — ist das eigentlich raumempfindende Organ, und so mögen sich im Ohr des Raumforschers Dinge abspielen, die noch eine andere Bedeutung haben, als die in Noten darstellbare Musik. Ich bezweifle sehr stark, ob in Einsteins klingenden Monologen Spuren kompositorischer Gestaltungsfähigkeit vorkommen; aber vielleicht enthalten sie Proben einer Kunst, für die erst die Ästhetik einer fernen Zukunft den Namen finden wird. — — — — —

Im Punkt der schönen Literatur, ja überhaupt des nicht fachwissenschaftlichen großen Schrifttums, ist aus Einstein nicht viel herauszuholen; nur selten lenkt er aus eigenem Antrieb das Gespräch darauf, und noch seltener bricht bei ihm die Begeisterung hervor, die sich an einer Herzenssache entzündet. Er beschränkt sich auf kurze, aphoristisch hingestellte Bemerkungen und gibt hin und wieder zu verstehen, daß er sich ein Dasein ohne Literatur allenfalls vorzustellen vermöge. Die Anzahl der von ihm nicht gelesenen Romane, Erzählungen, Dichtwerke ist Legion, und all die Schöngeistereien, die sich in historischer Betrachtung und Kritik um sie lagern, hat seine Teilnahme nur flüchtig gestreift.

Ich habe nie wahrgenommen, daß der Verheißungsblick, den irgend ein neues Unterhaltungsbuch aussendet, ihn irgendwie angelockt hätte. Gerät es in seine Hand, so legt er es zum Übrigen. Ich mußte bisweilen an den Khalifen Omar denken: „Steht in dem Buch dasselbe wie im Koran, so ist es überflüssig, steht etwas anderes darin, so ist es schädlich"; wenigstens insofern schädlich, als es besser zu verwendende Zeit absorbiert. Ich übertreibe hier absichtlich, um es recht klar hinzustellen, daß Einstein in einem engen Literaturkreis sein Auskommen findet, und daß er nicht entbehrt, wenn zahlreiche Neuerscheinungen an ihm unbemerkt vorübergleiten.

Immerhin nennt er mit verehrendem Ausdruck eine Reihe von Autoren, denen er Bereicherung verdankt; die Klassiker, wie selbstverständlich obenan, mit gewissen Einschränkungen, die er, ebenso selbstverständlich, nur ganz persönlich genommen wissen will und durchaus nicht im Sinne der Wertkritik. Der Unterschied liegt bei ihm wesentlich in der Betonung, aus der wir das größere oder geringere Maß der Liebe heraushören können. Sagt er: „Shakespeare", so vibriert der Ewigkeitswert schon im Klange des Namens. Sagt er „Goethe", so schwingt leise dissonierend ein Unterton; dessen Deutung kann uns nicht schwer fallen. Er bewundert ihn mit dem Pathos der Distanz, aber in diesem Pathos glüht keine Herzenswärme.

Ich hätte es mir zugetraut, aus der Kenntnis seines Naturells die Männer und Werke zu folgern, die in ihm starken Nachhall wecken mußten. Eine ziemlich klar vorgezeichnete Linie führt hier auf die richtigen Spuren. Außerhalb jeder systematischen Reihe nenne ich Dostojewski — Cervantes — Homer — Strindberg — Gottfried Keller im positiven, Emile Zola und Ibsen im negativen Sinne. Im großen und ganzen stimmte die Prognose nicht übel mit seinen eigenen Angaben. Nur daß er den Don Quixote und die Karamasoffs noch um etliche Grade stärker herausstellte, als ich vermutete. Bezüglich Voltaires äußerte er sich mit Vorbehalten; an seine dichterische Höhe glaubt er nicht, vielmehr will er ihn nur als scharfgeistigen, amüsanten Schriftsteller gelten lassen. Vielleicht würde Einstein bei intensiverer

Beschäftigung mit Voltaire und Zola diese Geistesverwandten höher einschätzen. Aber hierfür ist keine Aussicht vorhanden, denn ihn schreckt die Weitschichtigkeit der Werke. Die Zeit, die der Physiker Einstein als relativ nachgewiesen hat, besitzt nach Stundenmaß für ihn einen durchaus absoluten Wert, und wenn man ihm zum Genuß dicke Bücher aufreden will, so macht man sich bei ihm nicht beliebt.

Unser philosophisches Schrifttum entlockt ihm keine Jubelfanfaren. Übernähme jemand die Aufgabe, Einsteins Beziehung zur Philosophie darzustellen, so wäre ihm zu raten, lieber in seine Werke hineinzusteigen, als ihn persönlich zu befragen; in jenen wird er reiche Anweisungen finden, ausgestellt auf die Zukunft einer Erkenntniskritik, die sich heute schon vernehmlich ankündigt. Ein großer Teil der Philosopheme wird einmal durch den Einstein'schen Filter hindurch müssen, um sich zu reinigen. Er selbst, so will es mir scheinen, überläßt diese Filtrierarbeit zumeist anderen Denkern, wir aber dürfen nicht aus den Augen verlieren, daß diese andern sich in Anschauungen von Raum, Zeit und Kausalität bewegen, die sie aus Einsteins Physik gewinnen. Hieraus wird ohne weiteres klar, daß er die Aufschlüsse über die letzten Dinge in der vorhandenen Literatur nicht findet; einfach deswegen, weil sie dort nicht zu finden sind. Für ihn stellen die berühmten Werke, um mit Kant zu reden, „Prolegomena" dar zu einer „künftigen Metaphysik, die als Wissenschaft wird auftreten können". Der Akzent liegt auf dem Futurum, das bis heute noch nicht Präsens geworden ist. Viele rühmt er, zumal Locke und Hume, keinem gesteht er die Endgültigkeit zu, auch nicht dem großen Immanuel, von vielen andern ganz zu schweigen, von Hegel, Schelling, Fichte, die er in diesem Zusammenhange kaum erwähnt. Schopenhauer und Nietzsche stellt er als Schriftsteller sehr hoch, als Sprachmeister und Bildner eindruckskräftiger Gedanken; er wertet sie nach literarischer Höhe und leugnet die philosophische Tiefe. Was Nietzsche anlangt, den er, nebenbei bemerkt, als zu glitzernd bezeichnet, so regen sich in ihm gewiß auch ethische Widerstände gegen den Verkünder der Herrenmoral, die seiner eigenen Ansicht der Beziehung von Mensch zu Mensch so schroff widerspricht.

Schon zuvor, beim Thema der klassischen Dichtung, hatte er unter den ihm Herzensnahen mit besonderem Nachdruck Sophokles genannt. Und mit diesem einen Namen rühren wir an das Grundbekenntnis des Menschen Einstein. Nicht mitzuhassen, mitzulieben bin ich da, ruft die Sophokleische Antigone, und dieser Ruf ist tatsächlich der langgehaltene Orgelpunkt, der dem

Gefühlsleben Einsteins zur Grundlage dient. Ich widerstehe der Versuchung, hier denjenigen zu folgen, die sich im Getriebe des Tages auf Einstein als einen homo politicus berufen. Das würde auf Programme und Parteiworte führen, deren Erörterung nicht im Rahmen dieser Schrift liegt; umsoweniger, als die Überzeugungen Einsteins sich klar hinstellen lassen, ohne Bezug auf schematische, im Sinne sehr dehnbaren Bezeichnungen. Eine Individualität wie die seinige geht nicht in einem Fraktionsprogramm auf; und wenn sich einer darauf versteift, ihn weit links zu finden oder ihm den Platz weit links anzuweisen, so möchte ich die Anordnung statt nach links und rechts lieber nach oben und unten wählen. Ich blicke empor zu seinem Idealismus, dessen Niveau vielleicht einmal von einer erhöhten Gesittung, nicht aber vom paragraphierten Gesetz erreicht werden kann. Ich habe ihn auch selten von solchen schablonisierten Rezepten reden gehört, desto häufiger aber Äußerungen und Züge wahrgenommen, aus denen das stärkste, allzeit gegenwärtige Mitgefühl mit jeder menschlichen Kreatur hervorbrach. Sein Programm, nicht mit Tinte entworfen, sondern mit Herzblut, verkündet in der schlichtesten Weise die kategorischen Imperative: Pflichterfüllung den Menschen gegenüber, Hilfsbereitschaft für jedermann, Abwehr jeder materiellen Bedrückung. Also doch wohl ein Sozialist! wird mir entgegengerufen. Macht es dich glücklich, ihn so zu nennen, — er wird dich in diesem Glück nicht hindern. Aber mir erscheint die Wortbekleidung zu eng für ihn. Ich finde zwar keinen Widerspruch in der Bezeichnung, aber auch keine völlige Kongruenz. Soll schon ein Wort gewählt werden, so würde ich eher sagen: ein im weitesten Sinne liberal denkender Demokrat.

Ihm ist der Staat nicht Selbstzweck, und ebensowenig glaubt er die Anweisung auf Allheilmittel in der Tasche zu haben. Die Stellung des Einzelnen zum Sozialismus, so sagte er, wird unsicher dadurch, daß man nie zur vollen Klarheit darüber gelangen kann, wieviel von dem chernen Zwang und der blinden Wirksamkeit in der Geldwirtschaft sich durch Einrichtungen überwinden läßt. Und ich möchte hinzufügen: durch Einrichtungen schwerlich auf die Dauer; wenn überhaupt, dann eher durch das sittliche Beispiel der Entsagungsfähigen. Jeder, der das Motto der Antigone „mitzulieben bin ich da" in sich verwirklicht, bringt uns dem Ziele näher. Alles in allem: von der verwirrenden politischen Betrachtung flüchtet der Sehnsuchtsblick immer wieder zur einfachen Moral. Für Einstein ist sie das Primäre, unmittelbar Ersichtliche, keiner Täuschung Zugängliche. Das Mitleid, — und diesem noch vorgeordnet: die Mitfreude!

Das Schönste, was im Leben gibt, rief er aus, ist ein leuchtendes Gesicht! — —

Er selbst zeigt es, wenn er seine Ideale entwickelt, vor allem die Internationalität aller geistig Strebenden und den ewigen Völkerfrieden. Der Pazifismus ist ihm Herzens- wie Kopfessache, und er glaubt, daß der bisherige Ablauf der Weltgeschichte nur das Präludium zu dessen Verwirklichung darstellt. Die blutigen Zeichen der bis in die Gegenwart ragenden Vergangenheit machen ihn nicht irre. Er verweist auf die endlosen Stadtkämpfe des italienischen Mittelalters, die schließlich doch einmal, und für immer, von der Welt scheiden mußten, verdrängt vom wachsenden Solidaritätsgefühl. Und so glaubt er an den Friedenssieg, den das Einheitsbewußtsein aller Menschheit dereinst über die dämonische Gewalt der Herrschbegier und der Eroberungssucht erringen muß.

Das pazifistische Ziel scheint ihm erreichbar, ohne Auslöschung der staatlichen Besonderheiten. Nationale Eigenart nach Tradition und Vererbung bedeuten ihm keinen Widerspruch zur Internationalität, welche die geistigen Gemeinsamkeiten der Kulturvölker umspannt. So weist ihn der Wunsch nach Erhaltung und individueller Pflege der Besonderheit auf das Nebenziel des Zionismus. Die Stimme des Blutes wird vernehmbar, wenn er für eine Staatsgründung in Palästina eintritt, in der er das einzige Mittel erblickt, unter Wahrung individueller Freiheit der nationalen Eigenart des Stammes Dauer zu gewähren. — —

Wir waren von der Kunst zum Staat gelangt und kehrten dahin zurück, um auch die bildenden Künste rasch zu berühren. Die Malerei wurde mit einem sehr flüchtigen Gruß abgefunden. Sie spielt in Einsteins Dasein keine erhebliche Rolle, und er würde ihrem Verlust nicht sonderlich nachtrauern, wenn sie aus der Kulturentwickelung verschwände; wofür ja gewisse Anzeichen vorhanden sind. Ich habe diese Anzeichen in anderen Schriften beschrieben (so in meiner „Kunst in 1000 Jahren") und stehe auf dem Standpunkt, daß die letzten Ausläufer der Malerei im Expressionismus und kubistischen Futurismus wesentlich die letzten Krämpfe der sterbenden Flächenkunst bedeuten. Aber auch die Wahrzeichen vormaliger Blüte beginnen für uns zu verblassen, und Einstein wird nicht der einzige sein, der sie, etwa der Musik gegenüber, in eine Unterschicht der glückspendenden Offenbarungen verweist. Er ist nur aufrichtiger, als viele andere, wenn er ganz treuherzig bekennt, daß er sich ein Leben ohne kunstmalerische Sensationen als ein keineswegs rettungslos verarmtes vorzustellen vermöge. Vor der Skulptur dagegen verbeugt er sich, und die Baukunst ist ihm eine Göttin. Wiederum ist es die elementare Andacht, die ihn überfällt, wenn die Erinnerung ihm das Himmelanstrebende vor Augen bringt: die gothischen Dome! Goethe und Schlegel haben die Architektur als gefrorene Musik bezeichnet, und dieses Bild ist ihm gegenwärtig, in der Gothik als einer erstarrten Bach'schen Musik. Wer da will, kann den spezifischen Eindruck auch noch anders analysieren, auf die Grundelemente hin, in denen sich das Wesen der Sache als Stütze und Last und als Überwindung der Schwerkraft zu erkennen gibt. Für einen in Mechanik arbeitenden Geist, der die Züge und Drücke der Natur in sich selbst verspürt, ist die Baukunst eine in Schönheit verwandelte Statik und Dynamik, ein sinnberauschendes Abbild seiner eigenen Wissenschaft. — — —

*   *   *

Mancherlei hat er mir von seinen Reisen erzählt, und diese Berichte waren vornehmlich auf den Grundton der Absichtslosigkeit gestimmt. Der Begriff der Sehenswürdigkeit im touristischen Sinne scheidet für ihn aus, und den Dingen, die im Baedeker mit zwei Sternchen angepriesen werden, jagt er nicht nach. Die Hochromantik der Schweiz, deren Lockungen ihm in leichter Erreichbarkeit so nahe lagen, hat ihn niemals in ihren Bann gezwungen, von den tiefgründigen Schauernissen der Gletscher und Zackenwelt hält er sich fern. Seine Landschaftsbegeisterung geht konform mit dem Barometer: je höher hinauf, desto stärker fällt sie. In einfachem Kontakt mit der Natur bevorzugt er das Mittelgebirge, den Meeresstrand und die weite Fläche, während die glanzvollen Panoramalinien, wie die des Vierwaldstätter Sees, ihn nicht in Ekstase versetzen. Unnötig, zu betonen, daß er sich unterwegs nicht auf den Stil der Grand-Palace-Hotels einrichtet; eher wird es stimmen, wenn man sich ihn als Vaganten vorstellt, der zeit- und ziellos dahinschlendert, auf Wanderburschen-Herrlichkeit märchenhaft abgestimmt, unbewußt hingegeben der Regel des alten Philander: Geh' steten Schritt, nehm' nicht viel mit, tret an am frühen Morgen, und lasse heim die Sorgen!

Soll ich die Liste der Leidenschaften und Liebhabereien hinschreiben, die ihm fremd sind? Sie würde sehr länglich ausfallen, und ich komme kürzer zum Ziele, wenn ich seine sportlichen Neigungen mit Null beziffere. Ich hatte ihn einmal im Verdacht des Wassersports, da ich von einigen Segelpartien erfuhr, an denen er teilnahm. Allein, es war nichts damit; er segelt wie er wandert, absichtslos, träumend, uninteressiert für das, was dem Segelklubisten als „Leistung" vorschwebt. Auf der Negativseite seiner Sportgelüste steht sogar das Schachspiel, das ja sonst auf mathematisch gerichtete Naturen starke Anziehung ausübt. Die besondere Kombinatorik dieser geistreichen Übung hat ihn nie gereizt, die Schachwelt ist ihm terra incognita geblieben. Ebensowenig betätigt er irgendwelchen Sammeltrieb, nicht einmal den der Bibliophilie. Selten oder nie habe ich einen Gelehrten angetroffen, der auf den Eigenbesitz zahlreicher und wertvoller Bücher so geringen Wert gelegt hätte. Die Ansage läßt sich dahin erweitern, daß er am Besitz als solchem überhaupt keine Freude empfindet; er sagt es, und seine ganze Lebenshaltung beweist es. In der Tiefe seines freundlichen Hedonismus finde ich einen Zug der Resignation, ich möchte sagen mönchischer Askese. Nie verläßt ihn das Gefühl, auf dieser Welt nur ein Besuch zu sein.

Ich weiß nicht, ob Einstein sein Lebenswerk innerhalb dieses Besuches für vollendbar hält. Jedenfalls trifft er keine Veranstaltungen, um durch scharfen Verfolg eines unverrückbaren Arbeitsprogramms dem Tag mehr abzujagen, als er ihm freiwillig zuführt. Er forciert kein abgezirkeltes Pensum nach des Dienstes immer gleichgestellter Uhr. Es gibt Geistesarbeiter, zumal Künstler, die eigentlich niemals vom vierundzwanzigstündigen Arbeitstag loskommen, die in nächtlichem Traumwerk Produktionsfäden des Tages fortspinnen. Einstein kann nach Lust und Bedarf aussetzen, unterbrechen, abbiegen, der Traum bringt ihm keine Inspiration und überfällt ihn mit keinem Problem.

Dagegen wird er tagsüber desto mehr überfallen, von Dingen und Menschen, die auf ihn losstürmen. Das beginnt schon bei der Frühpost, deren Erledigung ein besonderes Bureau erfordern würde. Neben den Korrespondenzen von beruflicher und amtlicher Wichtigkeit wimmeln aus aller Welt die Zuschriften Unzähliger, die ihm einen Zeittribut abverlangen. Was sie, die Einzelnen, im Punkte der Relativitätslehre gedacht, empfunden, begriffen, bezweifelt, ergänzt und vor allem nicht verstanden haben, Einstein muß es erfahren und soll es beantworten. Hast du, Berühmter, noch eine Viertelstunde frei? Da warten sie schon im Korridor, die Maler, die Lichtbildner, die Tonkneter, die Interviewer, und mag die vorsorgliche Gemahlin Else noch so geschickt mit diplomatischer Beredtsamkeit deine Ruhe schützen, einige werden dich doch in Öl, in Gips, Kohle, Tusche, Druckerschwärze zur Strecke bringen. Auch der Ruhm fordert sein Notopfer, und wenn man von einer Ruhmesjagd sprechen will, so ist er darin ganz bestimmt das Wild, nicht der Jäger.

Er seufzt unter der Last der Korrespondenz, und nicht nur als Empfänger; er seufzt auch mit dem Absender, dessen Schrift und Brief unerledigt bleiben muß. Zu einer richtigen Wut dem Zeitbedränger gegenüber bringt er es nicht. Wäre es anders, gälte ihm nicht nach des Syrus Spruchvers die Geduld als aller Schmerzen Arzenei, — wie hätte ich selbst es wagen dürfen, ihm so viele Stunden abzuverlangen? Alle Sünden fallen mir bei!

Aber auch Einsteins Duldsamkeit findet eine Grenze, und diese ist wesentlich dort gezogen, wo die „Gesellschaft" beginnt, ich meine die zweckhafte Anhäufung von Personen im Salon, die gesellschaftliche Veranstaltung, zu der man geladen wird, um gesehen zu werden und mit dabei gewesen zu sein. Die Vorstellung der Feierlichkeit mit der Aussicht in den Konvergenzpunkt der Blicke gerückt zu werden, ist ihm ein Greuel. Unterliegt er im seltenen Ausnahmsfall dem Zwange, so wird die Korona die Anwesenheit des „Tafelaufsatzes" nicht mit ungemischter Freude wahrnehmen; und man braucht kein Gedankenleser zu sein, um ihm vom Gesicht den ungestümen Wunsch abzulesen: Nur wieder fort!

Um so behaglicher fühlt er sich im engen Kreise der Freunde, die ihm entgegentragen, woran ihm mehr liegt, als an der Bewunderung: Liebe, Herzensverständnis für die Güte seines Menschentums. Wie man ihn haben will, so hat man ihn. Ihm wird wohl, wenn er den Doctor profundus vergessen lassen kann, um sich auf den Ton der gemütlichen, anregenden Unterhaltung zu stimmen. Meister in der Kunst des Zuhörens, zeigt er sich dem Widerspruch zugänglich, unterstreicht er selbst, wo es nur angeht, die Argumente des Gesprächsgegners. Audiatur et altera pars! Auch hierin zeigt sich die altruistische Reinheit seiner Persönlichkeit, der es Freude verursacht, wenn er aus der gegenteiligen Meinung den berechtigten Kern herausschält. Hier entwickelt er auch eine Eigenschaft, die man sonst beim abstrakten Denker wohl zuletzt vermutet: einen Humor, der die ganze Skala vom zarten Lächeln bis zum schallenden Gelächter durchläuft und sich bis zum schlagenden Witz steigert. Es kann sich ereignen, daß der Gesprächsanlaß seinen Zorn hervorlockt, zumal in politischer Debatte, in Erinnerung an militaristische, feudale Mißstände. Dann sprudelt er auf, temperamentvoll gegen das System, sarkastisch gegen Persönlichkeiten, ein lachender Philosoph, der grimmig verspottend den Quell verjährten Hasses aufzeigt, um sich sogleich wieder zu froher Zukunftsaussicht zu schwingen.

Schade, daß die von ihm in losem Fluß angeschlagenen Motive

nicht phonographisch festzuhalten sind. Sie würden eine hübsche Ergänzung zu den hier vorliegenden Gesprächsaufzeichnungen liefern. Er selbst denkt natürlich nicht daran, die Eingebungen der Minute in literarisch feste Form zu bringen. Was er schreibt bewegt sich in anderen Regionen, ist nach seinem eigenen Ausdruck Produkt „dickflüssiger Tinte". Sehr begreiflich, denn was er als Wissenschaftler zu verkünden hat, läßt sich auf dünnflüssigem Wege nicht darstellen. Aber mancher sogenannte Schriftsteller könnte sich gratulieren, wenn ihm beim Schreiben so viel Flüssiges einfiele, wie dem sprechenden Einstein.

* * *

Die Bearbeitung dieser Gespräche wurde im Sommer 1919 begonnen, im Herbst 1920 beendet.

www.ingramcontent.com/pod-product-compliance
Lightning Source LLC
Chambersburg PA
CBHW020107020526
44112CB00033B/1080